■ 倪庆军 孙良军 编著

课堂实录

# Dreamweaver+Photoshop+Flash

# 网站建设

人民邮电出版社

北 京

图书在版编目（CIP）数据

Dreamweaver+Photoshop+Flash网站建设课堂实录 / 倪庆军，孙良军编著. —北京：人民邮电出版社，2009.5
ISBN 978-7-115-19827-3

Ⅰ. D… Ⅱ. ①倪…②孙… Ⅲ. 主页制作—图形软件，Dreamweaver、Flash、Photoshop Ⅳ. TP393.092

中国版本图书馆CIP数据核字（2009）第025915号

## 内 容 提 要

本书模拟实际的课堂教学过程安排内容，采用"基础知识"+"课堂练习"+"高手支招"+"课后习题"+"综合案例"的结构，以"网页设计与制作基础"→"Dreamweaver 网页制作"→"Flash 网页动画设计"→"Photoshop 网页图像处理"→"网站建设综合案例"为线索，详细介绍了使用 Dreamweaver 编辑网页、使用 Photoshop 处理图像和使用 Flash 制作动画的方法，以及综合使用这 3 款软件完整地制作网页、网站的知识。

书中所选实例大多源自真实的商业网站，并且采用"一步一图式"的讲解方式。每课的最后还提供了丰富的课堂练习和课后习题供自测，以保证读者在学好知识点的同时，反复练习，进而掌握更为实用的操作技能。

本书内容全面、讲解通俗易懂。可作为高等院校相关专业的教学用书，各类电脑培训机构的培训教材，以及网页制作爱好者的学习用书。

**Dreamweaver+Photoshop+Flash** 网站建设课堂实录

◆ 编　　著　倪庆军　孙良军

　　责任编辑　汤　倩

◆ 人民邮电出版社出版发行　　北京市崇文区夕照寺街 14 号
　　邮编　100061　　电子函件　315@ptpress.com.cn
　　网址　http://www.ptpress.com.cn
　　三河市潮河印业有限公司印刷

◆ 开本：787×1092　1/16
　　印张：28.25
　　字数：688 千字　　　　　　　　　　　2009 年 5 月第 1 版
　　印数：1—4 000 册　　　　　　　　　2009 年 5 月河北第 1 次印刷

ISBN 978-7-115-19827-3/TP

定价：45.00 元

读者服务热线：**(010)67132692**　印装质量热线：**(010)67129223**
反盗版热线：**(010)67171154**

# 前　言

随着 Internet 技术及其应用的不断发展，网络对于我们的生活、学习和工作的影响越来越大。

## 丛书规划

网站是 Internet 提供服务的门户和基础，而网页又是宣传网站的重要窗口。如今越来越多的企业和个人建立网站来宣传自己，人才市场上对网页制作和网站建设人员的需求大大增加。但是由于网站建设是一项综合性的技能，包括网站的策划、网页动画和图像的设计、网页制作和动态网站的开发等几部分，真正完全懂得并具备这几项技能的网页设计师则相对较少，因此我们策划了本丛书。丛书的书目如下表所示。

| 《网页制作与网站建设课堂实录》 |
| --- |
| 《Dreamweaver 网页制作课堂实录》 |
| 《Flash 动画制作课堂实录》 |
| 《Dreamweaver+Photoshop+Flash 网站建设课堂实录》 |

## 丛书特色

● 模拟实际的课堂教学过程安排内容，采用"基础知识"+"课堂练习"+"高手支招"+"课后习题"+"综合案例"的结构，全面展示了网页制作与网站建设的方方面面。

● 所选实例大多源自真实的商业网站，并且采用"一步一图式"的讲解方式。每课的最后还提供了丰富的课堂练习和课后习题供自测，以保证读者在学好知识点的同时，反复练习，进而掌握更为实用的操作技能。

● 采用双栏排版，信息量更大，力图在有限的篇幅内为读者展示更多的知识点和案例。

● 汇总了众多优秀网页设计师的创作灵感、设计理念等，以实战经验的形式全面展示给读者。

## 本书主要内容

全书共分为 22 课。

第 1 课，介绍网页设计与制作的基础知识，带领读者快速入门。

第 2 课～第 10 课，介绍使用 Dreamweaver 进行网页制作具体方法，包括创建基本的文本网页、使用图像和多媒体创建丰富多彩的网页、使用表格排列数据和布局网页、使用 CSS 样式表美化和布局网页、使用行为创建特效网页、使用模板和库批量制作风格统一网页、制作交互式表单网页、制作动态数据库网页等内容。

第 11 课～第 16 课，介绍使用 Flash 进行动画设计的具体方法，包括绘制图形、使用元件和实例、使用时间轴与图层、设计动感的音频与视频动画、制作交互式动画等内容。

第 17 课～第 20 课，介绍使用 Photoshop 处理网页图像的方法，包括 Photoshop 的基本操作、设计网页文字与按钮、设计网页 Logo 与网络广告、设计网页中的图像等内容。

第 21 课～第 22 课，通过两个综合性的实例——企业网站和购物网站的制作，全面展示 3 个软件协同使用制作网站的方法与技巧。

## 读者对象

- 网页设计与制作人员；
- 网站建设与开发人员；
- 多媒体设计与开发人员；
- 大中专院校相关专业师生；
- 网页设计培训班学员；
- 网站爱好者与自学者。

## 关于作者

本书主要由莱芜职业技术学院倪庆军编写。参加编写和提供素材的人员还有孙良军、何翠平、王方、孙文记、王冬霞、孙良营、周泉、晁辉、张亚、吴秀红、何立、何新起、张家志、葛伟、孙雷杰、何琛、王艳峰、乔海丽、何本军、何海娟、舒祖明、邓仰伟、刘宇星、何香连、杨丽丽、邓莹莹等。编写过程中，我们力求精益求精，但难免存在不足之处，读者使用本书时如果遇到问题，可以发 E-mail 到 computerbook@126.com 与我们联系。

编　者

# 目　录

# 第 1 课　网页设计基础知识

**学习地图**

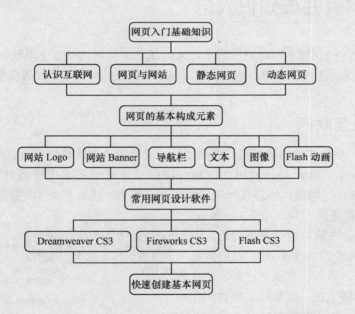

### 课前导读

如今的互联网正如火如荼地发展着。伴随着上网人数的增长，像网上影院、网络书店以及电子商务等新生事物给人们的生活、工作和学习带来了极大的便捷，正在影响和改变着人们的生活方式。现代人掌握网络方面的知识不但是一种时尚，更是生活中必需的、基本的技能。本课将主要讲述网页入门基础知识、网页的基本构成元素和常用网页设计软件等内容。

### 重点与难点

- ☐ 掌握网页的基础知识。
- ☐ 掌握网页的基本构成元素。
- ☐ 掌握常用网页设计软件。
- ☐ 掌握基本网页的创建。

##  1.1 网页基础知识入门

随着网络技术的发展和因特网的普及，人们通过浏览网页可方便地获取信息。然而，越来越多的人已不满足于网上浏览，他们设计、制作出自己的网页，并发布在网上，以进行广泛的信息交流。

### 1.1.1 认识互联网

Internet 是一个全球性的计算机互联网络，中文名称为"因特网"，它集现代通信技术和现代计算机技术于一体，是计算机之间进行国际信息交流和实现资源共享的良好手段。Internet 将各种各样的物理网络连接起来，构成一个整体，而不考虑这些网络类型的异同、规模的大小和地理位置的差异，如图 1-1 所示。

Internet 是全球最大的信息资源库，几乎包括了人类生活的各个方面，如政府部门、教育、科研、商业、工业、出版、文化艺术、通信、广播电视、娱乐等。经过多年的发展，Internet 已经在社会的各个方面为

图 1-1 Internet 示意图

全人类提供便利。例如，电子邮件、即时消息、视频会议、网络日志、网上购物等已经成为越来越多人生活中不可缺少的部分。

### 1.1.2 网页与网站

网站是计算机网络上的位置，它使信息以网页或文档的形式提供给使用浏览器访问站点的访问者。为了查看站点上的信息，访问者需要使用浏览器程序（如 Internet Explorer 或 Netscape Navigator），通过这些程序将 Web 站点上的 HTML 网页翻译为显示器上的文本或图形。使用浏览器访问网站时，网站中第一个被执行的文件称为主页，主页的基本功能是帮助访问者轻松浏览网站，其中可能包括有关站点创作者的个人信息、工作部门和公司，指向同一 Web 站点的其他文档的链接或指向相关内容的其他站点的链接等内容。为了吸引

访问者，主页的页面要美观，内容要组织严密，并且要提供有用的信息。

简单地说，通过浏览器在 WWW 上所看到的每一幅画面都是一个网页。网页是网上的基本文档。网页中包含文字、图片、声音、动画、影像以及链接等元素，通过对这些元素的有机组合，就构成了包含各种信息的网页。其中，文字是网页中最常用的元素；图片可以给人以生动直观的视觉印象，适当运用图片，可以美化网页；链接的设计，使用户可以进行选择性的浏览；声音、动画等多媒体信息的加入，使网页更加丰富多彩。

### 1.1.3　静态网页

在网站设计中，纯粹 HTML 格式的网页通常称为"静态网页"，早期的网站一般都是由静态网页制作的，也就是以.htm、.html、.shtml 和.xml 等为后缀的。

静态网页的特点简要归纳如下。

● 静态网页的每个页面都有一个固定的 URL，且网页 URL 以.htm、.html、.shtml 等常见形式为后缀，而不应含有"？"。

● 网页内容一经发布到网站服务器上，无论是否有用户访问，每个静态网页的内容都是保存在网站服务器上的，也就是说，静态网页是实实在在保存在服务器上的文件，每个网页都是一个独立的文件。

● 静态网页的内容相对稳定，因此容易被搜索引擎检索。

● 静态网页没有数据库的支持，在网站制作和维护方面工作量较大，因此当网站信息量很大时完全依靠静态网页制作方式比较困难。

● 静态网页的交互性较差，在功能方面有较大的限制。图 1-2 所示就是一个起宣传作用的介绍性的静态网页。

图 1-2　静态网页

### 1.1.4　动态网页

动态网页是使用语言 HTML＋ASP、HTML＋PHP 或 HTML＋JSP 等开发的网页。动态网页文件是以.asp、.jsp、.php、.perl、.cgi 等扩展名为后缀的。

动态网页的制作比较复杂，其浏览过程如图 1-3 所示。

动态网页主要有以下的特点。

02
03
04
05
06
07
08
09
10
11
12
13
14
15
16
17
18
19
20
21
22

● 动态网页以数据库技术为基础，可以大大降低网站维护的工作量。

● 采用动态网页技术的网站可以实现更多的功能，如用户注册、用户登录、搜索查询、用户管理、订单管理等。

● 动态网页实际上并不是独立存在于服务器上的网页文件，只有当用户请求时服务器才返回一个完整的网页。

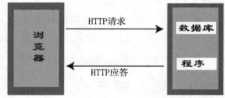

图1-3　动态网页的浏览过程

● 动态网页中的"?"对搜索引擎检索存在一定的问题，搜索引擎一般不可能从一个网站的数据库中访问全部网页，因此采用动态网页的网站在进行搜索引擎推广时需要做一定的技术处理才能适应搜索引擎的要求。

## 1.2　网页的基本构成元素

不同性质的网站，其构成网页的基本元素也是不同的。网页中除了使用文本和图像外，还可以使用丰富多彩的多媒体和 Flash 动画等。

### 1.2.1　网站 Logo

网站 Logo 也称为网站标志。网站标志是一个站点的象征，也是一个站点是否正规的标志之一。Logo 设计将具体的事物、事件、场景和抽象的精神、理念、方向等通过特殊的图形固定下来，使人们在看到 Logo 的同时，自然地产生联想，从而对企业产生认同。网站的标志应体现该网站的特色、内容及其内在的文化内涵和理念。成功的网站标志有着独特的形象标识，在网站的推广和宣传中将起到事半功倍的效果。网站标志一般放在网站的左上角，访问者一眼就能看到它。网站标志通常有 3 种尺寸，即 88 像素 × 31 像素、120 像素 × 60 像素和 120 像素 × 9 像素。图 1-4 所示为一个网站的 Logo。

图 1-4　网站的 Logo

### 1.2.2　网站 Banner

网站 Banner 是横幅广告，也是互联网广告中最基本的广告形式。Banner 可以位于网页顶部、中部或底部，一般横向贯穿整个或者大半个页面。常见的尺寸是 480 像素 × 60 像素或 233 像素 × 30 像素。在 Banner 中可使用 GIF 格式的图像文件，还可以采用 Flash 等动画文件赋予 Banner 更强的表现力和交互内容。图 1-5 所示为一个网站 Banner。

图 1-5　网站 Banner

### 1.2.3　导航栏

　　导航栏既是网页设计中的重要部分，又是整个网站设计中的一个较独立的部分。一般来说网站中的导航栏在各个页面中出现的位置是比较固定的，而且风格也较为一致。导航栏的位置对网站的结构与各个页面的整体布局起到举足轻重的作用。

　　导航栏的常见显示位置一般有 4 种，分别在页面的左侧、右侧、顶部和底部。有的在同一个页面中运用了多种导航栏，如有的在顶部设置了主菜单，而在页面的左侧又设置了折叠式的菜单，同时又在页面的底部设置了多种链接，这样便增强了网站的可访问性。当然并不是导航栏在页面中出现的次数越多越好，而是要合理地运用页面达到总体的协调一致。图 1-6 所示是一个网页的顶部导航栏。

图 1-6　网页顶部导航栏

### 1.2.4　文本

　　文本一直是人类最重要的信息载体与交流工具，网页中的信息也以文本为主。与图像相比，文字虽然不如图像那样易于吸引浏览者的注意，但却能准确地表达信息的内容和含义。

　　为了克服文字信息固有的缺点，人们赋予了网页中文本更多的属性，如字体、字号和颜色等，通过不同格式的区别，突出显示重要的内容。此外，用户还可以在网页中设置各种各样的文字列表，用来明确表达一系列的项目。这些功能给网页中的文本增加了新的生命力，如图 1-7 所示。

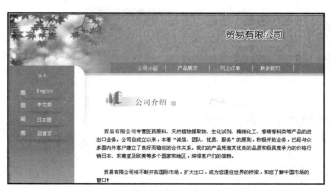

图 1-7　网页中的文本

### 1.2.5　图像

　　图像在网页中具有提供信息、展示形象、装饰网页、表达个人情趣和风格的作用。可以在网页中使用 GIF、JPEG 和 PNG 等多种格式的图像，其中使用得最广泛的是 GIF 和 JPEG 两种格式。在网页中插入图片的效果如图 1-8 所示。

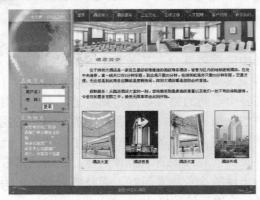

图 1-8　在网页中插入图片

### 1.2.6　Flash 动画

　　Flash 的功能很广泛，可以生成动画、创建网页互动性，以及在网页中加入声音，还可以生成亮丽夺目的图形和界面，而文件的体积一般只有 5～50KB。图 1-9 所示为使用 Flash 建立的网站。

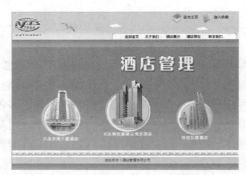

图 1-9　使用 Flash 建立的网站

## 1.3　常用网页设计软件

　　制作一个精美的网页常常需要综合利用各种网页制作工具才能完成，下面就来简单介绍一下常用的网页设计软件。

### 1.3.1　Dreamweaver CS3

　　Dreamweaver 是网页设计与制作领域中用户最多、应用最广、功能最强的软件，随着 Dreamweaver CS3 的发布，更坚定了 Dreamweaver 在网页设计与制作领域中的地位。 Dreamweaver 用于网页的整体布局和设计，以及对网站进行创建和管理，被称为网页制作三剑客之一，利用它可以轻而易举地制作出充满动感的网页。

　　使用 Dreamweaver CS3 可以快速、轻松地完成网站的设计、开发和维护。Dreamweaver CS3 为设计人员和开发人员提供了直观的可视化布局界面与简化的编码环境界面。

Dreamweaver CS3 的操作界面如图 1-10 所示。

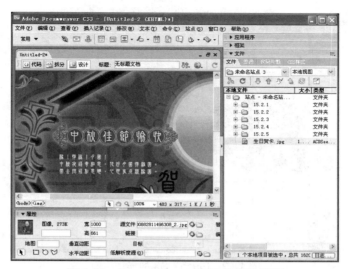

图 1-10　Dreamweaver CS3 的操作界面

## 1.3.2　Fireworks CS3

Fireworks 是一款基于网页的图像处理软件。它所包含的创新性解决方案解决了图形设计人员和网站管理人员面临的主要问题。Fireworks 中的工具种类齐全，使用这些工具，可以在单个文件中创建与编辑矢量和位图图形。Fireworks CS3 的操作界面如图1-11 所示。

图 1-11　Fireworks CS3 的操作界面

## 1.3.3　Flash CS3

Flash 是目前非常流行的动画制作软件之一。它集矢量图编辑和动画创作于一体，能够将矢量图、位图、音频、动画和交互动作有机地、灵活地结合在一起，以创建美观、交互性强的动态网页效果。Flash CS3 的操作界面如图 1-12 所示。

图 1-12　Flash CS3 的操作界面

## 1.4　快速创建基本网页

　　本节将介绍一个简单的网页设计与制作方法，使读者对网页制作软件的基本使用方法和网页制作流程有一定的了解，为后面的学习打下基础。

### 1.4.1　确定网页主要栏目和整体布局

　　不管是简单的个人网站，还是复杂的、包含几千个页面的大型网站，对网站的需求规划都要放到第一步，因为它直接关系到网站的功能是否完善、是否够层次、是否达到预期的目的等。

　　规划一个网站，可以用树状结构先把每个页面的内容大纲列出来。尤其当要制作一个很大的网站时，特别需要把架构规划好，也要考虑到以后的扩充性，避免在网站做好以后再更改整个网站的结构。

　　本节制作的是一个企业宣传展示型的网页，主要包括"首页"、"公司简介"、"产品展示"、"实景展示"、"产品订购"和"联系我们"等几个栏目，如图 1-13 所示。网页整体布局采用"标题正文型"，上面是标题及横幅广告，下边是大量的正文内容。

图 1-13　网页

### 1.4.2　创建本地站点

　　为了更好地利用站点对文件进行管理，也可以尽可能地减少错误，如路径出错、链接出错。在使用 Dreamweaver 制作网页以前，首先定义一个新站点，具体操作步骤如下。

**STEP 1** 选择菜单中的"站点"→"管理站点"命令，弹出"管理站点"对话框，在对话框中单击"新建"按钮，在弹出的菜单中选择"站点"命令，如图1-14所示。

图 1-14　"管理站点"对话框

**STEP 2** 弹出"站点定义为"对话框，在对话框中切换到"高级"选项卡，在"站点名称"文本框中输入站点的名字，单击"本地根文件夹"右边的按钮，选择站点文件夹，如图1-15所示。

**STEP 3** 单击"确定"按钮，返回到"管理站点"对话框，在对话框中显示了新建的站点，如图1-16所示。单击"完成"按钮，即可完成站点的创建。

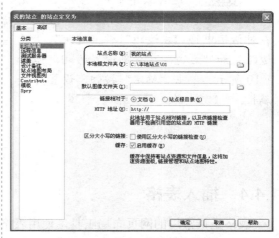

图 1-15　设置本地站点信息

图 1-16　"管理站点"对话框

## 1.4.3　新建网页文档

在创建完本地站点后，就可以创建具体的网页了。新建网页文档的具体操作步骤如下。

**STEP 1** 选择菜单中的"文件"→"新建"命令，弹出"新建文档"对话框，在对话框中选择"空白页"→"HTML"→"无"选项，如图1-17所示。

**STEP 2** 单击"创建"按钮，新建网页文档，在"标题"文本框中输入"公司简介"，如图1-18所示。

图 1-17　"新建文档"对话框

图 1-18　新建文档

**STEP** ③ 选择菜单中的"修改"→"页面属性"命令，弹出"页面属性"对话框，在对话框中将"左边距"、"上边距"、"下边距"和"右边距"分别设置为 0，如图 1-19 所示。单击"确定"按钮，设置页面属性。

图 1-19 "页面属性"对话框

## 1.4.4 插入表格

表格是最常用的网页布局工具，使用表格可以对页面中的元素进行准确定位。合理利用表格来布局网页，有助于协调页面结构的均衡。插入表格的具体操作步骤如下。

**STEP** ① 将光标放置在页面中，选择菜单中的"插入记录"→"表格"命令，弹出"表格"对话框，在对话框中将"行数"设置为 2，"列数"设置为 1，"表格宽度"设置为 776 像素，如图 1-20 所示。

图 1-20 "表格"对话框

**STEP** ② 单击"确定"按钮，插入表格，此表格记为"表格 1"，将"对齐"设置为"居中对齐"，如图 1-21 所示。

图 1-21 插入表格 1

**STEP** ③ 将光标置于表格 1 的第 2 行单元格中，插入一个 1 行 13 列的表格，此表格记为"表格 2"，如图 1-22 所示。

图 1-22 插入表格 2

**STEP** ④ 将光标置于表格 1 的下边，插入一个 2 行 1 列的表格，此表格记为"表格 3"，将"对齐"设置为"居中对齐"，如图 1-23 所示。

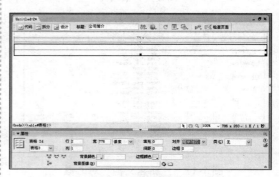

图 1-23 插入表格 3

## 1.4.5　插入多媒体

多媒体技术的发展使网页设计者能轻松地在网页中加入声音、动画、影片等内容。下面讲述 Flash 动画的插入，具体操作步骤如下。

**STEP 1**　将光标置于表格 1 的第 1 行单元格中，选择菜单中的"插入记录"→"媒体"→"Flash"命令，弹出"选择文件"对话框，在对话框中选择 banner.swf，如图 1-24 所示。

图 1-24　"选择文件"对话框

**STEP 2**　单击"确定"按钮，插入 Flash，如图 1-25 所示。

图 1-25　插入 Flash

## 1.4.6　插入文本内容

文本是基本的信息载体，不管网页内容如何丰富，文本自始至终都是网页中最基本的元素，下面讲述文本的插入和使用，具体操作步骤如下。

**STEP 1**　将光标置于表格 2 中相应的单元格中，输入相应的文本，如图 1-26 所示。

图 1-26　插入文本

**STEP 2**　选中插入的文本，打开"属性"面板，在面板中将"大小"设置为 13 像素，"文本颜色"设置为#FFFFFF，如图 1-27 所示。

**STEP 3**　将光标置于表格3的第2行单元格中，输入相应的文本，在"属性"面板中将"大小"设置为 13 像素，"文本颜色"设置为#666666，如图 1-28 所示。

图 1-27　设置文本属性

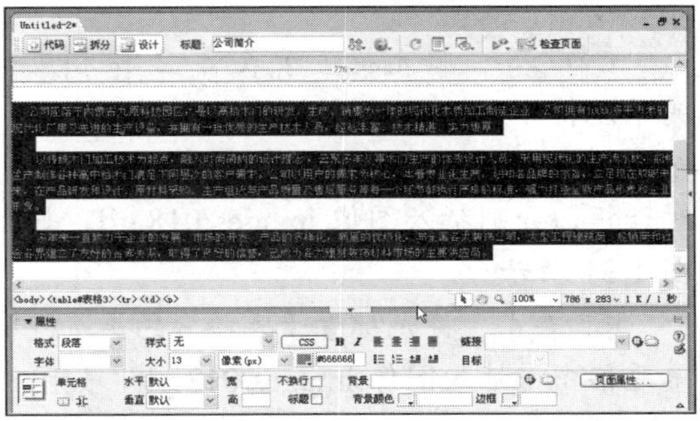

图 1-28　输入文本

### 1.4.7　插入图像

美观的网页是图文并茂的，漂亮的图像不但使网页更加美观、形象和生动，而且使网页中的内容更加丰富多彩。插入图像的具体操作步骤如下。

**STEP** ①　将光标置于表格 1 的第 2 行单元格中，打开"属性"面板，在面板中单击"背景"文本框右边的□按钮，弹出"选择图像源文件"对话框，如图 1-29 所示。

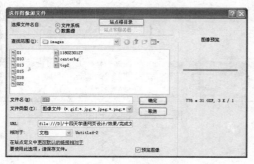

图 1-29　"选择图像源文件"对话框

**STEP** ②　在对话框中选择相应的背景图像，单击"确定"按钮，插入背景图像，如图 1-30 所示。

图 1-30　插入背景图像

**STEP** ③　将光标置于表格 2 中相应的单元格中，选择菜单中的"插入记录"→"图像"命令，弹出"选择图像源文件"对话框，分别插入图像 images/018.gif，如图 1-31 所示。

**STEP** ④　将光标置于表格3的第1行单元格中，插入图像 images/013.gif，如图 1-32 所示。

图 1-31　插入图像

图 1-32　插入图像

**STEP** ⑤　将光标置于表格 3 的第 2 行单元格中相应的位置，插入图像 images/sds.jpg，将"对齐"设置为"右对齐"，如图 1-33 所示。

图 1-33　插入图像

## 1.4.8　保存并浏览网页

网页制作完成后，需要保存然后在浏览器中浏览即可看到网页效果，具体操作步骤如下。

**STEP 1**　选择菜单中的"文件"→"保存"命令，弹出"另存为"对话框，在对话框中选择文件保存的位置，在"文件名"文本框中输入 index，如图 1-34 所示。

图 1-34　"另存为"对话框

**STEP 2**　单击"保存"按钮，保存文档，按 F12 键在浏览器中预览效果，如图 1-35 所示。

图 1-35　基本网页效果

 ## 1.5　课后习题

### 1.5.1　填空题

1. _____是使用语言 HTML＋ASP、HTML＋PHP 或 HTML＋JSP 等开发的网页。_____文件是以.asp、.jsp、.php、.perl、.cgi 等扩展名为后缀的。

2. _____是横幅广告，也是互联网广告中最基本的广告形式。_____可以位于网页顶部、中部或底部，一般横向贯穿整个或者大半个页面。

3. 网页的基本构成元素包括_____、_____、_____、_____、_____和_____。

4. 常用的网页设计软件有_____、_____和_____。

### 1.5.2　操作题

利用本课所学的知识创建如图 1-36 所示的基本网页。

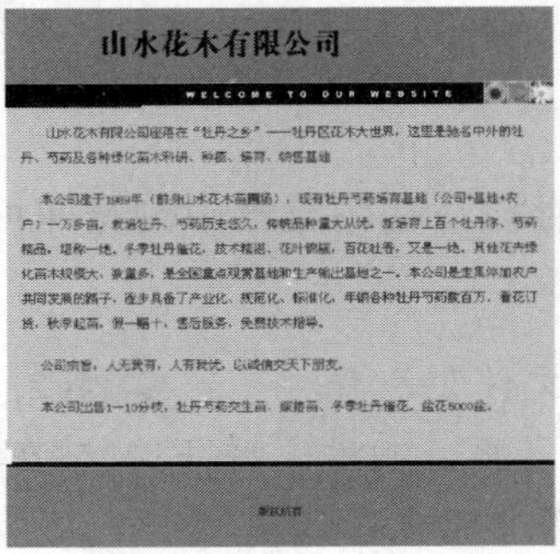

图 1-36　基本网页

关键提示：

**STEP 1**　选择菜单中的"文件"→"新建"命令，弹出"新建文档"对话框，在对话框中选择"空白页"→"HTML"→"无"选项，单击"确定"按钮，创建一个空白文档，如图 1-37 所示。

图 1-37　新建文档

**STEP 2**　选择菜单中的"文件"→"保存"命令，将其保存为 index.html，设置相应的页面属性，将光标置于页面中，选择菜单中的"插入记录"→"表格"命令，插入一个 2 行 1 列的表格，将"对齐"设置为"居中对齐"，如图 1-38 所示。

图 1-38　插入表格

**STEP 3**　将光标置于相应的单元格中，插入相应的图像，如图 1-39 所示。

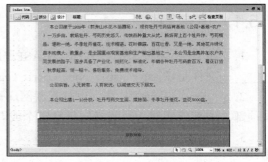

图 1-39　插入图像

**STEP 4**　将光标置于表格的右边，插入相应的表格，设置单元格属性，并在相应的单元格中输入文本和插入图像，如图 1-40 所示。

图 1-40　插入表格并输入文字

# 第 2 课　使用 Dreamweaver CS3
# 创建基本文本网页

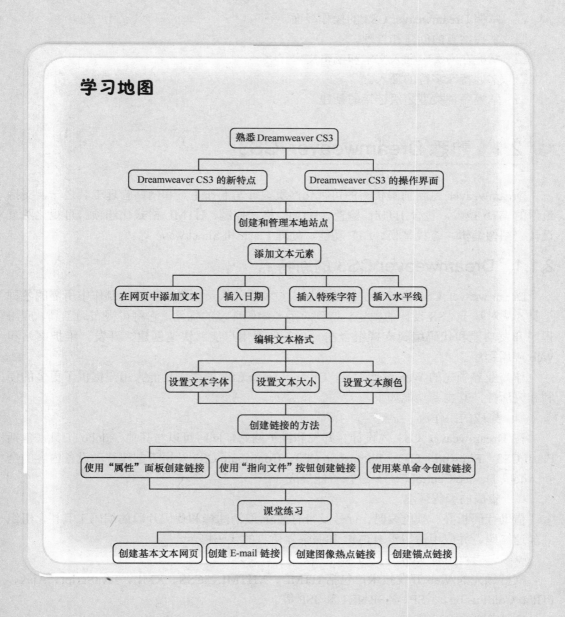

学习地图

熟悉 Dreamweaver CS3

Dreamweaver CS3 的新特点　　　Dreamweaver CS3 的操作界面

创建和管理本地站点

添加文本元素

在网页中添加文本　　插入日期　　插入特殊字符　　插入水平线

编辑文本格式

设置文本字体　　设置文本大小　　设置文本颜色

创建链接的方法

使用"属性"面板创建链接　　使用"指向文件"按钮创建链接　　使用菜单命令创建链接

课堂练习

创建基本文本网页　　创建 E-mail 链接　　创建图像热点链接　　创建锚点链接

### 课前导读

Dreamweaver 是目前最优秀的可视化网页设计与制作工具和网站管理工具之一，支持最新的 Web 技术，包含 HTML 检查、HTML 格式控制、HTML 格式化选项、可视化网页设计、图像编辑、查找替换、FTP 功能、处理 Flash 和 Shockwave 等。本课主要讲述基本文本网页的创建，包括 Dreamweaver CS3 的操作界面、创建和管理本地站点、在网页中添加文本和设置文本属性、插入特殊字符、创建链接。

### 重点与难点

☐ 掌握 Dreamweaver CS3 的操作界面。
☐ 掌握站点的创建和管理。
☐ 掌握在网页中插入文本和编辑文本。
☐ 掌握特殊字符的插入。
☐ 掌握各种类型超级链接的创建。

## 2.1 熟悉 Dreamweaver CS3

Dreamweaver 是目前最优秀的可视化网页设计与制作工具和网站管理工具之一，支持最新的 Web 技术，包含 HTML 检查、HTML 格式控制、HTML 格式化选项、可视化网页设计、图像编辑、查找替换、FTP 功能、处理 Flash 和 Shockwave 等。

### 2.1.1 Dreamweaver CS3 的新特点

Dreamweaver CS3 为各个层次的开发人员和设计人员提供了在网站制作中所需的各种工具，从对基于 CSS 设计的领先支持到对手工编码环境的优化，它将可视布局工具、应用程序开发功能和代码编辑支持组合在一起，使得用户能够快速创建、开发、维护网站和 Web 应用程序。

作为业界领先的 Web 设计工具，Dreamweaver CS3 的强大功能为用户提供了更多的便利和灵活性，其主要功能如下。

● 集成的工作流

在 Dreamweaver CS3 内设计、开发和维护网站，同时可以与其他 Adobe 工具（包括 Flash CS3、Fireworks CS3、Photoshop CS3、Contribute CS3 及用于创建移动设备内容的全新 Adobe Device Central CS3）进行智能集成。

● 集成的编码环境

借助代码折叠、颜色编码、行号及带有注释/取消注释和代码片段的编码工具栏，组织并加速编码，并应用适用于 HTML 和服务器语言的代码提示。

● 支持领先的 Web 开发技术

支持领先的 Web 开发技术，包括 HTML、XHTML、CSS、XML、JavaScript、Ajax、PHP、ColdFusion、ASP、ASP.NET 和 JSP 等。

● 完整的 CSS 支持

借助全新的 CSS 布局，轻松查看、应用和管理 CSS，并借助全新的浏览器兼容性检查，确保跨浏览器和操作系统的 Web 应用程序更加可靠和一致。

◯　轻松集成 XML

使用 XSL 或适合于 Ajax 的全新 Spry 框架，快速集成 XML 内容，将静态内容与响应交互性相结合，创建内容丰富的动态网站。

◯　支持 FLV

无需任何 Flash 知识，即可轻松地将 FLV 文件添加到 Web 页中。自定义视频环境以匹配网站。

◯　提供丰富的学习资源

在使用全面的教程、参考内容和指导性模板的同时进行学习，这样可轻松扩展技能集并采用最新的技术。

◯　扩展的 Dreamweaver 社区

享受庞大的 Dreamweaver 社区的所有益处，包括在线 Adobe 设计中心和 Adobe 开发人员中心、培训和研讨会、开发人员认证计划、用户论坛以及 Dreamweaver Exchange 中提供的超过 1000 个可下载的扩展。

◯　跨平台支持

Dreamweaver CS3 可用于基于 Intel 或 PowerPC 的 Macintosh 计算机，也可用于 Windows XP 和 Windows Vista 系统。在首选平台中设计，然后跨平台交付更加可靠、一致和高性能的结果。

## 2.1.2　Dreamweaver CS3 的操作界面

在学习 Dreamweaver CS3 之前，先来了解一下它的工作环境。Dreamweaver CS3 的操作界面包括标题栏、菜单栏、插入栏、文档窗口、"属性"面板和面板组等，如图 2-1 所示。

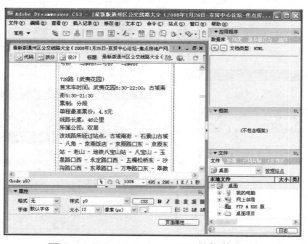

图 2-1　Dreamweaver CS3 的操作界面

◯　标题栏：显示当前编辑的文档标题和文件名。

◯　菜单栏：由各种菜单命令构成。

◯　插入栏：在此汇集了在网页中插入元素时所需的快捷键，单击快捷按钮就可以插入相应的元素。

◯　文档窗口：其内容与浏览器中的画面内容相同，是实际操作窗口。

- "属性"面板：可以设置文档窗口内元素的属性。
- 面板组：包含 CSS、应用程序和文件等面板，面板可以自由组合而成为面板组。

## 2.2 创建和管理本地站点

创建本地站点的目的是在本地文件与 Dreamweaver 之间创建联系，这样可以通过 Dreamweaver 管理站点文件。

可以使用"站点定义向导"快速创建本地站点，具体操作步骤如下。

**STEP 1** 选择"站点"→"管理站点"命令，弹出"管理站点"对话框，在对话框中单击"新建"按钮，在弹出的菜单中选择"站点"命令，如图 2-2 所示。

图 2-2 "管理站点"对话框

**STEP 2** 弹出"站点定义为"对话框，如果对话框显示的是"高级"选项卡，则选择"基本"选项卡，弹出"站点定义向导"的第一个界面，在此为站点起个名字，如图 2-3 所示。

图 2-3 "站点定义为"对话框

**STEP 3** 单击"下一步"按钮，出现向导的下一个界面，询问是否要使用服务器技术，因为这里建立的是一个静态站点，所以选中"否，我不想使用服务器技术"单选按钮，如图 2-4 所示。

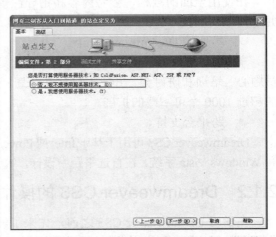

图2-4 选中"否，我不想使用服务器技术"单选按钮

**STEP 4** 单击"下一步"按钮，弹出如图 2-5 所示的对话框，选择要定义的本地根文件夹，指定站点位置。

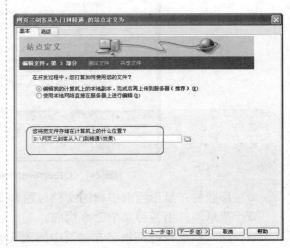

图 2-5 指定站点的位置

**STEP ⑤** 单击"下一步"按钮，出现询问如何连接服务器的对话框，因为没有使用远程服务器，这里就选择"无"选项，将整个站点制作完成以后再上传，如图 2-6 所示。

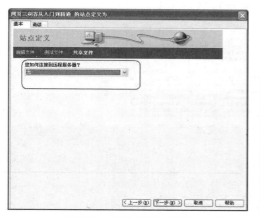

图 2-6 选择"无"选项

**STEP ⑥** 单击"下一步"按钮，将显示站点总结，如图 2-7 所示。

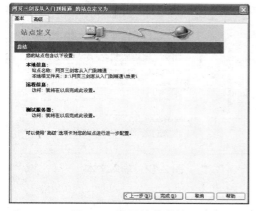

图 2-7 显示站点总结

**STEP ⑦** 单击"完成"按钮，出现"管理站点"对话框，其中显示了新建的站点，如图 2-8 所示。

图 2-8 显示新建的站点

**STEP ⑧** 单击"完成"按钮，此时在"文件"面板中可以看到已创建的站点文件，如图 2-9 所示。

图 2-9 "文件"面板

##  2.3 添加文本元素

在网页中除了文本和图像等基本元素外，还有一些元素是非常重要的，如特殊字符、水平线等内容，这些也是网页中比较常用的元素。

### 2.3.1 在网页中添加文本

在文档窗口中首先将光标置于要添加文本的位置，然后直接输入文本即可。也可以将其他应用程序中的文本复制并粘贴到相应的位置。下面讲述在网页中添加文本，效果如图

2-10 所示，具体操作步骤如下。

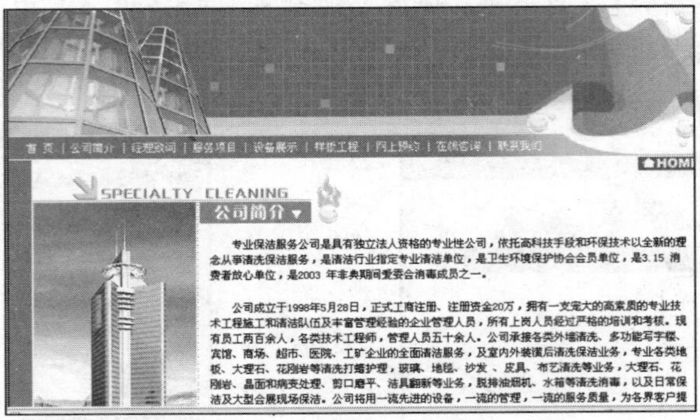

图 2-10　在网页中添加文本

**提　示**

在 html 语法中，分段所使用的标注为<p>，而强迫分行的标注为<br>。

**STEP 1**　打开原始网页文档，如图 2-11 所示。

图 2-11　打开原始网页文档

**提　示**

在字符之间要插入连续空格，可以选择菜单中的“插入”→“HTML”→“特殊字符”→“不换行空格”命令，或者按 Ctrl+Shift+空格组合键。实际上是在代码中添加了“ ”这个字符。

**STEP 2**　将光标置于要输入文本的位置，输入文本，如图 2-12 所示。

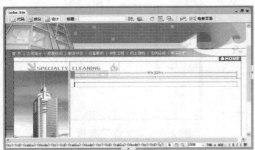

图 2-12　输入文本

**提　示**

在记事本中复制的文字段落，除非段落之间有空行，否则均以强迫分行来处理。所以如果是以纯文本文件复制到 Dreamweaver 中，要注意分行的问题。

## 2.3.2　插入日期

Dreamweaver 中提供了一个十分便捷的日期对象，用户可以按照自己的意愿插入当前日期，而且它还提供一个在保存文件时更新日期的选项。下面通过如图 2-13 所示的效果讲

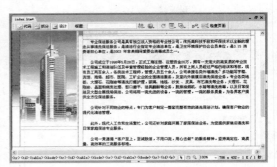

述如何在网页中插入日期，具体操作步骤如下。

图 2-13　插入当前日期

**STEP 1**　打开原始网页文档，如图 2-14 所示。

图 2-14　打开原始网页文档

**STEP 2**　将光标置于要插入当前日期的位置，选择菜单中的"插入记录"→"日期"命令，弹出"插入日期"对话框，在对话框中的"星期格式"下拉列表框中选择"星期四"，"日期格式"列表框中选择"1974 年 3 月 7 日"，"时间格式"下拉列表框中选择"22：18"，选中"储存时自动更新"复选框，如图 2-15 所示。

图 2-15　"插入日期"对话框

> **提　示**
>
> 在"插入日期"对话框中主要有以下参数。
> - "星期格式"：设置星期的格式。
> - "日期格式"：设置日期的格式。
> - "时间格式"：设置时间的格式。
>
> 如果选中"储存时自动更新"复选框，则每次储存文档都会自动更新文档中的日期。

**STEP 3**　单击"确定"按钮，插入当前日期，如图 2-16 所示。

图 2-16　插入日期

> **提　示**
>
> 单击"常用"插入栏中的"日期"按钮，弹出"插入日期"对话框，也可以插入日期。

**STEP 4**　保存文档，按 F12 键在浏览器中预览效果，如图 2-13 所示。

> **提　示**
>
> 　　显示在"插入日期"对话框中的时间和日期不是当前的日期，它们也不会反映访问者查看用户网站的日期/时间，它们仅是要显示的日期信息的一个样例。

### 2.3.3　插入特殊字符

　　特殊字符包含换行符、不断行空格、版权信息、注册商标等，在网页中经常用到。当在网页文档中插入特殊字符时，在"代码"视图中显示的是特殊字符的源代码，在"设计"视图中显示的只是一个标志，只有在浏览器窗口中才能显示真正面目。

　　下面通过如图 2-17 所示的效果讲述如何在网页中插入特殊字符。具体操作步骤如下。

图 2-17　插入特殊字符

**STEP 1**　打开原始网页文档，如图 2-18 所示。

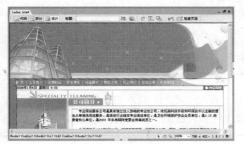

图 2-18　打开原始网页文档

**STEP 2**　将光标置于要插入特殊符号的位置，选择菜单中的"插入记录"→

"HTML"→"特殊字符"→"版权"命令，弹出"Dreamweaver"提示框，如图 2-19 所示。

图 2-19　"Dreamweaver"提示框

**STEP 3**　单击"确定"按钮，即可插入版权字符，如图 2-20 所示。

**STEP 4**　保存文档，按 F12 键在浏览器中预览，效果如图 2-17 所示。

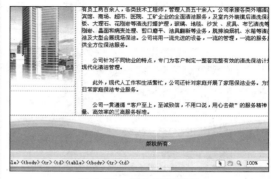

**提　示**

插入特殊字符的方法还有以下两种：

● 单击"文本"插入栏中的 按钮右侧的小三角形，在弹出的菜单中选择要插入的特殊符号。

● 选择菜单中的"插入记录"→"HTML"→"特殊字符"→"其他字符"命令，弹出"插入其他字符"对话框，在对话框中选择相应的特殊符号，单击"确定"按钮，也可以插入特殊字符。

图 2-20　插入版权符号

**提　示**

许多浏览器（尤其是旧版本的浏览器，以及除 Netscape 和 Internet Explorer 外的其他浏览器）无法正常显示很多特殊字符，因此应尽量少用特殊字符。

## 2.3.4　插入水平线

水平线对于组织信息很有用。在页面上，可以使用水平线非常直观地将文本和对象分开。水平线的"属性"面板如图 2-21 所示。

水平线的"属性"面板中主要有以下参数。

● "宽"和"高"：以像素为单位或以页面尺寸百分比的形式设置水平线的宽度和高度。

● "对齐"：设置水平线的对齐方式，包括默认、左对齐、居中对齐和右对齐 4 个选项。只有当水平线的宽度小于浏览器窗口的宽度时，该设置才有效。

● "阴影"：设置水平线是否带阴影。

下面通过一个实例讲述水平线的插入，效果如图 2-22 所示，具体操作步骤如下。

图 2-21　水平线的"属性"面板　　　　　图 2-22　插入水平线效果

01

Chapter
**02**

03

04

05

06

07

08

09

10

11

12

13

14

15

16

17

18

19

20

21

22

**STEP 1**　打开原始网页文档，如图 2-23 所示。

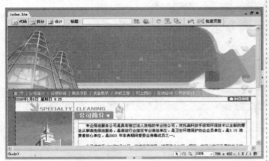

图 2-23　打开原始网页文档

**STEP 2**　将光标置于要插入水平线的位置，选择菜单中的"插入记录"→"HTML"→"水平线"命令，插入水平线，如图 2-24 所示。

**STEP 3**　选中插入的水平线，打开"属性"面板，可以在"属性"面板中设置水平线的"高"、"宽"、"对齐方式"和"阴影"，如图 2-25 所示。

图 2-24　插入水平线

图 2-25　水平线属性

**STEP 4**　保存文档，按 F12 键在浏览器中预览效果，如图 2-22 所示。

---

◎ 提　示 ◎

怎样才能制作出彩色的水平线呢？

在网页中只能插入黑色的水平线，而不能直接插入彩色的水平线，设置水平线颜色的方法是：在"属性"面板中并没有提供关于水平线颜色的设置选项，如果需要改变水平线的颜色，只需要直接在源代码中设置〈hr color="对应颜色的代码"〉即可。

 ## 2.4　编辑文本格式

插入文本后，在"属性"面板中设置文本的属性，如文本的字体、大小、颜色、对齐方式、缩排和列表等。

### 2.4.1　设置文本字体

要为字符设置字体，可以按照以下方法操作。

● 选中要设置字体的文本，选择"文本"→"字体"命令，在弹出的子菜单中选择设置文本的字体。

选中要设置字体的文本，在"属性"面板中的"字体"下拉列表框中选择文本的字体，如图 2-26 所示。

图 2-26　设置文本字体

⚪　如果在字体列表中没有想使用的字体，可以编辑字体列表，设置想要的字体样式。

在"属性"面板中的"字体"下拉列表框中选择"编辑字体列表"选项，弹出"编辑字体列表"对话框，如图 2-27 所示。在对话框的"字体列表"列表框中显示了当前已有的字体，在"选择的字体"列表框中显示当前选中字体列表项中包含的字体名称，在"可用字体"列表框中显示当前可以使用的字体名称。

如果要将"可用字体"列表框中的字体添加到"选择的字体"列表框中，只需先选中"可用字体"列表框中的字体，然后单击 ⟪ 按钮即可。

如果要从"选择的字体"列表框中删除字体，可以先选择需要删除的字体，然后单击 ⟫ 按钮即可。

图 2-27　"编辑字体列表"对话框

先选择文本，然后选择"文本"→"样式"命令，在弹出的子菜单中选择字体的样式即可设置字体的样式。

## 2.4.2　设置文本大小

在文档中输入文本后，可以调整文本的大小，方法如下。

⚪　选中需要设置大小的文本，选择"文本"→"大小"命令，在弹出的子菜单中选择要设置文本的字号即可。

⚪　选中需要设置大小的文本，在"属性"面板中的"大小"下拉列表框中选择文本字号，如图 2-28 所示。

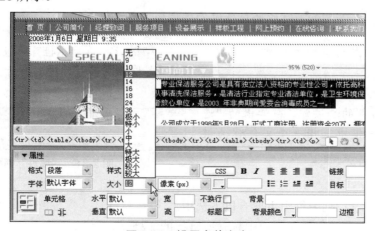

图 2-28　设置字体大小

### 2.4.3　设置文本颜色

网页中的文字如果都使用同一种颜色，那么整个版面看起来会显得很单调。在网页中颜色的设置是相当重要的，只有颜色丰富而统一的版面才能吸引访问者的注意和认同。

选中需要改变颜色的文本，在"属性"面板中单击"文本颜色"按钮□•，弹出颜色选择器，如图 2-29 所示。单击颜色选择器中右上角的◉按钮，弹出"颜色"对话框，如图 2-30 所示。在"颜色"对话框中也可以选择文本的颜色。

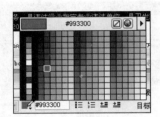

图 2-29　颜色选择器

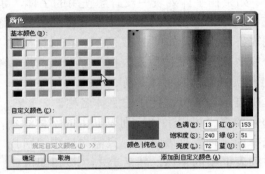

图 2-30　"颜色"对话框

##  2.5　创建链接的方法

网络中的一个个网页是通过链接的形式关联在一起的。可以说链接是网页中最重要、最根本的元素之一，如果没有它的存在，网页中的一切也就失去了生命。

在 Dreamweaver CS3 中可以创建各种链接。当在本地站点内移动或重命名文档或其他链接文件时，Dreamweaver 可自动更新指向文档的链接。

### 2.5.1　使用"属性"面板创建链接

使用"属性"面板创建链接的具体操作步骤如下。

**STEP 1**　在网页中选中需要创建链接的对象。

**STEP 2**　在"属性"面板中单击"链接"文本框右侧的▢按钮，在弹出的"选择文件"对话框中选择一个文件作为链接目标。

**STEP 3**　在"属性"面板的"目标"下拉列表框中选择文档的打开方式，如图 2-31 所示。

图 2-31　"属性"面板

在"目标"下拉列表框中主要有以下选项。

● _blank：在弹出的新窗口中打开所链接的文档。

⚫　_parent：如果是嵌套的框架，会在父框架或窗口中打开链接的文档；如果不是嵌套的框架，则与 top 相同，在整个浏览器窗口中打开所链接的文档。

⚫　_self：浏览器默认的设置，在当前网页所在的窗口中打开链接的网页。

⚫　_top：在完整的浏览器窗口中打开网页。

## 2.5.2　使用"指向文件"按钮创建链接

在"属性"面板中拖动"链接"文本框右边的"指向文件"按钮⊕可以创建链接，拖动鼠标时会出现一条带箭头的细线，指示要拖动的位置，指向链接的文件后，释放鼠标，即会链接到该文件。

使用"指向文件"按钮⊕，可以方便快捷地创建指向站点"文件"面板中的一个文件或图像文件，如图 2-32 所示。

使用"指向文件"按钮也可以创建指向一个打开文件中的命名锚点的链接，如图 2-33 所示。

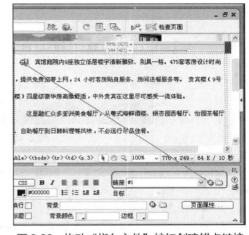

图 2-32　拖动"指向文件"按钮创建链接文件　　　图 2-33　拖动"指向文件"按钮创建锚点链接

## 2.5.3　使用菜单命令创建链接

选择要创建链接的对象，然后选择"插入记录"→"创建链接"命令，弹出"超级链接"对话框，如图 2-34 所示，或单击"常用"插入栏中的"超级链接"按钮🖉，也可以弹出"超级链接"对话框。

在"超级链接"对话框中主要有以下参数。

⚫　"文本"：设置超链接显示的文本。

⚫　"链接"：设置超链接链接到的路径，最好输入相对路径而不是绝对路径。

⚫　"目标"：设置超链接的打开方式。

⚫　"标题"：设置超链接的标题。

图 2-34　"超级链接"对话框

⚫　"访问键"：设置键盘快捷键，按键盘上的快捷键将选中这个超链接。

⚫　"Tab 键索引"：设置在网页中用 Tab 键选中这个超链接的顺序。

## 2.6 课堂练习

### 课堂练习 1——创建基本文本网页

在网页中插入文本的方法非常简单，下面通过如图 2-35 所示的效果讲述网页中文本的插入，具体操作步骤如下。

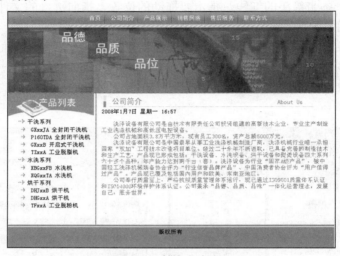

图 2-35 基本文本网页

**STEP 1** 打开网页文档，如图 2-36 所示。

图 3-36 打开网页文档

**STEP 2** 将光标置于相应的位置，输入文字，如图 2-37 所示。

**STEP 3** 选中输入的文本，在"属性"面板中将"大小"设置为 13 像素，"文本颜色"设置为#666666，如图 2-38 所示。

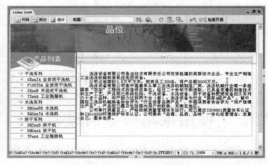

图 2-37 输入文字

图 2-38 设置文本属性

**STEP 4** 将光标置于文本的前面，选择菜单中的"插入记录"→"日期"命令，弹出"插入日期"对话框，如图 2-39 所示。

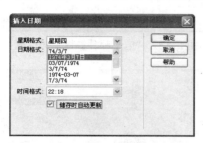

图 2-39 "插入日期"对话框

**STEP 5** 在对话框中的"星期格式"下拉列表框中选择"星期四"，"日期格式"选择"1974 年 3 月 7 日"，在"时间格式"下拉列表框中选择"22：18"，选中"储存时自动更新"复选框，单击"确定"按钮，插入日期，如图 2-40 所示。

图 2-40 插入日期

**STEP 6** 保存文档，按 F12 键在浏览器中预览效果，如图 2-35 所示。

## 课堂练习 2——创建 E-mail 链接

电子邮件地址作为超链接的链接目标与其他链接目标不同。当在浏览器上单击指向电子邮件地址的超链接时，将会打开默认的邮件管理器的新邮件窗口，其中会提示输入信息并将该信息传送给指定的 E-mail 地址。在网页中创建 E-mail 链接的方法非常简单，下面通过如图 2-41 所示的效果讲述在网页中创建 E-mail 链接，具体操作步骤如下。

图 2-41 电子邮件链接效果

01

Chapter

**02**

03

04

05

06

07

08

09

10

11

12

13

14

15

16

17

18

19

20

21

22

**STEP 1** 打开网页文档，如图 2-42
所示。

图 2-42　打开网页文档

**STEP 2** 将光标置于要创建电子邮件链接的位置，选择菜单中的"插入记录"→"电子邮件链接"命令，弹出"电子邮件链接"对话框，在对话框中的"文本"文本框中输入"电子邮件"，在"E-mail"文本框中输入 mailto:ggyp@163.com，如图 2-43 所示。

**STEP 3** 单击"确定"按钮，创建电子邮件链接，如图 2-44 所示。

图 2-43　"电子邮件链接"对话框

图 2-44　创建电子邮件链接

**STEP 4** 保存文档，按 F12 键在浏览器中预览效果，如图 2-41 所示。

## 课堂练习 3——创建图像热点链接

可以使用热点链接对一张图像的特定部位进行链接，当单击某个热点时，会链接到相应的网页。可用不同的工具对不同形状的图像创建热点链接，其中"矩形热点"工具主要针对图像轮廓较规则且呈方形的图像，"椭圆热点"工具主要针对圆形规则的轮廓，"多边形热点"工具则针对复杂的轮廓外形。

在图像上绘制热区后，在"属性"面板中会出现相应的属性，如图 2-45 所示。

图 2-45　热点的"属性"面板

在热点的"属性"面板中主要有以下参数。
- "链接"：输入相应的链接地址。
- "替换"：输入替代文字以后，光标移到热点就会显示相应的说明文字。
- "目标"：不作选择则默认在浏览器窗口打开。

下面通过如图 2-46 所示的效果讲述如何给图像创建热点链接，具体操作步骤如下。

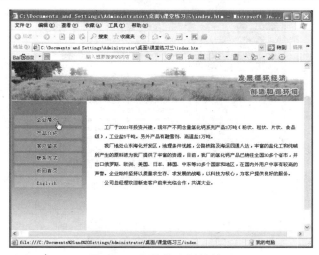

图 2-46　图像热点链接效果

**STEP 1** 打开网页文档，如图 2-47 所示。

图 2-47　打开网页文档

**STEP 2** 选中创建热点链接的图像，选择菜单中的"窗口"→"属性"命令，打开"属性"面板，在面板中单击"矩形热点"工具按钮，如图 2-48 所示。

图 2-48　选择"矩形热点"工具

**STEP 3** 将光标移动到文字"企业简介"上，按住鼠标左键不放，在图像上拖动以绘制一个矩形热点，选中矩形热点，在"属性"面板中的"链接"文本框中输入链接的地址，在"替换"文本框中输入文字"企业简介"，如图 2-49 所示。

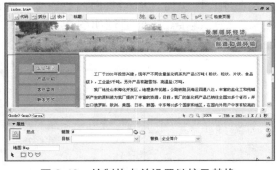

图 2-49　绘制热点并设置链接及替换

### 提　示

**如何修改和删除热点？**

单击热点"属性"面板中的 ↖ 按钮，拖曳热点上的控制点，可以调整热点大小，将鼠标指针置于热点内，拖曳鼠标可以移动热点的位置，选中热点区域后，直接按 Delete 键，可删除热点区域。

**STEP 4** 按照 **STEP 2** ～ **STEP 3** 的方法，在图像的其他位置绘制热点，并创建链接，如图 2-50 所示。

**STEP 5** 保存文档，按 F12 键在浏览器中预览效果，如图 2-46 所示。

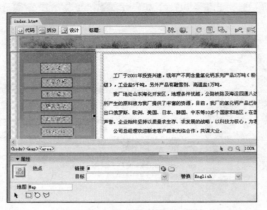

图 2-50　创建其他热点链接

## 课堂练习 4——创建锚点链接

在制作网页时，有些页面内容较多，页面就可能变长。为了方便浏览，可以在页面中添加锚点链接。下面通过如图 2-51 所示的效果讲述如何创建锚点链接，具体操作步骤如下。

图 2-51　锚点链接效果

**STEP 1**　打开网页文档，如图 2-52 所示。

图 2-52　打开网页文档

**STEP 2**　将光标置于文字"昭君墓"的前面，选择菜单中的"插入记录"→"命名锚记"命令，弹出"命名锚记"对话框，在对话框中的"锚记名称"文本框中输入 1，如图 2-53 所示。

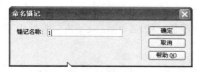

图 2-53　"命名锚记"对话框

**STEP 3**　单击"确定"按钮，插入锚记，如图 2-54 所示。

图 2-54　插入锚点

**STEP 4**　选中上部的导航文本"昭君墓"，在"属性"面板中的"链接"文本框中输入#1，进行链接，如图 2-55 所示。

图 2-55　创建锚点链接

**STEP 5**　按照 **STEP 2** ～ **STEP 4** 的方法，在其他相应的位置插入锚点，并创建锚点链接，如图 2-56 所示。

图 2-56　插入锚点并创建锚点链接

**STEP 6**　保存文档，按 F12 键在浏览器中预览效果，如图 2-51 所示。

## 2.7　高手支招

### 1. 如何设置链接文件的打开方式

在为网页中的元素设置了链接对象后，在其"属性"面板的"目标"下拉列表框中可以设置文件的打开方式。

○ 选择_blank 选项，将会在原窗口之外另弹出新窗口打开链接文件。

○ 选择_parent 选项，将在父框架或者包含链接的框架组窗口中打开链接文件，如果包含链接的框架组没有嵌套使用，则会在整个浏览器窗口中打开链接文件。

○ 选择_self 选项，将会在原链接的同一框架组或窗口中打开链接文件。这种方式是默认的，通常不需要另外指定，在"目标框架"子菜单中选择"默认目标"选项，即选择了_self 方式，将会在原窗口中打开链接文件。

○ 选择_top 选项，将会在整个浏览器窗口中打开链接文件，同时移走所有的框架。

**2. 什么时候使用绝对链接，什么时候使用相对链接**

当将站点内的网页链接到一起时，应使用相对链接，这样会方便站点的维护和管理操作，而且把站点从本地计算机上传到服务器，或者从一个服务器移动到另一个服务器时，不必修改链接就可以直接访问。由于网页之间的链接关系是相对的，所有网页作为一个整体进行迁移，内部关系不会改变。

但是如果从一个站点链向不在同一服务器上的另一个站点，则无法使用相对链接，而应使用绝对链接。

**3. 为何我无法在文字中输入多个空格字符**

在做网页的时候，有时需要输入空格，但在有些时候却无法输入，导致无法正确输入空格的原因可能是输入法的错误，只有正确使用输入法才能够解决这个问题。解决的方法有以下几种。

○ 切换到"代码"视图，在需要添加空格的位置输入代码" "，就会出来空格，输入几次代码就会出来几个空格。

○ 如果使用智能 ABC 输入法，按 Shift+空格组合键，这时输入法的属性栏上的半月形就变成了圆形，然后再按空格键，空格就出来了。

○ 切换到"文本"插入栏，在"字符"下拉列表框选择"不换行空格"选项，就可直接输入空格。

**4. 怎样定义网页语言**

在制作网页的过程中，首先要定义网页语言，以便访问者浏览器自动设置语言。选择菜单中的"修改"→"页面属性"命令，弹出"页面属性"对话框，在"分类"列表框中选择"标题/编码"选项，在"标题"文本框中输入网页标题，在"编码"下拉列表框中设置网页的文字编码，如图 2-57 所示。

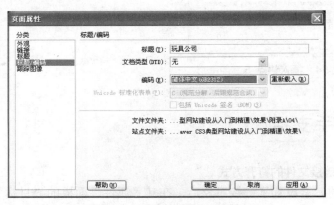

图 2-57　"页面属性"对话框

**5. 为什么在 Dreamweaver 中按 Enter 键换行时，与上一行的距离很大**

在 Dreamweaver 中按 Enter 键换行时，与上一行的距离很大是因为按 Enter 键时默认的是一个段落，而不是一般的单纯的换行所造成的。因此若要换行，则先按住 Shift 键不放，然后再按 Enter 键，这样两行间的距离就正常了。

 **2.8 课后习题**

### 2.8.1 填空题

1．网络中的一个个网页是通过_____的形式关联在一起的。可以说_____是网页中最重要、最根本的元素之一，如果没有它的存在，网页中的一切也就失去了生命。

2．Dreamweaver CS3 的操作界面包括_____、_____、_____、_____、_____和_____。

### 2.8.2 操作题

对如图 2-58 所示的网页文档创建图像热点链接，效果如图 2-59 所示。

图 2-58 起始文件

图 2-59 热点链接

关键提示：

**STEP 1** 打开起始文件，选中创建热点链接的对象，如图 2-60 所示。

图 2-60 起始文件

**STEP 2** 打开"属性"面板，在面板中选择"矩形热点"工具，如图 2-61 所示。

图 2-61 选择"矩形热点"工具

**STEP 3** 将光标移动到图像上相应的位置，按住鼠标左键不放拖动，绘制一个矩形热点，在"属性"面板中的"替换"文本框中输入相应的文本，如图 2-62 所示。

图 2-62　绘制矩形热点并设置属性

**STEP 4**　按照 **STEP 3** 的方法，在图像相应的位置绘制热点，并输入"替换"文本，保存文档，按 F12 键在浏览器中预览，效果如图 2-59 所示。

# 第 3 课　使用图像和多媒体创建丰富多彩的网页

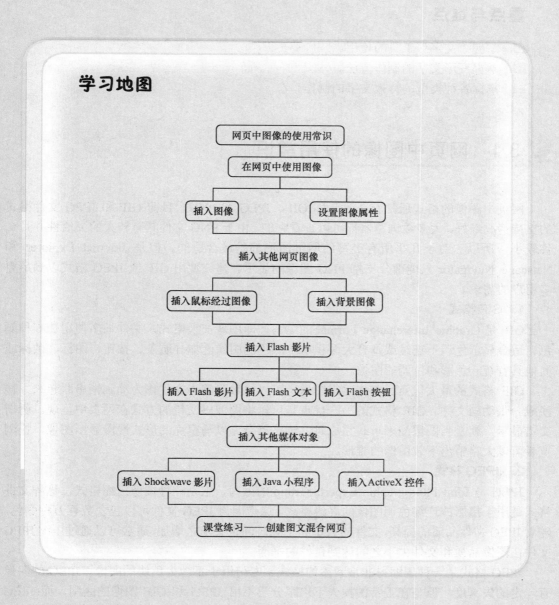

学习地图

网页中图像的使用常识

在网页中使用图像

插入图像　　设置图像属性

插入其他网页图像

插入鼠标经过图像　　插入背景图像

插入 Flash 影片

插入 Flash 影片　插入 Flash 文本　插入 Flash 按钮

插入其他媒体对象

插入 Shockwave 影片　插入 Java 小程序　插入 ActiveX 控件

课堂练习——创建图文混合网页

### 课前导读

在网络上随意浏览一个网页，都会发现除了文字以外还有各种各样的其他元素，如图像、动画和声音。图像和多媒体是美化网页的重要对象，有了图像和多媒体后，网页将不再只含有单纯古板的文字。在 Dreamweaver CS3 中可以非常方便地向网页中插入图像和多媒体，从而使网页具有动态效果，展示出丰富多彩的网络世界。本课将主要讲述在网页中使用图像、插入其他网页图像、添加 Flash 影片、添加背景音乐和插入其他媒体对象等内容。

### 重点与难点

- ☐ 掌握"文字"工具的使用。
- ☐ 掌握变形文字的制作方法。
- ☐ 掌握各种类型的特效文字的制作。

## 3.1 网页中图像的使用常识

网页中图像的格式通常有 3 种，即 GIF、JPEG 和 PNG。目前 GIF 和 JPEG 文件格式的支持情况最好，大多数浏览器都可以查看它们。由于 PNG 文件具有较大的灵活性并且文件较小，所以它对于几乎所有类型的网页图形都是最合适的。但是 Internet Explorer 和 Netscape Navigator 只能部分支持 PNG 图像的显示。建议使用 GIF 或 JPEG 格式以满足更多用户的需求。

#### 1. GIF 格式

GIF 是 Graphic Interchange Format 的缩写，即图像交换格式，文件最多使用 256 种颜色，适合显示色调不连续或具有大面积单一颜色的图像，如导航条、按钮、图标、徽标或其他具有统一色彩和色调的图像。

GIF 格式的最大优点是制作动态图像，可以将数张静态文件作为动画帧串联起来，转换成一张动画文件。GIF 格式的另一优点是可以将图像以交错的方式在网页中呈现。所谓交错显示，就是当图像尚未下载完成时，浏览器会先以马赛克的形式慢慢显示图像，让浏览者可以大略猜出下载图像的雏形。

#### 2. JPEG 格式

JPEG 是 Joint Photographic Experts Group 的缩写，它是一种图像压缩格式，这种文件格式是用于摄影或连续色调图像的高级格式，这是因为 JPEG 文件可以包含数百万种颜色。随着 JPEG 文件品质的提高，文件的大小和下载时间也会随之增加。通常可以通过压缩 JPEG 文件在图像品质和文件大小之间达到良好的平衡。

JPEG 格式是一种压缩得非常紧凑的格式，专门用于不含大色块的图像。JPEG 的图像有一定的失真度，但是在正常的损失下肉眼分辨不出 JPEG 和 GIF 图像的区别，而 JPEG 文件的大小只有 GIF 文件大小的 1/4。JPEG 对图标之类的含大色块的图像不是很有效，不支持透明图和动态图，但它能够保留全真的色调板格式。如果图像需要全彩模式才能表现效果，则 JPEG 是最佳的选择。

### 3. PNG 格式

PNG（Portable Network Graphics）图像格式是一种非破坏性的网页图像文件格式，它提供了将图像文件以最小的方式压缩却又不造成图像失真的技术。它不仅具备了 GIF 图像格式的大部分优点，而且还支持 48-bit 的色彩、更快的交错显示、跨平台的图像亮度控制、更多层的透明度设置。

 ## 3.2　在网页中使用图像

图像是网页构成中最重要的元素之一，美观的图像会为网站增添生命力，同时也能加深用户对网站风格的印象。

### 3.2.1　插入图像

在网页中插入普通图像的方法非常简单，下面通过如图 3-1 所示的效果讲述网页中图像的插入，具体操作步骤如下。

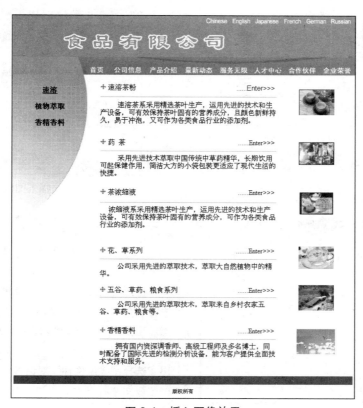

图 3-1　插入图像效果

**STEP ①** 打开网页文档，如图 3-2 所示。

图 3-2 打开网页文档

**STEP ②** 将光标置于要插入普通图像的位置，选择菜单中的"插入"→"图像"命令，如图 3-3 所示。

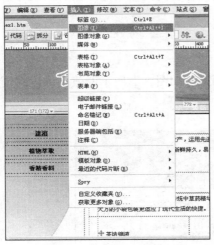

图 3-3 选择菜单中的命令

**STEP ③** 弹出"选择图像源文件"对话框，在对话框中选择要插入的图像，如图 3-4 所示。

图 3-4 "选择图像源文件"对话框

如果图像不在本地网站的根目录下，则弹出如下图所示的选择框，系统要求用户复制图像文件到本地网站的根目录，单击"是"按钮，此时会弹出"复制文件为"对话框，让用户选择文件的存放位置，可选择根目录或根目录下的任何文件夹，这里建议读者新建一个名称为 images 的文件夹，今后可以把网站中的所有图像都放入到该文件夹中。

**STEP ④** 选择要打开的文件，单击"确定"按钮，插入图像，如图 3-5 所示。按照上述的操作方法插入其他的图像。

图 3-5 插入图像

也可以使用以下方法插入图像。

● 选择菜单中的"窗口"→"资源"命令，打开"资源"面板，在"资源"面板中单击■按钮，展开图像文件夹，选定图像文件，然后用鼠标将其拖动到网页中合适的位置。

● 单击"常用"插入栏中的■按钮，弹出"选择图像源文件"对话框，从中选择需要的图像文件。

## 3.2.2　设置图像属性

插入图像后，其四周会出现可编辑的缩放手柄，同时"属性"面板中显示出关于图像的属性设置，这时就可以根据需要设置图像属性。图像的"属性"面板如图3-6所示。

图 3-6　图像的"属性"面板

在图像的"属性"面板中主要有以下参数。

● "宽"和"高"：以像素为单位设置图像的宽度和高度。当在网页中插入图像时，Dreamweaver CS3 自动使用图像的原始尺寸。可以使用以下单位指定图像的大小：点、英寸、毫米和厘米。在 HTML 源代码中，Dreamweaver 将这些值转换为以像素为单位。

● "源文件"：指定图像的具体路径，可以单击 📁 按钮选择源文件或直接输入。

● "链接"：为图像设置超级链接，可以单击 📁 按钮浏览选择要链接的文件，或直接输入 URL 路径。

● "目标"：链接时的目标窗口或框架，在其下拉列表框中包括 4 个选项。

　● _blank：将链接的对象在一个未命名的新浏览器窗口中打开。

　● _parent：将链接的对象在含有该链接的框架的父框架集或父窗口中打开。

　● _self：将链接的对象在该链接所在的同一框架或窗口中打开。_self 是默认选项，通常不需要指定它。

　● _top：将链接的对象在整个浏览器窗口中打开，因而会替代所有框架。

● "替换"：图像的替换文字。当浏览器不能正常显示图像时，便在图像的位置用这个注释代替图像。

● "编辑"：启动"外部编辑器"首选参数中指定的图像编辑器并使用该图像编辑器打开选定的图像。

　● "编辑" 📷：启动 Photoshop CS3 并打开该图像。

　● "优化" 📷：运行 Photoshop CS3 并弹出"优化"对话框，对图像的字节数、清晰度等进行优化以更适合网页。

　● "重新取样" 📷：将"宽"和"高"的值重新设置为图像的原始大小。调整所选图像大小后，此按钮显示在"宽"和"高"文本框的右侧。如果没有调整过图像的大小，该按钮不会显示出来。

　● "裁剪" 📷：修剪图像的大小，从所选图像中删除不需要的区域。

　● "亮度和对比度" 📷：调整图像的亮度和对比度。

　● "锐化" 📷：调整图像的清晰度。

● "地图"：用于创建客户端图像地图。

● "垂直边距"：图像在垂直方向与文本或其他页面元素的间距。

● "水平边距"：图像在水平方向与文本或其他页面元素的间距。

● "低解析度源"：指定在载入主图像之前应该载入的图像。

- "边框"：以像素为单位的图像边框的宽度。默认为无边框。
- "对齐"：设置图像和文字的对齐方式。

下面通过如图 3-7 所示的网页实例讲述图像属性的设置，具体操作步骤如下。

图 3-7　设置图像属性后的效果

**STEP 1**　打开网页文档，如图 3-8 所示。

图 3-8　打开文档

**STEP 2**　将光标置于要插入图像的位置，选择菜单中的"插入记录"→"图像"命令，弹出"选择图像源文件"对话框，在对话框中选择要插入的图像文件，如图 3-9 所示。

图 3-9　"选择图像源文件"对话框

**提　示**

修改图像的高度和宽度的值可以改变图像的显示尺寸，但是这并不能改变图像下载所用的时间，因为浏览器是下载图像数据，然后才改变图像尺寸的。要想减少图像下载所需要的时间并使图像无论什么时候都显示相同的尺寸，建议在图像编辑软件中重新处理该图像，这样得到的效果将是最好的。

**STEP 3**　单击"确定"按钮，插入图像，如图 3-10 所示。

图 3-10　插入图像

**STEP 4**　选中图像，在"属性"面板中设置图像的对齐方式为"右对齐"，如图 3-11 所示。

图 3-11　设置图像的对齐方式

## 3.3 插入其他网页图像

在网页中除了可以插入基本图像外，还可以插入图像占位符、背景图像、鼠标经过图像和导航条，下面分别进行讲述。

### 3.3.1 插入鼠标经过图像

鼠标经过图像就是当鼠标经过图像时，原图像会变成另外一张图像。鼠标经过图像效果其实是由两张图像组成的，即由原始图像（页面显示时候的图像）和鼠标经过图像（当鼠标经过时显示的图像）组成。组成鼠标经过图像的两张图像必须具有相同的大小，如果两张图像的大小不同，Dreamweaver CS3 会自动将第二张图像大小调整成与第一张同样大小。

下面创建如图 3-12 和图 3-13 所示的鼠标经过图像网页，具体的操作步骤如下。

图 3-12　鼠标经过前的效果

图 3-13　鼠标经过时的效果

**STEP ①**　打开网页文档，将光标置于要插入图像的位置，选择菜单中的"插入记录"→"图像对象"→"鼠标经过图像"命令，如图 3-14 所示。

对话框，在对话框中单击"原始图像"文本框右边的"浏览"按钮，弹出"原始图像"对话框，在对话框中选择 images/pen.jpg，如图 3-15 所示。

图 3-14　选择菜单中的"鼠标经过图像"命令

**STEP ②**　弹出"插入鼠标经过图像"

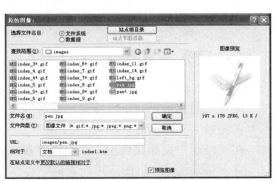

图 3-15　"原始图像"对话框

> **提 示**
>
> 单击"常用"插入栏中的"图像"按钮，在弹出的菜单中选择"鼠标经过图像"按钮 ▣ ▾ ，也可以打开"插入鼠标经过图像"对话框。

**STEP 3** 单击"确定"按钮，将图像添加到文本框中。单击"鼠标经过图像"文本框右边的"浏览"按钮，弹出"鼠标经过图像"对话框，选择图像 images/pen+.jpg，如图 3-16 所示。

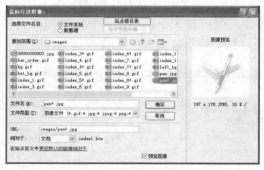

图 3-16 "鼠标经过图像"对话框

**STEP 4** 单击"确定"按钮，将图像添加到文本框中，选中"预载鼠标经过图像"复选框，如图 3-17 所示。

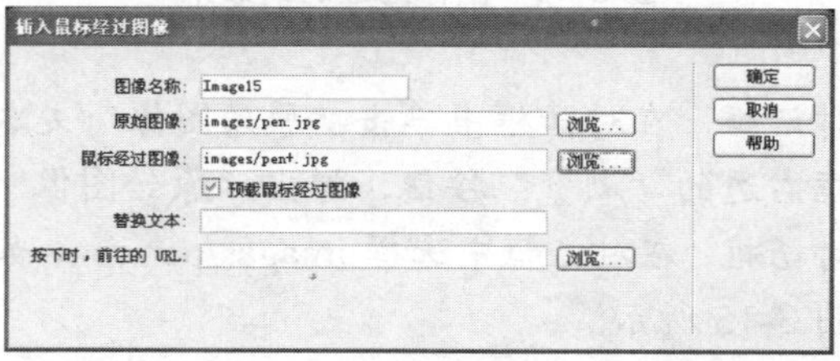

图 3-17 "插入鼠标经过图像"对话框

**STEP 5** 单击"确定"按钮，插入鼠标经过图像，如图 3-18 所示。

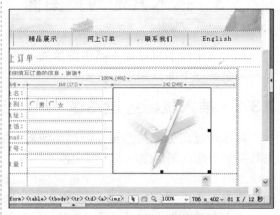

图 3-18 插入鼠标经过图像

> **提 示**
>
> 在插入鼠标经过图像时，如果不为该图像设置链接，Dreamweaver 将在 HTML 源代码中插入一个空链接 #，该链接上将附加鼠标经过的图像行为，如果将该链接删除，鼠标经过图像将不起作用。

**STEP 6** 保存文档，按 F12 键在浏览器中预览效果，鼠标经过前和鼠标经过时的效果分别如图 3-12 和图 3-13 所示。

> **提 示**
>
> 当在默认的浏览器中浏览该鼠标经过图像的时候，会显示出"鼠标经过图像"效果。

## 3.3.2 插入背景图像

可以使用背景为网页添加颜色、站点标识或其他可视的效果，可以使用图像文件作为背景。

在"页面属性"对话框中可以设置背景图像。选择"修改"→"页面属性"命令，弹出"页面属性"对话框，如图 3-19 所示。

在"外观"页面属性中主要有以下参数。

- "页面字体"：在下拉列表框中可以设置文本的字体。
- "大小"：在下拉列表框中可以设置网页中文本的字号。
- "文本颜色"：在文本框中可以设置网页文本的颜色。

- "背景颜色": 在文本框中可以设置网页的背景颜色。
- "背景图像": 单击右边的"浏览"按钮, 弹出"选择图像源文件"对话框, 在对话框中可以选择一个图像文件作为网页的背景图像。
- "重复": 在下拉列表框中指定背景图像在页面上的显示方式。
- "左边距"、"上边距"、"右边距"和"下边距": 用来指定页面四周边距的大小。

在网页中插入背景图像的方法非常简单, 下面通过如图 3-20 所示的效果讲述网页中背景图像的插入, 具体操作步骤如下。

图 3-19 "页面属性"对话框

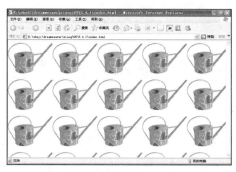

图 3-20 背景图像

**STEP 1** 新建一个空白文档, 将其另存为 index.htm, 如图 3-21 所示。

图 3-21 新建文档

**STEP 2** 选择菜单中的"修改"→"属性"命令, 弹出"页面属性"对话框, 如图 3-22 所示。

图 3-22 "页面属性"对话框

**STEP 3** 单击"浏览"按钮, 弹出"选择图像源文件"对话框, 在对话框中选择要设置为背景的图像, 如图 3-23 所示。

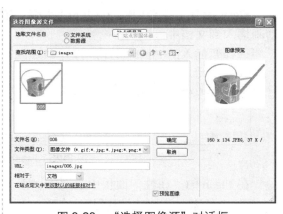

图 3-23 "选择图像源"对话框

**STEP 4** 单击"确定"按钮, 设置背景图像, 如图 3-24 所示。

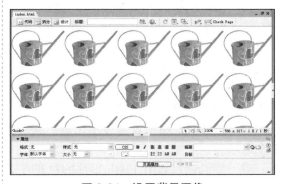

图 3-24 设置背景图像

⊙ 提 示 ⊙

为什么设置的背景图像不显示？

在单元格中单击鼠标左键，从"属性"面板中可以看到设置的背景图文件，而且在 Dreamweaver 中显示也是正常的，启动 IE 浏览这个页面，背景图却看不到。

这时返回到 Dreamweaver 中，查看光标所在处的代码，会发现 background 设置在<tr>标签中。在 IE 中表格的背景不能设置在<tr>中，只能放在<td>中。将背景代码移到<td>中，保存文档后，再浏览，背景图就能正常显示。

 # 3.4　插入 Flash 影片

在网页中插入 Flash 影片、Flash 按钮和 Flash 文本等，可以增加网页的动感，使网页更具吸引力，因此多媒体在网页中应用越来越广泛。

## 3.4.1　在 Dreamweaver 中插入 Flash 影片

Flash 影片是在专门的 Flash 软件中完成的，在 Dreamweaver CS3 中能将现有的 Flash 动画插入到文档中。

选择要插入的 Flash 影片，打开 Flash 的"属性"面板，如图 3-25 所示。

图 3-25　Flash 的"属性"面板

在 Flash 的"属性"面板中主要有以下参数。

- "名称"：用来标识影片的名称。
- "宽"和"高"：以像素为单位设置影片的宽和高。
- "文件"：指定 Flash 文件的路径。单击 按钮以浏览某一文件，或直接在文本框中输入文件的路径。
- "源文件"：指向 Flash 源文档的路径。
- "循环"：选择该选项，动画将在浏览器端循环播放。
- "自动播放"：选择该选项，则文档被浏览器载入时将自动播放 Flash 动画。
- "垂直边距"和"水平边距"：指定影片上、下、左、右空白的像素数。
- "品质"：在影片播放期间控制失真。设置越高，影片的观看效果就越好，但要求更快的处理器以使影片在屏幕上正确显示。
- "比例"：用来设置显示比例，包括"默认（全部显示）"、"无边框"和"严格匹配" 3 个选项。
- "对齐"：设置 Flash 影片的对齐方式。
- "背景颜色"：为当前 Flash 动画设置背景颜色。

- ○　编辑...：单击此按钮，自动打开 Flash 软件对源文件进行处理。
- ○　重设大小：单击此按钮，恢复 Flash 动画的原始尺寸。
- ○　▶ 播放：单击此按钮，在"设计"视图中播放 Flash 动画。
- ○　参数...：单击此按钮，在弹出的对话框中输入能使该 Flash 顺利运行的附加参数。

在网页中插入 Flash 影片，效果如图 3-26 所示，具体操作步骤如下。

图 3-26　插入 Flash 动画

**STEP 1**　打开如图 3-27 所示的网页文档。

图 3-27　打开网页文档

**STEP 2**　选择菜单中的"插入记录"→"媒体"→"Flash"命令，弹出"选择文件"对话框，如图 3-28 所示。

图 3-28　"选择文件"对话框

**STEP 3**　在"选择文件"对话框中选择 flash.swf，单击"确定"按钮，插入 Flash 动画，如图 3-29 所示。

图 3-29　插入 Flash 动画

**STEP 4**　保存文件，按 F12 键在浏览器中预览效果，如图 3-26 所示。

---

**提　示**

插入 Flash 动画还有两种方法。

○ 单击"常用"插入栏下的 按钮，从打开的对话框中选择相应的文件。

○ 拖曳"常用"插入栏下的 按钮至所需要的位置，从打开的对话框中选择文件。

---

01
02

Chapter
**03**

04
05
06
07
08
09
10
11
12
13
14
15
16
17
18
19
20
21
22

### 3.4.2 插入 Flash 文本

在 Dreamweaver 中可以直接使用"插入 Flash 文本"对话框插入 Flash 文本。下面通过实例讲述如何插入 Flash 文本，效果如图 3-30 所示。

图 3-30　插入 Flash 文本

**STEP 1**　打开如图 3-31 所示的网页文档。

图 3-31　打开网页文档

**STEP 2**　将光标置于需要插入 Flash 文本的位置，选择菜单中的"插入记录"→"媒体"→"Flash 文本"命令，弹出"插入 Flash 文本"对话框，在对话框中的"字体"下拉列表框中选择"宋体"，将"颜色"设置为#333333，在"文本"文本框中输入"产品展示"，将"背景色"设置为#F7F7F7，如图 3-32 所示。

图 3-32　"插入 Flash 文本"对话框

**STEP 3**　单击"确定"按钮，插入 Flash 文本，如图 3-33 所示。

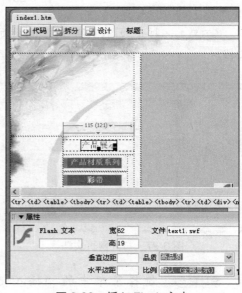

图 3-33　插入 Flash 文本

> **提　示**
>
> 在"常用"插入栏中单击 ⬤ ﹀ 按钮右边的小三角形，在弹出的菜单中选择"Flash 按钮"命令，弹出"插入 Flash 按钮"对话框，也可以插入 Flash 按钮。

**STEP 4**　保存文档，按 F12 键在浏览器中预览效果，如图 3-30 所示。

### 3.4.3 . 插入 Flash 按钮

在 Dreamweaver 中内置了很多 Flash 按钮样式，可以使用户自定义并插入预先设置好的 Flash 按钮，而不必在 Flash 软件中制作动画，然后保存成文件，再将 Flash 动画插入到网页中。插入 Flash 按钮的效果如图 3-34 所示，具体的操作步骤如下。

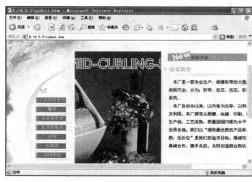

图 3-34　插入 Flash 按钮

**STEP ①**　打开如图 3-35 所示的网页文档。

图 3-35　打开网页文档

**STEP ②**　选择菜单中的"插入记录"→"媒体"→"Flash 按钮"命令，弹出"插入 Flash 按钮"对话框，如图 3-36 所示。

图 3-36　"插入 Flash 按钮"对话框

在"插入 Flash 按钮"对话框中可以设置以下参数。

● 样式：在其列表框中选择所需的按钮样式。

● 按钮文本：在其文本框中输入要显示的文本。

● 字体：在其下拉列表框中选择要使用的字体。

● 大小：在其文本框中输入字体大小的数字值。

● 链接：在其文本框中输入该按钮的文档相对或绝对链接。

● 目标：在其下拉列表框中指定链接的文档将在其中打开的位置。可以在弹出菜单中选择框架或窗口选项。只有在框架页中编辑 Flash 对象时，才列出框架名称。

● 背景颜色：在其文本框中设置 Flash.swf 文件的背景颜色。使用颜色选择器或输入 Web 十六进制值（如#FFFFFF）。

● 另存为：在其文本框中输入用来保存此新 SWF 文件的文件名。

**STEP ③**　在对话框中的"样式"列表框中选择样式，在"按钮文本"文本框中输入"产品材质系列"，将"字体"设置为"宋体"，

"大小"设置为 14，单击"确定"按钮，插入 Flash 按钮，如图 3-37 所示。

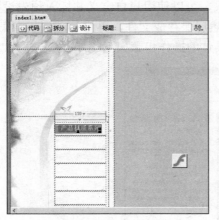

图 3-37　插入 Flash 按钮

> **提　示**
>
> 在"常用"插入栏中单击 ⬤ ▼按钮右边的小三角形，在弹出的菜单中选择"Flash 按钮" 🔵 命令，弹出"插入 Flash 按钮"对话框，也可以插入 Flash 按钮。

**STEP 4**　利用 **STEP 2** 和 **STEP 3** 的方法再插入其他的 Flash 按钮，如图 3-38 所示。

图 3-38　插入其他 Flash 按钮

**STEP 5**　保存文件，按 F12 键在浏览器中预览效果，如图 3-34 所示。

> **提　示**
>
> 不能在 Flash 按钮正在播放时对它进行修改和编辑。

##  3.5　插入其他媒体对象

在网页中除了可以插入 Flash 对象外，还可以插入 Shockwave 影片、Java 小程序和 ActiveX 控件。

### 3.5.1　插入 Shockwave 影片

Shockwave 是用于在网页中插放丰富的交互式多媒体内容的业界标准，其真正含义是插件。可以通过 Director 来创建 Shockwave 影片，它生成的压缩格式可以被浏览器快速下载，并且可以被目前的主流服务器如 IE 所支持。下面讲述 Shockwave 影片的插入，具体操作步骤如下。

**STEP 1**　打开原始文件，将光标置于要插入 Shockwave 影片的位置，选择"插入记录"→"媒体"→"Shockwave"命令，弹出"选择文件"对话框，在对话框中选择相应的文件。

**STEP 2**　单击"确定"按钮，插入 Shockwave 影片。

**STEP 3**　保存文档，按 F12 键在浏览器中浏览效果。

## 3.5.2　插入 Java 小程序

Applet 是 Java 的小应用程序，它是动态、安全、跨平台的网络应用程序。Java Applet 被嵌入到 HTML 语言中，通过主页发布到因特网，访问服务器的 Applet 时，这些 Applet 就从网络上传输，然后在支持 Java 的浏览器中运行。

Applet 可以像图像、声音、动画一样从网络上下载，从 http://www.java.com 或一些个人网站上也可以得到不少可用的 Applet 应用程序。Applet 的"属性"面板如图 3-39 所示。

图 3-39　Applet 的"属性"面板

在 Applet 的"属性"面板中主要有以下参数。

● "Applet 名称"：指定 Applet 的名称。

● "宽"和"高"：以像素为单位设置 Applet 的宽度和高度。

● "代码"：指定该 Applet 的 Java 代码的文件。单击 按钮以浏览某一文件，或直接在文本框中输入文件的路径。

● "基址"：标识包含选定 Applet 的文件夹，选择了 Applet 后，此文本框将被自动填充。

● "对齐"：设置 Applet 在文档中的对齐方式。

● "替换"：指定如果用户的浏览器不支持 Java Applet 或者已经禁用 Java，将要显示的替换内容。如果输入文本，Dreamweaver 将插入该文本，将其作为 Applet 的 alt 属性的值。

● "垂直边距"和"水平边距"：以像素为单位指定 Applet 上、下、左、右空白的像素数。

● 参数... ：单击此按钮，在弹出的对话框中输入传递给 Applet 的附加参数。

插入 Java 小程序的具体操作步骤如下。

STEP 1　打开网页文件，将光标置于要插入 Applet 的位置，选择"插入记录"→"媒体"→"Applet"命令，弹出"选择文件"对话框，在对话框中选择相应的文件。

STEP 2　单击"确定"按钮，插入 Applet 程序。

STEP 3　选中插入的 Applet，在"属性"面板中可以设置相应的参数。

STEP 4　切换到"代码"视图，修改代码。

```
<applet code="Lake.class" width="宽度" height="高度">
<PARAM NAME="image" VALUE="图像名称">
</applet>
```

STEP 5　保存文档，按 F12 键在浏览器中浏览效果。

## 3.5.3　插入 ActiveX 控件

ActiveX 控件是对浏览器能力的扩展，ActiveX 控件仅在 Windows 系统上的 Internet

Explorer 中运行。ActiveX 控件的作用与插件的作用相同，它可以在不发布浏览器新版本的情况下扩展浏览器的能力。插入 ActiveX 控件的操作步骤如下。

**STEP 1** 将光标放置在要插入 ActiveX 的位置。

**STEP 2** 选择"插入"→"媒体"→"ActiveX"命令，在网页中插入 ActiveX 占位符。

**STEP 3** 选中该占位符，打开"属性"

面板，如图 3-40 所示。

图 3-40 "属性"面板

在 ActiveX 的"属性"面板中主要有以下参数。

● "宽"和"高"：用来设置 ActiveX 控件的宽度和高度，可输入数值，单位是像素。

● "ClassID"：其下拉列表框中包含了 3 个选项，分别是 RealPlayer、Shockwave for Director 和 Shockwave for Flash。

● "对齐"：用来设置 ActiveX 控件的对齐方式。

● "嵌入"：选中该复选框，把 ActiveX 控件设置为插件，可以被 Netscape Communicator 浏览器所支持。Dreamweaver CS3 给 ActiveX 控件属性输入的值同时分配给等效的 Netscape Communicator 插件。

● "源文件"：用来设置用于插件的数据文件。

● "垂直边距"：用来设置 ActiveX 控件与下方页面元素的距离。

● "水平边距"：用来设置 ActiveX 控件与右侧页面元素的距离。

● "基址"：用来设置包含该 ActiveX 控件的路径。如果在访问者的系统中尚未安装 ActiveX 控件，则浏览器从这个路径下载。如果没有设置"基址"文本框，且该访问者未安装相应的 ActiveX 控件，则浏览器将无法显示 ActiveX 对象。

● "编号"：用来设置 ActiveX 控件的编号。

● "数据"：用来为 ActiveX 控件指定数据文件，许多种类的 ActiveX 控件不需要设置数据文件。

● "替代图像"：用来设置 ActiveX 控件的替代图像，当 ActiveX 控件无法显示时，将显示这个替代图像。

● ▶ 播放 ：单击此按钮，在文档窗口中预览效果。

● 参数... ：单击此按钮，弹出"参数"对话框。参数设置可以对 ActiveX 控件进行初始化，参数由命名和值两部分组成，一般成对出现。

##  3.6 课堂练习——创建图文混合网页

本课主要讲述了图像和多媒体的使用，下面练习创建精彩的图像和多媒体网页，效果如图 3-41 所示，具体操作步骤如下。

图 3-41　创建精彩的图像和多媒体网页

**STEP 1**　打开如图 3-42 所示的网页文档。

图 3-42　打开网页文档

**STEP 2**　将光标置于要插入 Flash 的位置，选择菜单中的"插入记录"→"媒体"→"Flash"命令，弹出"选择文件"对话框，如图 3-43 所示。

图 3-43　"选择文件"对话框

**STEP 3**　在对话框中选择 Flash 文件 images/banner.swf，单击"确定"按钮，插入 Flash，如图 3-44 所示。

图 3-44　插入 Flash

**STEP 4**　将光标置于文本中相应的位置，选择菜单中的"插入"→"图像"命令，弹出"选择图像源文件"对话框，如图 3-45 所示。

图 3-45　"选择图像源文件"对话框

**STEP 5**　在对话框中选择图像，单击"确定"按钮，插入图像，如图 3-46 所示。

图 3-46　插入图像

**STEP 6** 选择插入的图像，打开"属性"面板，在面板中将"对齐"设置为"右对齐"，如图 3-47 所示。

图 3-47 设置图像属性

**STEP 7** 在"属性"面板中将"垂直边距"和"水平边距"分别设置为 15，如图 3-48 所示。

图 3-48 设置图像属性

**STEP 8** 保存文档，按 F12 键在浏览器中浏览效果，如图 3-41 所示。

##  3.7 高手支招

### 1. 怎样给网页图像添加边框

打开网页文档，选中要设置边框的图像，在"属性"面板中的"边框"文本框中输入2，如图 3-49 所示。

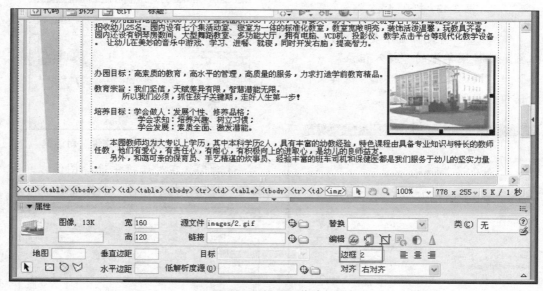

图 3-49 设置图像边框

### 2. 怎样制作当鼠标移到图片上时会自动出现该图片的说明文字

打开网页文档，选中图像，在"属性"面板中的"替换"文本框中输入"塑胶丝花制品厂",如图 3-50 所示。

保存文档,按 F12 键在浏览器中预览效果,如图 3-51 所示。

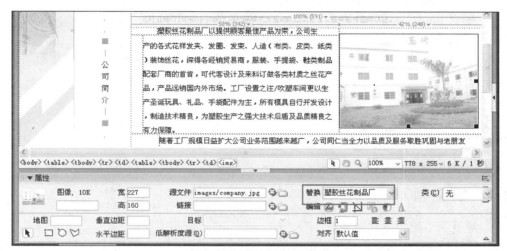

图 3-50　设置"替换"

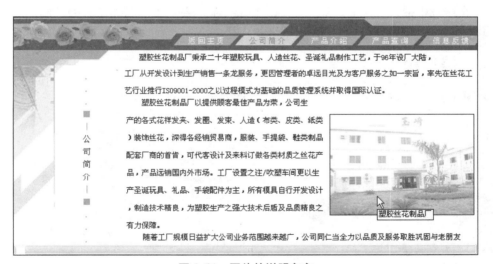

图 3-51　图片的说明文字

### 3. 为什么设置的背景图像不显示

在单元格中单击鼠标左键,从"属性"面板中可以看到设置的背景图文件,而且在 Dreamweaver 中显示也是正常的,启动 IE 浏览这个页面,背景图却看不到。

这时返回到 Dreamweaver 中,查看光标所在处的代码,会发现 background 设置在<tr>标签中。在 IE 中表格的背景不能设置在<tr>中,只能放在<td>中。将背景代码移到<td>中,保存文档后再浏览,背景图就能正常显示。

### 4. 怎样将插入的 Flash 动画设置为透明的

在 Dreamweaver 中选中要设置为透明的 Flash 动画,切换到"拆分"视图,在<object>标记中输入代码<param name="wmode" value="transparent">,在<embed>标记内输入代码

wmode=transparent。

**5.为什么浏览网页时不能显示插入的 Flash 动画**

出现这种情况可能有以下一些原因。

- 确认 Flash 动画的名称是否是中文，如果是中文要改为英文。
- 确认插入的 Flash 是否为.swf 格式的文件。
- 确认网页文档中指定的 Flash 动画的路径是否与实际 Flash 动画的路径相同。

 # 3.8　课后习题

## 3.8.1　填空题

1. 网页中图像的格式通常有 3 种，即_____、_____和_____。

2. 鼠标经过图像效果其实是由两张图像组成的，即由_____（页面显示时候的图像）和_____（当鼠标经过时显示的图像）组成。

3. 在网页中插入_____、_____和_____等，可以增加网页的动感，使网页更具吸引力，因此多媒体在网页中应用越来越广泛。

## 3.8.2　操作题

为图 3-52 所示的网页图像，设置水中倒影效果，如图 3-53 所示。

图 3-52　原始文件

图 3-53　水中倒影效果

关键提示：

**STEP 1** 打开原始网页文档，如图 3-54 所示。

图 3-54　起始文件

**STEP 2** 将光标置于要插入 Applet 的位置，选择菜单中的"插入记录"→"媒体"→"Applet"命令，打开"选择文件"对话框，在对话框中选择 Lake.class，如图 3-55 所示。

图 3-55　"选择文件"对话框

**STEP 3** 单击"确定"按钮，插入 Applet，在"属性"面板中，将"宽"和"高"分别设置为 355、225，"对齐"设置为"右对齐"，如图 3-56 所示。

图 3-56　插入 Applet

**STEP 4** 切换到"代码"视图，在相应的位置输入以下代码，如图 3-57 所示。

```
<applet code="Lake.class" width="149"
height="150" align="right">
<PARAM NAME="image" VALUE="jj1.jpg">
</applet>
```

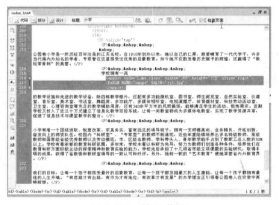

图 3-57　输入代码

**STEP 5** 保存文档，按 F12 键在浏览器中预览效果，如图 3-53 所示。

# 第4课 使用表格排列数据和布局网页

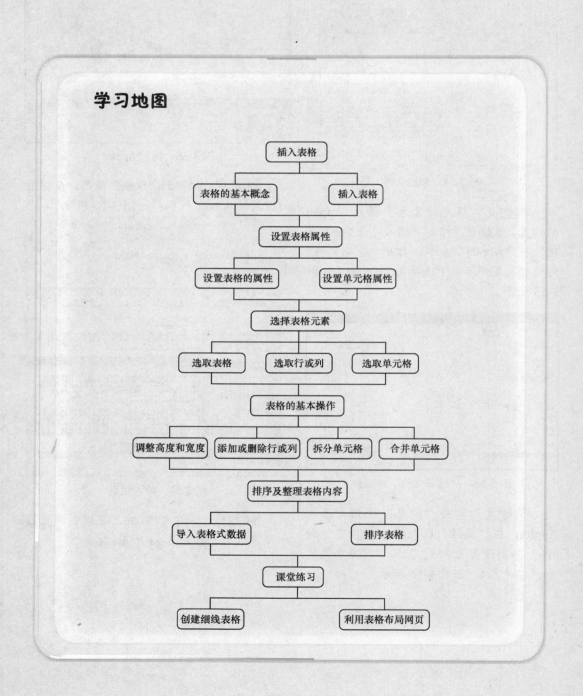

**学习地图**

```
                            插入表格

            表格的基本概念            插入表格

                          设置表格属性

          设置表格的属性            设置单元格属性

                          选择表格元素

        选取表格        选取行或列        选取单元格

                          表格的基本操作

    调整高度和宽度   添加或删除行或列   拆分单元格   合并单元格

                        排序及整理表格内容

          导入表格式数据              排序表格

                            课堂练习

          创建细线表格              利用表格布局网页
```

### 课前导读

　　表格是网页设计与制作时不可缺少的重要元素。无论用于排列数据还是布局网页，表格都表现出了强大的功能。它以简洁明了和高效快捷的方式，将数据、文本、图像、表单等元素有序地显示在页面上，从而设计出版式漂亮的网页。表格最基本的作用就是让复杂的数据变得更有条理，让人容易看懂，在设计页面时，往往要利用表格来布局和定位网页元素。本课将主要讲述表格的基本概念、插入表格、设置表格属性、选择表格元素、表格的基本操作和排序及整理表格内容等。

### 重点与难点

- ☐ 掌握表格的插入。
- ☐ 掌握表格属性的设置。
- ☐ 掌握表格元素的选择。
- ☐ 掌握表格的基本操作。
- ☐ 掌握表格内容的排序及整理。
- ☐ 掌握细线表格的创建。
- ☐ 掌握利用表格布局网页的方法。

 ## 4.1　插入表格

　　在 Dreamweaver 中，表格可以用于简单的数据排列，还可以用于安排网页文档的整体布局。利用表格设计页面布局，可以不受分辨率的限制。

### 4.1.1　表格的基本概念

　　表格是网页中排列数据与图像的强有力的工具。一个表格通常由行、列和单元格组成，每行由一个或多个单元格组成，如图 4-1 所示是表格的基本结构。

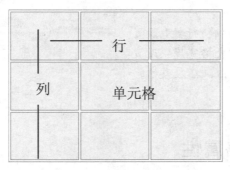

图 4-1　表格的基本结构

- ⬤ 行：表格中的横向称为行。
- ⬤ 列：表格中的纵向称为列。

● 单元格：表格中一行与一列相交所产生的区域。

使用表格可以对列表数据进行布局，在页面上设计栏目或对网页上的文本和图像进行布局。一旦创建了表格，就可以十分容易地修改表格的外观与结构。可以增加内容，添加、删除、分割以及合并行和列，修改表格行、列或单元格的属性，复制和粘贴单元格。

### 4.1.2　在网页中插入表格

在网页中插入表格的方法非常简单，选择"插入记录"→"表格"命令，弹出"表格"对话框，在对话框中设置表格的属性即可，具体操作步骤如下。

**STEP 1**　打开网页文档，如图 4-2 所示。

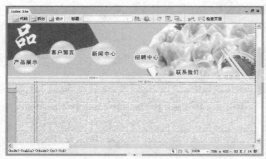

图 4-2　打开网页文档

**STEP 2**　将光标置于要插入表格的位置，选择菜单中的"插入记录"→"表格"命令，打开"表格"对话框，如图 4-3 所示。

> **提　示**
>
> 单击"常用"插入栏中的"表格"按钮，弹出"表格"对话框，也可以插入表格。

**STEP 3**　在对话框中将"行数"设置为 3，"列数"设置为 3，"表格宽度"设置为 98%，单击"确定"按钮，插入表格，如图 4-4 所示。

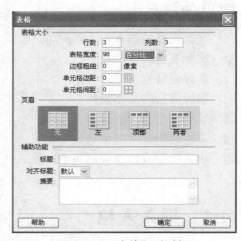

图 4-3　"表格"对话框

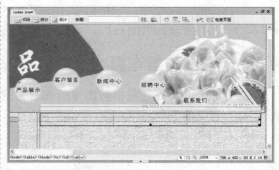

图 4-4　插入表格

##  4.2　设置表格属性

在 Dreamweaver CS3 中为了使创建的表格更加美观、醒目，需要设置表格的属性（如表格的颜色、单元格的背景图像、背景颜色等）。

01
02
03
Chapter
**04**
05
06
07
08
09
10
11
12
13
14
15
16
17
18
19
20
21
22

## 4.2.1 设置表格的属性

可以在表格的"属性"面板中对表格的属性进行详细的设置，如图 4-5 所示。

图 4-5 表格的"属性"面板

在表格的"属性"面板中主要有以下参数。

- "表格 Id"：用来设置表格的 ID，一般不用填写。
- "行"：用来设置表格的行数。
- "列"：用来设置表格的列数。
- "宽"：用来设置表格的宽度，可以输入数值。右边的下拉列表框用来设置宽度的单位，包括"百分比"和"像素"两个选项。
- "填充"：单元格内容和单元格边界之间的像素数。
- "间距"：相邻的单元格之间的像素数。
- "对齐"：设置表格的对齐方式，其下拉列表框中包括 4 个选项："默认"、"左对齐"、"居中对齐"和"右对齐"。
- "背景颜色"：设置表格的背景颜色。
- "背景图像"：设置表格的背景图像。
- "边框颜色"：设置表格的边框颜色。
- "边框"：设置表格边框的宽度。
- ：清除表格的列宽。
- ：将表格的宽度转换为像素。
- ：将表格的宽度转换为百分比。
- ：清除表格的行高。
- ：将表格的高度转换为像素。
- ：将表格的高度转换为百分比。

## 4.2.2 设置单元格属性

将光标置于单元格中，该单元格就处于选中状态，此时"属性"面板中显示出所有允许设置的单元格属性，如图 4-6 所示。

图 4-6 单元格的"属性"面板

在单元格的"属性"面板中主要有以下参数。

● "水平"：设置单元格中对象的对齐方式，其下拉列表框中包含4个选项，分别是"默认"、"左对齐"、"居中对齐"和"右对齐"。

● "垂直"：设置单元格中对象的对齐方式，其下拉列表框中包含5个选项，分别是"默认"、"顶端"、"居中"、"底部"和"基线"。

● "宽"与"高"：设置单元格的宽与高。

● "不换行"：表示单元格的宽度将随单元格内元素的不断增加而加长。

● "标题"：将当前单元格设置为标题行。

● "背景"：设置表格的背景图像。

● "边框"：设置表格边框的颜色。

##  4.3 选择表格元素

在网页中，表格用于网页内容的排版。在使用表格具体布局网页前，下面先来学习表格的基本操作。

### 4.3.1 选取表格

要想在文档中对一个元素进行编辑，首先要选择它；同样，要想对表格进行编辑，首先也要选中它。主要有以下几种选取表格的方法。

● 将光标置于表格的左上角，按住鼠标左键不放，拖曳鼠标指针到表格的右下角，将整个表格中的单元格选中，单击鼠标右键，在弹出的快捷菜单中选择"表格"→"选择表格"命令，如图4-7所示。

图4-7 用鼠标右键选择表格

● 单击表格线任意位置，即可选中表格。

⬤　将光标置于表格内任意位置，选择菜单中的"修改"→"表格"→"选择表格"命令，如图 4-8 所示。

图 4-8　用菜单选择表格

⬤　将光标置于表格内任意位置，单击鼠标右键，在弹出的快捷菜单中选择"表格"→"选择表格"命令。

⬤　将光标置于表格内任意位置，单击文档窗口左下角的<table>标签，如图 4-9 所示。

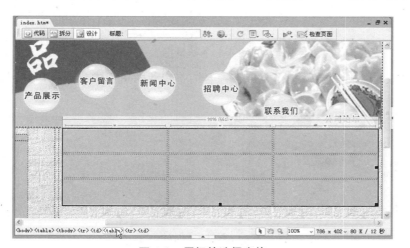

图 4-9　用标签选择表格

### 4.3.2　选取行或列

选择表格的行与列也有两种不同的方法，分别如下。

⬤　当鼠标指针位于要选择的列顶或行首时，鼠标指针变成了↓或→形状，此时单击鼠标左键即可以选中列或行，分别如图 4-10 和图 4-11 所示。

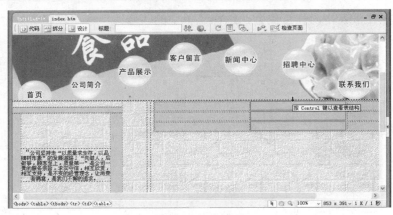

图 4-10 选择列

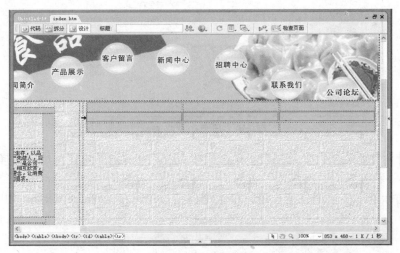

图 4-11 选择行

按住鼠标左键不放从上至下或从左至右拖曳，即可选中列或行，分别如图 4-12 和图 4-13 所示。

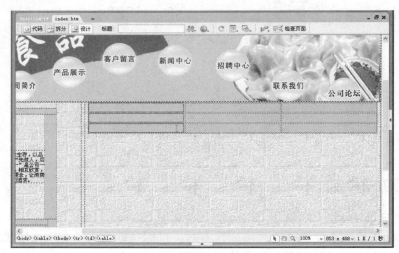

图 4-12 选择列

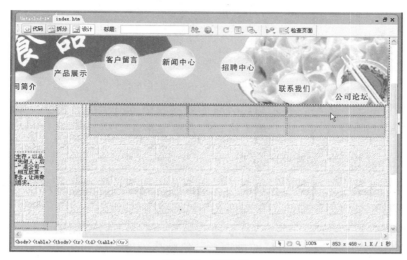

图 4-13　选择行

### 4.3.3　选取单元格

　　选择表格中的单元格有两种方式，一种是选择单个单元格，另一种是选择多个单元格。

　　● 按住 Ctrl 键，然后单击要选中的单元格即可选中不相邻的多个单元格，如图 4-14 所示。

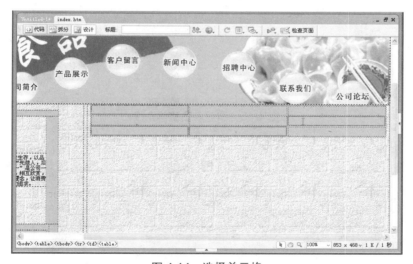

图 4-14　选择单元格

　　● 将光标置于要选中的单元格中并单击，然后按住 Ctrl＋A 组合键，即可选中该单元格。

　　● 将光标置于要选中的单元格中，然后选择"编辑"→"全选"命令，即可选中该单元格。

　　● 将光标置于要选择的单元格中，然后单击文档窗口左下角的<td>标签可以选中一个单元格，单击窗口左下角的<tr>标签，即可选中此行单元格。

　　● 按住鼠标左键并拖曳，可以选择一个或多个单元格。

## 4.4 表格的基本操作

在创建表格和输入表格内容之后，有时需要对表格做进一步的处理，如调整表格高度和宽度、添加或删除行或列、拆分单元格、合并单元格和剪切、复制、粘贴单元格等。

### 4.4.1 调整表格的高度和宽度

用"属性"面板中的"宽"和"高"文本框能精确地调整表格的大小，而用鼠标拖动进行调整则显得更为方便快捷。调整表格大小的具体方法如下。

● 调整表格的宽度：选中整个表格，将光标置于表格右边框控制点上，当光标变成↔形状时，如图 4-15 所示，拖动鼠标即可调整表格整体宽度，各列会被均匀调整。

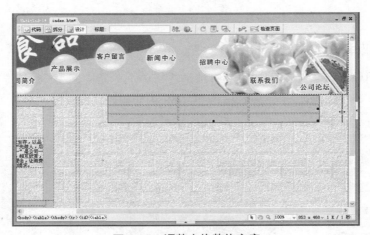

图 4-15 调整表格整体宽度

● 调整表格的高度：选中整个表格，将光标置于表格底边框控制点上，当光标变成↕形状时，如图 4-16 所示，拖动鼠标即可调整表格整体高度，各行会被均匀调整。

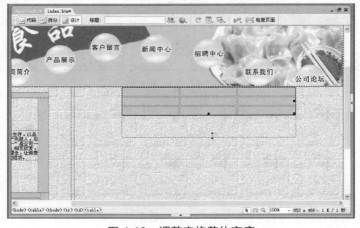

图 4-16 调整表格整体高度

◎　同时调整表格的宽和高：选中整个表格，将光标置于表格右下角控制点上，当光标变成 形状时，如图 4-17 所示，拖动鼠标即可调整表格整体的高度和宽度。

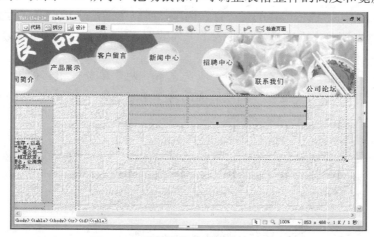

图 4-17　调整表格整体的高度和宽度

## 4.4.2　添加或删除行或列

可以选择"修改"→"表格"菜单中的子命令，增加或减少行与列。

要增加行与列，可以使用以下方法。

◎　将光标置于要插入行的位置，选择"修改"→"表格"→"插入行"命令，即可插入一行。

◎　将光标置于要插入列的位置，选择"修改"→"表格"→"插入列"命令，即可插入一列。

◎　将光标置于相应的位置，选择"修改"→"表格"→"插入行或列"命令，弹出"插入行或列"对话框，在对话框中设置行数和位置等参数，如图 4-18 所示。单击"确定"按钮，即可在相应的位置插入行或列，如图 4-19 所示。

图 4-18　"插入行或列"对话框

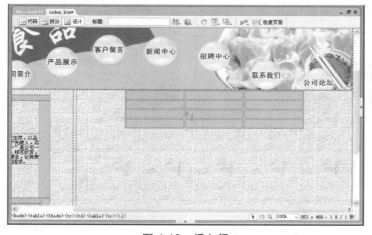

图 4-19　插入行

在"插入行或列"对话框中主要有以下参数。

● "插入"：包含"行"和"列"两个单选按钮，一次只能选择其中一个来插入行或者列。该选项组的初始状态选择的是"行"选项，所以下面的选项就是"行数"。如果选择的是"列"选项，那么下面的选项就变成了"列数"，在"列数"选项的文本框内可以直接输入要插入的列数。

● "位置"：包含"所选之上"和"所选之下"两个单选按钮。如果"插入"选项选择的是"列"选项，那么"位置"选项后面的两个单选按钮就会变成"在当前列之前"和"在当前列之后"。

删除行或列可以用以下方法。

● 将光标置于要删除行或列的位置，选择"修改"→"表格"→"删除行"命令，或选择"修改"→"表格"→"删除列"命令，即可删除一行或一列，如图 4-20 所示。

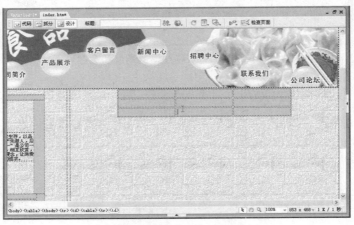

图 4-20　删除一行

### 4.4.3　拆分单元格

可以把一个单元格按列或按行分成几个单元格。拆分单元格的具体操作步骤如下。

STEP 1　将光标置于要拆分的单元格中，如图 4-21 所示。

捷菜单中选择"表格"→"拆分单元格"命令，如图 4-22 所示。

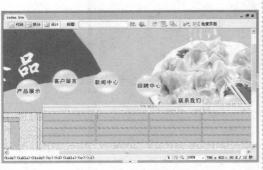

图 4-21　打开网页文档

STEP 2　单击鼠标右键，在弹出的快

图 4-22　选择"拆分单元格"命令

**STEP** 3　弹出"拆分单元格"对话框，在对话框中的"把单元格拆分"选项组中选中"列"单选按钮，将"列数"设置为2，如图 4-23 所示。

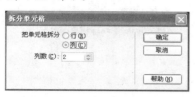

图 4-23　"拆分单元格"对话框

**STEP** 4　单击"确定"按钮，即可拆分选中的单元格，如图 4-24 所示。

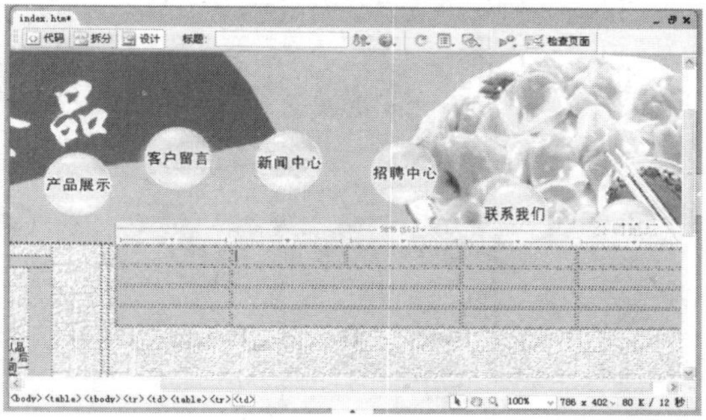

图 4-24　拆分单元格

### 4.4.4　合并单元格

合并单元格就是将选中的单元格内容合并到一个单元格。合并单元格时，首先将要合并的单元格选中，然后选择"修改"→"表格"→"合并单元格"命令，将多个单元格合并成一个单元格。或选中单元格，单击右键，在弹出的快捷菜单中选择"表格"→"合并单元格"命令，将多个单元格合并成一个单元格，如图 4-25 所示。

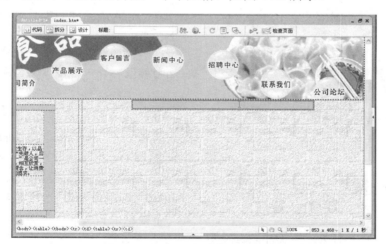

图 4-25　合并单元格

 ## 4.5　排序及整理表格内容

在 Dreamweaver CS3 中提供了对表格进行排序的功能，可以根据一列的内容来完成一次简单的表格排序，也可以根据两列的内容来完成一次较复杂的排序。

### 4.5.1　导入表格式数据

在实际工作中，有时需要把其他的程序（如 Excel、Access）创建的表格数据导入到网页中，在 Dreamweaver 中，利用"导入表格式数据"命令可以很容易地实现这一功能。导入表格式数据的效果如图 4-26 所示，具体操作步骤如下。

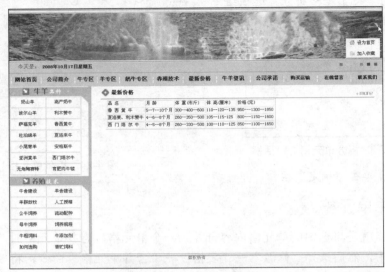

图 4-26　导入表格式数据

打开网页文档，如图 4-27 所示。

图 4-27　打开网页文档

将光标置于页面中，选择菜单中的"插入记录"→"表格对象"→"导入表格式数据"命令，弹出"导入表格式数据"对话框，如图 4-28 所示。

图 4-28　"导入表格式数据"对话框

在"导入表格式数据"对话框中主要有以下参数。

● "数据文件"：输入要导入的数据文件的保存路径和文件名。或单击右边的"浏览"按钮进行选择。

● "定界符"：选择定界符，使之与导入的数据文件格式匹配。其下拉列表框中包含 5 个选项：Tab、逗点、分号、引号和其他。

● "表格宽度"：设置导入表格的宽度。

● "匹配内容"：选中此单选按钮，创建一个根据最长文件进行调整的表格。

● "设置为"：选中此单选按钮，在后面的文本框中输入表格的宽度以及设置其单位。

● "单元格边距"：单元格内容和单元格边界之间的像素数。

● "单元格间距"：相邻的表格单元格间的像素数。

● "格式化首行"：设置首行标题的格式。

● "边框"：以像素为单位设置表格边框的宽度。

STEP 3 在对话框中单击"数据文件"文本框右边的"浏览"按钮,弹出"打开"对话框,在对话框中选择数据文件,如图4-29所示。

图4-29 "打开"对话框

STEP 4 单击"打开"按钮,将数据文件添加到"数据文件"文本框中,在"定界符"下拉列表框中选择"逗点"选项,如图4-30所示。

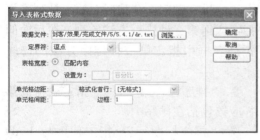

图4-30 "导入表格式数据"对话框

提 示

单击"数据"插入栏中的"导入表格式数据"按钮,也可以弹出"导入表格式数据"对话框。

STEP 5 单击"确定"按钮,导入表格式数据,如图4-31所示。

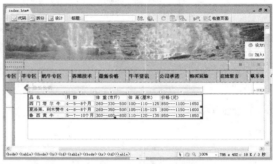

图4-31 导入表格式数据

提 示

此例导入数据表格时注意定界符必须是逗点,否则可能会造成表格格式的混乱。

STEP 6 保存文档,按F12键在浏览器中预览效果,如图4-26所示。

提 示

在导入表格式数据前,首先要将表格数据文件转换成.txt(文本文件)格式,并且该文件中的数据要带有分隔符,如逗号、分号、冒号等。导入到 Dreamweaver 中的数据不会出现分隔符,且会自动生成表格。

## 4.5.2 排序表格

表格的排序功能主要针对具有格式数据的表格而言,是根据表格列表中的数据来排序的,效果如图4-32所示,具体操作步骤如下。

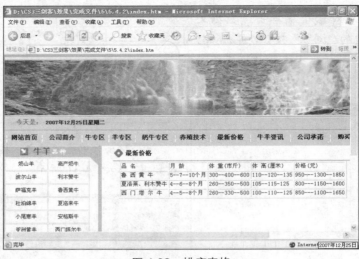

图 4-32　排序表格

STEP 1　打开网页文档，如图 4-33 所示。

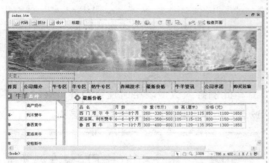

图 4-33　打开网页文档

STEP 2　选中表格，选择菜单中的"命令"→"排序表格"命令，弹出"排序表格"对话框，如图 4-34 所示。

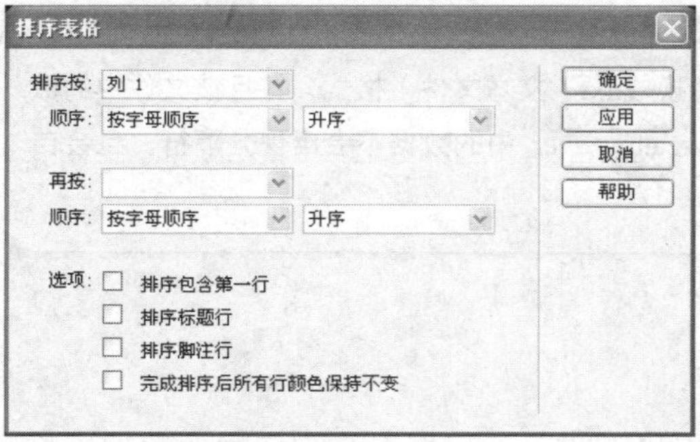

图 4-34　"排序表格"对话框

在"排序表格"对话框中主要有以下参数。

● "排序按"：确定哪个列的值将用于对表格的行进行排序。

● "顺序"：确定是按字母还是按数字顺序以及升序还是降序对列进行排序。

● "再按"：确定在不同列上第二种排列方法的排列顺序。在其后面的下拉列表框中指定应用第二种排列方法的列，在后面的下拉列表框中指定第二种排序方法的排序顺序。

● "排序包含第一行"：指定表格的第一行应该包括在排序中。

● "排序标题行"：指定使用与 body 行相同的条件对表格 thead 部分中的所有行进行排序。

● "排序脚注行"：指定使用与 body 行相同的条件对表格 tfoot 部分中的所有行进行排序。

● "完成排序后所有行颜色保持不变"：指定排序之后表格行属性应该与同一内容保持关联。

STEP 3　在对话框中的"排列按"下拉列表框中选择"列 4"，在"顺序"下拉列表框中选择"按数字顺序"，在后面的下拉列表框中选择"降序"，如图 4-35 所示。

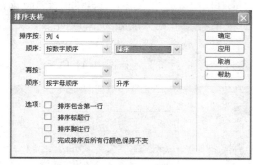

图 4-35　"排序表格"对话框

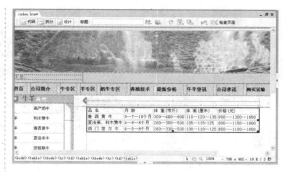

图 4-36　排序表格

**STEP 4**　单击"确定"按钮，进行表格排序，如图 4-36 所示。

**STEP 5**　保存文档，按 F12 键在浏览器中预览效果，如图 4-32 所示。

> **提　示**
>
> 在排序表格时，表格内不能包含合并或拆分的单元格。

 ## 4.6　课堂练习

### 课堂练习 1——创建细线表格

通过设置表格属性和单元格属性可以制作细线表格。下面通过如图 4-37 所示的效果讲述如何创建细线表格，具体操作步骤如下。

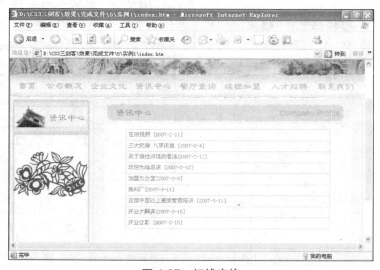

图 4-37　细线表格

**STEP 1** 打开网页文档，如图 4-38 所示。

图 4-38 打开网页文档

**STEP 2** 将光标置于插入表格的位置，选择菜单中的"插入记录"→"表格"命令，弹出"表格"对话框，如图 4-39 所示。

图 4-39 "表格"对话框

**STEP 3** 在对话框中将"行数"和"列数"分别设置为 9、1，"表格宽度"设置为 450 像素，单击"确定"按钮，插入表格，如图 4-40 所示。

图 4-40 插入表格

**STEP 4** 选中表格，打开"属性"面板，在面板中将"填充"设置为 5，"间距"设置为 1，"背景颜色"设置为#D6BD84，"对齐"设置为"居中对齐"，如图 4-41 所示。

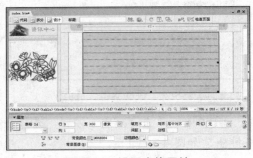

图 4-41 设置表格属性

**STEP 5** 选中此表格的所有单元格，将"背景颜色"设置为#F8F5E6，如图 4-42 所示。

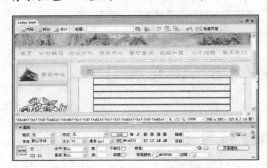

图 4-42 设置单元格背景元素

**STEP 6** 分别在单元格中输入相应的文字，如图 4-43 所示。

图 4-43 输入文字

**STEP 7** 保存文档，按 F12 键在浏览器中预览效果，如图 4-37 所示。

## 课堂练习 2——利用表格布局网页

表格是基本的网页布局工具，常用来布局网页元素。下面利用表格制作一个商业网站页面，通过一步一步详细的讲解，读者可以学习到如何利用表格排版网页，并且还会学习表格的高级应用和制作时的注意事项等。本例效果如图 4-44 所示，具体操作步骤如下。

图 4-44　利用表格布局网页

**STEP 1**　选择菜单中的"文件"→"新建"命令，弹出"新建文档"对话框，新建一个空白文档，并将其保存为 index.htm，如图 4-45 所示。

图 4-45　新建文档

**STEP 2**　选择菜单中的"修改"→"页面属性"命令，弹出"页面属性"对话框，在对话框中将"左边距、右边距、上边距和下边距"分别设置为 0，"背景图像"设置为 images/backgroundw.gif，如图 4-46 所示。

**STEP 3**　单击"确定"按钮，设置页面属性。选择菜单中的"插入记录"→"表格"命令，弹出"表格"对话框，如图 4-47

所示。

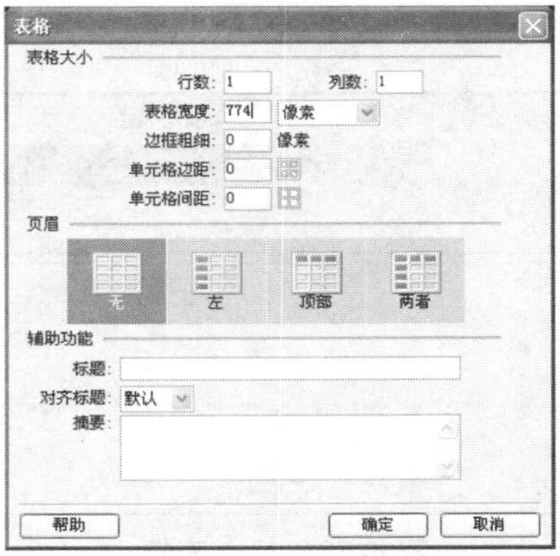

图 4-46　"页面属性"对话框

图 4-47　"表格"对话框

**STEP 4** 在对话框中将"行数"设置为 1,"列数"设置为 1,"表格宽度"设置为 774 像素,单击"确定"按钮,插入表格,此表格记为"table1",将"对齐"设置为"居中对齐",如图 4-48 所示。

图 4-48 插入表格

**STEP 5** 将光标置于单元格中,选择菜单中的"插入记录"→"图像"命令,插入图像 jianjie_07,如图 4-49 所示。

图 4-49 插入图像

**STEP 6** 将光标置于"table1"表格的右边,选择菜单中的"插入记录"→"表格"命令,插入一个 1 行 3 列的表格,此表格记为"table2",在"属性"面板中将"对齐"设置为"居中对齐",如图 4-50 所示。

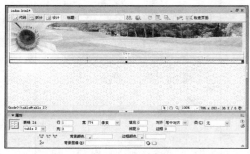

图 4-50 插入表格

**STEP 7** 分别将光标置于"table2"表格的第 1 列和第 3 列单元格中,插入图像 images/jianjie_02.gif,如图 4-51 所示。

图 4-51 插入图像

**STEP 8** 将光标置于第 2 列单元格中,插入背景图像 images/jianjie_03.gif,如图 4-52 所示。

图 4-52 插入背景图像

**STEP 9** 将光标置于背景图像上,分别插入图像 images/jianjie_03.gif,并输入相应的文字,如图 4-53 所示。

图 4-53 输入文字并插入图像

**STEP 10** 将光标置于"table 2"表格的右边,插入一个 1 行 2 列的表格,此表格记为"table 3",在"属性"面板中将"对齐"设置为"居中对齐",在"背景图像"文本框中输入 images/jianjie_12.gif,插入背景图像,如图 4-54 所示。

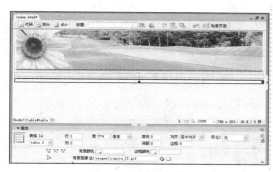

图 4-54　插入表格

**STEP 11**　将光标置于"table 3"表格的第 1 列单元格中，插入一个 2 行 1 列的表格，此表格记为"table 4"，将光标置于第 1 行单元格中，插入图像 images/jianjie_08.gif，如图 4-55 所示。

图 4-55　插入表格并插入图像

**STEP 12**　将光标置于"table4"表格的第 2 行单元格中，选择菜单中的"插入记录"→"表格"命令，插入一个 9 行 1 列的表格，此表格记为"table5"，在"背景图像"文本框中输入 images/jianjie_11.gif，插入背景图像，如图 4-56 所示。

**STEP 13**　选中"table 5"表格中的所有单元格，在"属性"面板中将"高"设置为 31，如图 4-57 所示。

**STEP 14**　将光标置于"table 5"表格中的单元格中，分别输入相应的文字，如图 4-58 所示。

图 4-56　插入表格并插入背景图像

图 4-57　设置单元格属性

图 4-58　输入文字

**STEP 15**　将光标置于"table 3"表格中的第 2 列单元格中，将"垂直"设置为"顶端"，选择菜单中的"插入记录"→"表格"命令，插入一个 1 行 2 列的表格，此表格记为"table 6"，在"属性"面板中的"背景图像"文本框中输入 images/jianjie_09.gif，插入背景图像，如图 4-59 所示。

图 4-59　插入表格并插入背景图像

**STEP 16**　将光标置于 "table 6" 表格的第 2 列单元格中，在 "属性" 面板中将 "高" 设置为 40，并输入文字，如图 4-60 所示。

图 4-60　输入文字

**STEP 17**　将光标置于 "table 6" 表格的右边，插入一个 1 行 1 列的表格，此表格记为 "table 7"，在 "属性" 面板中将 "间距" 设置为 2，如图 4-61 所示。

图 4-61　插入表格

**STEP 18**　将光标置于表格中，输入相应的文字，如图 4-62 所示。

图 4-62　输入文字

**STEP 19**　将光标置于文本中相应的位置，选择菜单中的 "插入记录" → "图像" 命令，插入图像 images/ccc.jpg，在 "属性" 面板中将 "对齐" 设置为 "右对齐"，如图 4-63 所示。

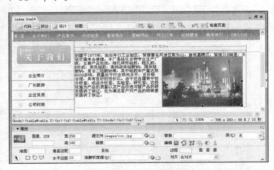

图 4-63　插入图像

**STEP 20**　将光标置于 "table3" 表格的右边，选择菜单中的 "插入记录" → "表格" 命令，插入一个 1 行 1 列的表格，此表格记为 "table8"，将 "对齐" 设置为 "居中对齐"，在 "背景图像" 文本框中输入 images/jianjie_14.gif，插入背景图像，如图 4-64 所示。

图 4-64　插入表格并插入背景

STEP 21　将光标置于 "table8" 的表格中，在 "属性" 面板中将 "高" 设置为 84，并输入相应的文字，将 "对齐" 设置为 "居中对齐"，如图 4-65 所示。

STEP 22　保存文档，按 F12 键在浏览器中预览效果，如图 4-44 所示。

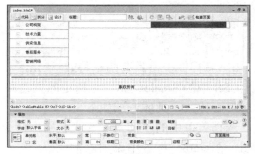

图 4-65　输入文字

 ## 4.7　高手支招

**1. 使用布局表格排版时应注意什么**

在 Dreamweaver 中有一个非常重要的功能，即利用布局模式给网页排版。在布局模式下，可以在网页中直接拖出表格与单元格，还可以自由拖动。利用布局模式对网页定位非常方便，但生成的表格比较复杂，不适合大型网站使用，一般只应用于中小型网站。

如何在排版时将绝对宽度的表格和相对宽度的表格结合起来？

制作网站的内页面时，解决方法是利用拆分的表格，当表格的高度很大时，可考虑拆分表格，把一个表格拆成若干个表格，注意将拆分后的表格宽度设为相等。这样表格的排版效果没变，但显示时各小表格的内容逐渐显示出来，明显加快了页面的打开速度。大表格设置为绝对宽度，小表格设置为相对宽度。

**2. 利用一个完整的表格制作首页有哪些技巧**

在文档编辑状态，可以编辑已设计好的表格，改变它的行数、列数，拆分与合并单元格，改变其边框、底色等。在这个过程中需要用到表格的 "属性" 面板。若需要在页面上进行图文混排，利用表格来进行规划设计是一种很好的排版方法。在不同的单元格中放置文本和图片，对相应的表格属性进行适当的设置，就很容易设计出美观整齐的页面。在首页设计时，一般用图像处理软件，例如 Photoshop、Fireworks 等把整体的首页设计图像分割成几个小图像，然后在 Dreamweaver CS3 中借助表格把这些小图像合成为一个大图像。这样的话，访问者在浏览时，会看到小图像逐个显示出来，最后显示成一幅完整的大图像。

**3. 为什么在 Dreamweaver 中把单元格宽度或高度设置为 "1" 没有效果**

Dreamweaver 生成表格时会自动在每个单元格里填充一个 " " 代码，就是空格代码。如果有这个代码存在，那么把该单元格宽度和高度设置为 1 就没有效果。实际预览时该单元格会占据 10px 左右的宽度。如果把 " " 代码去掉，再把单元格的宽度或高度设置为 1，就可以在 IE 中看到预期的效果。但是在 NS（Netscape）中该单元格不会显示，就好像表格中缺了一块。在单元格内放一个透明的 GIF 图像，然后将 "宽度" 和 "高度" 都设置为 1，这样就可以同时兼容 IE 和 NS 了。

**4. 怎样使单元格背景色在鼠标经过时改变**

打开网页文档，将光标放置在单元格中，切换到 "拆分" 视图，在相应的位置输入以下代码。

```
bgcolor="#C2620E"
onmouseover="this.bgColor='#EBA363'"
onmouseout="this.bgColor='#C1610B'"
```

**5. 怎样使表格具有阴影特效**

CSS 中的 Shadow 滤镜在指定的方向和位置上产生阴影,利用 Shadow 滤镜可以使表格具有阴影特效,具体方法如下。

选择菜单中的"插入"→"表格"命令,插入一个 1 行 1 列的表格。切换到"拆分"视图,在<table>标签中添加以下代码。

```
style="filter:progid:DXImageTransform.Microsoft.Shadow
(Color=#A3D463,Direction=120,strength=5)"
```

 **4.8　课后习题**

### 4.8.1　填空题

1. _____是网页布局定位的最佳选择,使用_____的网页在不同平台、不同分辨率的浏览器里都能保持原有页面布局和对齐状态。

2. 在 Dreamweaver 中,利用_____命令可以把其他的程序(如 Excel、Access)建立的表格数据导入到网页中。

### 4.8.2　操作题

利用表格布局如图 4-66 所示的网页。

图 4-66　利用表格布局网页

# 第 5 课　布局对象和框架的使用

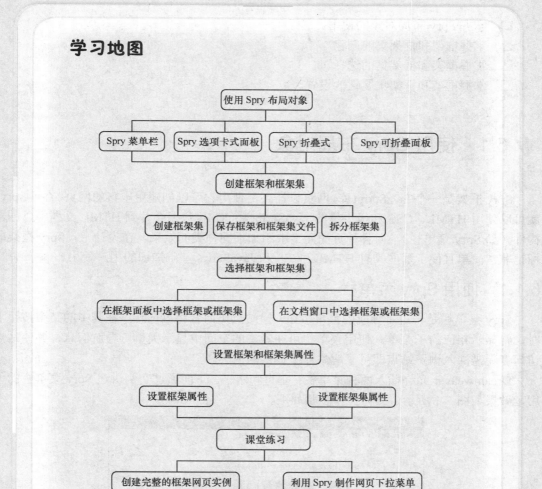

**学习地图**

使用 Spry 布局对象

- Spry 菜单栏
- Spry 选项卡式面板
- Spry 折叠式
- Spry 可折叠面板

创建框架和框架集

- 创建框架集
- 保存框架和框架集文件
- 拆分框架集

选择框架和框架集

- 在框架面板中选择框架或框架集
- 在文档窗口中选择框架或框架集

设置框架和框架集属性

- 设置框架属性
- 设置框架集属性

课堂练习

- 创建完整的框架网页实例
- 利用 Spry 制作网页下拉菜单

### 课前导读

Spry 框架是一个可用来构建更加丰富的网页的 JavaScript 和 CSS 库，使用它可以显示 XML 数据，并创建显示动态数据的交互式页面元素，而无需刷新整个页面。框架主要用于在浏览器窗口中同时显示多个网页，它是目前比较流行的一项网页制作技术。每一个框架都是一个独立的网页，可以独立地改变和滚动网页，它们通过一个框架集显示在浏览器窗口中。

### 重点与难点

- ☐ 掌握 Spry 布局对象的使用。
- ☐ 掌握框架和框架集的创建。
- ☐ 掌握框架和框架集的选择。
- ☐ 掌握框架和框架集属性的设置。

##  5.1 使用 Spry 布局对象

Spry 框架是一个 JavaScript 库，网页设计人员使用它可以创建更丰富的网页。有了 Spry，就可以使用 HTML、CSS 和极少量的 JavaScript 将 XML 数据合并到 HTML 文档中，创建构件（如 Spry 菜单栏），向各种页面元素中添加不同种类的效果。在设计上，Spry 框架的标记非常简单且便于那些具有 HTML、CSS 和 JavaScript 基础知识的用户使用。

### 5.1.1 使用 Spry 菜单栏

Spry 菜单栏是一组可导航的菜单按钮，当站点访问者将鼠标悬停在其中的某个按钮上时，将显示相应的子菜单。使用菜单栏可在紧凑的空间中显示大量可导航信息，并使站点访问者无需深入浏览站点即可了解站点上提供的内容。

Dreamweaver 允许插入两种菜单栏：垂直和水平。下面通过实例讲述 Spry 菜单栏的使用，效果如图 5-1 所示，具体操作步骤如下。

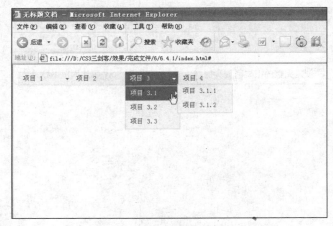

图 5-1 Spry 菜单栏

STEP 1 将光标置于页面中，选择菜单中的"插入记录"→"布局对象"→"Spry菜单栏"命令，如图 5-2 所示。

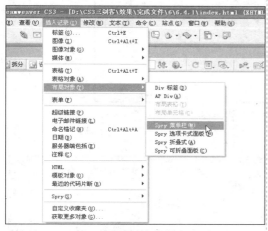

图 5-2　选择"Spry 菜单栏"命令

STEP 2 弹出"Spry 菜单栏"对话框，在对话框中选中"水平"单选按钮，如图 5-3 所示。

STEP 3 单击"确定"按钮，插入 Spry 菜单栏。选中 Spry 菜单栏，在"属性"面板中选中相应的项目，在"文本"文本框中输入导航文本，如图 5-4 所示。

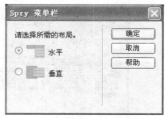

图 5-3　"Spry 菜单栏"对话框

图 5-4　插入 Spry 菜单栏

STEP 4 保存文档，按 F12 键在浏览器中预览效果，如图 5-1 所示。

> **提　示**
>
> Spry 菜单栏构件使用 DHTML 层将 HTML 部分显示在其他部分的上方。如果页面中包含 Flash 内容，可能出现问题，因为 Flash 影片总是显示在所有其他 DHTML 层的上方，因此，Flash 内容可能会显示在子菜单的上方。此问题的解决方法是，更改 Flash 影片的参数，让其使用 wmode="transparent"。

## 5.1.2　使用 Spry 选项卡式面板

Spry 选项卡式面板是一组面板，用来将内容存储到紧凑空间中。站点访问者可通过单击他们要访问的面板上的选项卡来隐藏或显示存储在选项卡式面板中的内容。当访问者单击不同的选项卡时，面板会相应地打开。在给定时间内，选项卡式面板构件中只有一个内容面板处于打开状态。下例显示一个选项卡式面板构件，第三个面板处于打开状态。

在网页中使用 Spry 选项卡式面板的方法非常简单，下面通过如图 5-5 所示的效果讲述网页中 Spry 选项卡式面板的使用，具体操作步骤如下。

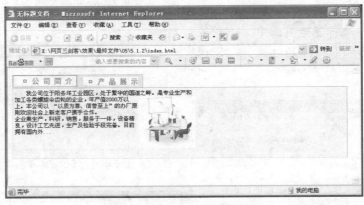

图 5-5 Spry 选项卡式面板

**STEP 1** 选择菜单中的"插入记录"→"布局对象"→"Spry 选项卡式面板"命令，如图 5-6 所示。

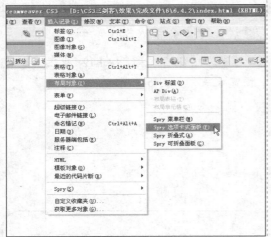

图 5-6 选择"Spry 选项卡式面板"命令

**STEP 2** 插入 Spry 选项卡式面板，如图 5-7 所示。

图 5-7 插入 Spry 选项卡式面板

**STEP 3** 将文字"Tab 1"删除，并在其位置插入相应的图像，如图 5-8 所示。

**STEP 4** 将文字"内容 1"删除，并在其位置添加相应的内容，如图 5-9 所示。

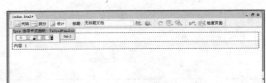

图 5-8 插入图像

图 5-9 添加内容

**STEP 5** 分别将文字"Tab 2"和"内容 2"删除，并在其位置添加相应的内容，如图 5-10 所示。

图 5-10 添加内容

**STEP 6** 保存文档，按F12键在浏览器中预览效果，如图 5-5 所示。

### 5.1.3　使用 Spry 折叠式

折叠构件是一组可折叠的面板，可以将大量内容存储在一个紧凑的空间中。站点访问者可通过单击该面板上的选项卡来隐藏或显示存储在折叠构件中的内容。当访问者单击不同的选项卡时，折叠构件的面板会相应地展开或收缩。在折叠构件中，每次只能有一个内容面板处于打开且可见的状态。使用 Spry 折叠式的效果如图 5-11 所示，具体操作步骤如下。

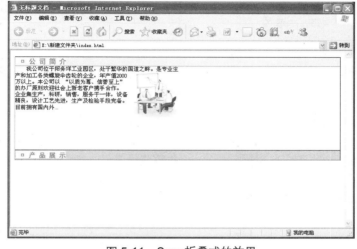

图 5-11　Spry 折叠式的效果

**STEP 1**　将光标置于页面中，选择菜单中的"插入记录"→"布局对象"→"Spry 折叠式"命令，如图 5-12 所示。

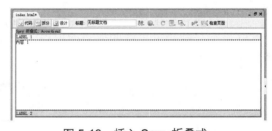

图 5-13　插入 Spry 折叠式

**STEP 3**　删除"LABEL1"，并插入相应的图像，如图 5-14 所示。

图 5-12　选择"Spry 折叠式"命令

**STEP 2**　选择菜单中的命令后，插入 Spry 折叠式，如图 5-13 所示。

图 5-14　插入图像

**STEP 4** 将文字"内容 1"删除，并在其位置添加相应的内容，如图 5-15 所示。

图 5-15  添加内容

**STEP 5** 将光标放置在"LABEL2"中，此时显示 👁 图标，如图 5-16 所示。

图 5-16  显示图标

**STEP 6** 单击 👁 图标，显示面板的内容，将"LABEL2"和"内容 2"删除，并在相应的位置添加内容，如图 5-17 所示。

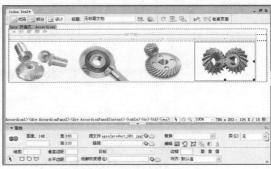

图 5-17  添加内容

**STEP 7** 保存文档，按 F12 键在浏览器中预览效果，如图 5-11 所示。

## 5.1.4  使用 Spry 可折叠面板

可折叠面板构件是一个面板，可将内容存储到紧凑的空间中。单击构件的选项卡即可隐藏或显示存储在可折叠面板中的内容。使用 Spry 可折叠面板的效果如图 5-18 所示，具体操作步骤如下。

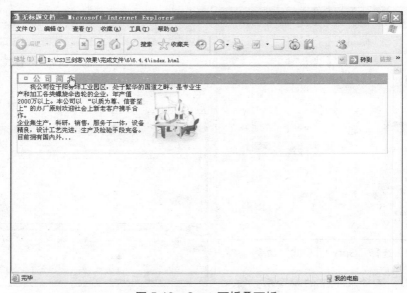

图 5-18  Spry 可折叠面板

STEP 1　将光标置于页面中，选择菜单中的"插入记录"→"布局对象"→"Spry 可折叠面板"命令，如图 5-19 所示。

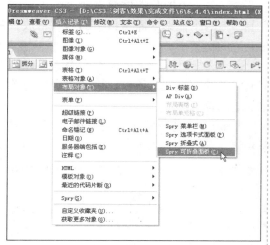

图 5-19　选择"Spry 可折叠面板"命令

STEP 2　选择菜单中的命令后，即可插入 Spry 可折叠面板，如图 5-20 所示。

图 5-20　插入 Spry 可折叠面板

STEP 3　分别将文字"Tab"和"内容"删除，并添加相应的内容，如图 5-21 所示。

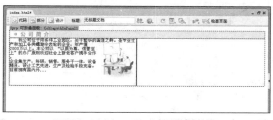

图 5-21　插入 Spry 可折叠面板

STEP 4　保存文档，按 F12 键在浏览器中预览效果，如图 5-18 所示。

## 5.2　创建框架和框架集

学习框架就是为了更好地使用框架。Dreamweaver CS3 提供了多种创建框架的方法，可以自己随意地创建框架集。

### 5.2.1　创建框架集

创建框架集的具体操作步骤如下。

STEP 1　选择菜单中的"文件"→"新建"命令，弹出"新建文档"对话框，新建一个空白文档，如图 5-22 所示。

STEP 2　将光标置于页面中，选择菜单中的"查看"→"可视化助理"→"框架边框"命令，显示框架的边框，如图 5-23 所示。

STEP 3　将光标置于页面中，选择菜单中的"修改"→"框架集"→"拆分左框架"命令，如图 5-24 所示。

图 5-22　空白网页

图 5-23　显示框架边框

图 5-24　选择"拆分左框架"命令

在子菜单中选择所需要的命令，即可创建自定义的框架集。

　　● 选择"拆分左框架"命令，可以产生左、右两个框架，原窗口中的内容将放置在左边的框架中。

　　● 选择"拆分右框架"命令，可以产生左、右两个框架，原窗口中的内容将放置在右边的框架中。

　　● 选择"拆分上框架"命令，可以产生上、下两个框架，原窗口中的内容将放置在上边的框架中。

　　● 选择"拆分下框架"命令，可以产生上、下两个框架，原窗口中的内容将放置在下边的框架中。

**STEP④** 选择菜单中的命令后，即可拆分左框架，效果如图 5-25 所示。

图 5-25　拆分左框架

**STEP⑤** 将光标置于右侧框架中，选择菜单中的"修改"→"框架集"→"拆分上框架"命令，拆分上框架，如图 5-26 所示。

图 5-26　拆分上框架

◇ 提　示 ◇

创建框架也可以用以下方法。

● 将光标指向框架的边框，按住鼠标左键拖曳鼠标，可以产生水平和垂直的框架。

● 将光标指向框架边框的角部，按住鼠标左键拖曳鼠标，可以产生四个框架。

● 按住 Alt 键的同时拖曳框架的边框，可以拆分框架。

## 5.2.2　保存框架和框架集文件

Dreamweaver 提供了若干预先定义的框架集，可以直接使用。插入预定义框架集的具体操作步骤如下。

**STEP 1**　选择菜单中的"文件"→"新建"命令，弹出"新建文档"对话框，如图 5-27 所示。

图 5-27　"新建文档"对话框

**STEP 2**　在对话框中选择"示例中的页"→"框架集"选项，在"示例页"列表框中，选择创建的框架集，如图 5-28 所示。

**STEP 3**　单击"创建"按钮，创建框架集网页，如图 5-29 所示。

图 5-28　选择框架集

图 5-29　创建框架集

> **提　示**
>
> 插入预定义框架集还有以下几种方法。
> ● 在"布局"插入栏中单击"框架"按钮右侧的小三角，在弹出的菜单中选择相应的命令，即可创建框架集。
> ● 选择菜单中的"插入记录"→"HTML"→"框架"命令，在弹出的子菜单中选择需要的框架形式，也可以插入预定义的框架集。

## 5.2.3　拆分框架集

通过拆分框架集，可以增加一个框架集内的框架数量。在文档中不断插入框架，实际上就是建立含有框架嵌套的框架组。拆分框架集有以下几种方法。

● 将光标置于要拆分的框架集中，单击"布局"插入栏中的□·按钮将其拆分。

● 将光标放到框架边线上，待鼠标指针变成"十"形状后直接拖动框架边线即可，该方法只能对整个框架集进行纵向和横向的拆分。

● 选择"修改"→"框架集"→"拆分上框架"、"拆分下框架"、"拆分左框架"或

"拆分右框架"命令进行拆分。

　　● 按 Alt 键选择框架，然后向左或向右拖动框架的边框，将其拆分为两个框架，如图 5-30 所示。

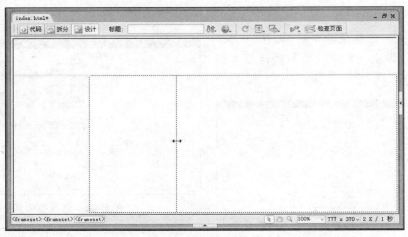

图 5-30　拆分框架

##  5.3　选择框架和框架集

要修改框架或框架集，首先必须选中要修改的框架或框架集。

### 5.3.1　在框架面板中选择框架或框架集

在"框架"面板中选择框架或框架集有以下方法。

　　● 选择"窗口"→"框架"命令，打开"框架"面板。在"框架"面板中单击框架集的边框，可以选中整个框架集，框架集的内侧出现虚线，如图 5-31 所示。

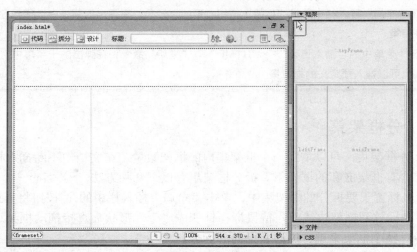

图 5-31　在"框架"面板中选择框架集

　　● 选择"窗口"→"框架"命令，打开"框架"面板。在"框架"面板中单击要选择的框架，当框架内侧出现虚线时即表示选择了该框架，如图 5-32 所示。

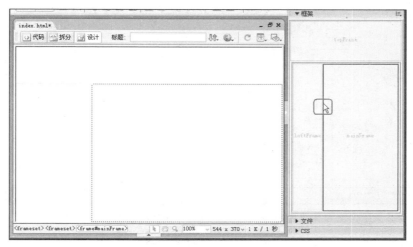

图 5-32　在"框架"面板中选择框架

## 5.3.2　在文档窗口中选择框架或框架集

　　在文档窗口中选择框架或框架集有以下方法。

　　● 将光标置于要选择的框架中，按住 Alt 键单击鼠标左键，框架边框内侧出现虚线时即表示选择了该框架，如图 5-33 所示。此时"属性"面板中将显示该框架的相关属性。

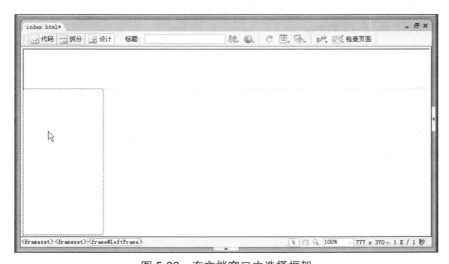

图 5-33　在文档窗口中选择框架

　　● 将光标置于任意框架中，按住 Alt 键，当鼠标指针靠近框架边线时，出现上下或左右箭头时，单击鼠标左键，框架集内侧出现阴影时即表示选中了整个框架集，如图 5-34 所示。

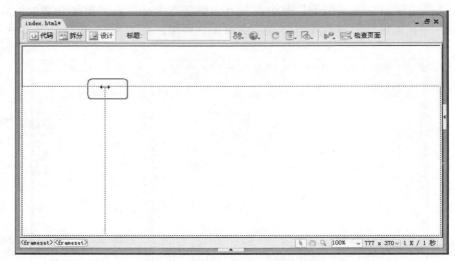

图 5-34　在文档窗口中选择框架集

## 5.4　设置框架和框架集属性

使用插入栏可以在文档中创建框架集，要改变框架的边框宽度、边框颜色等属性，需要在"属性"面板中修改相应的选项。

### 5.4.1　设置框架属性

在设置框架或框架集时，首先要选取所要设置的框架或框架集，当选中单个框架后，其"属性"面板如图 5-35 所示。

图 5-35　框架的"属性"面板

在框架的"属性"面板中主要有以下参数。

◎　"框架名称"：用来作为链接指向的目标。

◎　"源文件"：确定框架的源文档，可以直接输入名字，或单击文本框右侧的文件夹按钮选择文件。也可以通过将光标置于框架内，然后选择"文件"→"在框架中打开"命令打开文件。

◎　"滚动"：当框架内的内容显示不下的时候，可通过该选项设置是否出现滚动条。

◎　"不能调整大小"：限定框架尺寸，防止用户拖动框架边框。

◎　"边框"：用来控制当前框架边框。包括"是"、"否"和"默认"3 个选项。

◎　"边框颜色"：设置与当前框架相邻的所有框架的边框颜色。

◎　"边界宽度"：设置以像素为单位的框架边框和内容之间的左右边距，以像素为单位。

○ "边界高度"：设置以像素为单位的框架边框和内容之间的上下边距，以像素为单位。

## 5.4.2　设置框架集属性

要显示框架集的"属性"面板，首先单击框架的边框，选中框架集，此时"属性"面板中将显示框架集的属性，如图 5-36 所示。

图 5-36　框架集的"属性"面板

在框架集的"属性"面板中主要有以下参数。

○ "边框"：设置是否有边框，其下拉列表框中包括"是"、"否"和"默认"3 个选项，选择"默认"，将由浏览器端的设置来决定。

○ "边框宽度"：设置整个框架集的边框宽度，以像素为单位。

○ "边框颜色"：设置整个框架集的边框颜色。

○ "行"或"列"："属性"面板中显示的行或列，是由框架集的结构而定。

○ "单位"：行、列尺寸的单位，其下拉列表框中包括"像素"、"百分比"和"相对"3 个选项。

 ## 5.5　课堂练习

## 课堂练习 1——创建完整的框架网页实例

下面通过实例讲述如何创建完整的框架网页，效果如图 5-37 所示，具体操作步骤如下。

图 5-37　完整的框架网页

**STEP 1** 选择菜单中的"文件"→"新建"命令，弹出"新建文档"对话框，在对话框中选择"示例中的页"→"框架集"→"上方固定"选项，如图 5-38 所示。

图 5-38 "新建文档"对话框

**STEP 2** 单击"创建"按钮，创建框架集网页，如图 5-39 所示。

图 5-39 创建框架集网页

**STEP 3** 选择菜单中的"文件"→"保存全部"命令，弹出"另存为"对话框，如图 5-40 所示。保存整个框架集，将框架集命名为 index.htm。

图 5-40 保存整个框架集

**STEP 4** 单击"确定"按钮，弹出第 2 个"另存为"对话框，如图 5-41 所示。因为底部框架内侧出现阴影，询问的是底部框架的文件名，将文件命名为 foot.html。

图 5-41 保存底部框架

**STEP 5** 单击"确定"按钮，弹出第 3 个"另存为"对话框，如图 5-42 所示。因为顶部架内侧出现阴影，询问的是顶部框架的文件名，将文件命名为 top.html。

图 5-42 保存顶部框架

**STEP 6** 单击"确定"按钮，保存框架集和框架。

**STEP 7** 将光标置于顶部框架中，选择菜单中的"修改"→"页面属性"命令，弹出"页面属性"对话框，在对话框中将"左边距"、"右边距"、"上边距"和"下边距"分别设置为 0，如图 5-43 所示。

图 5-43　"页面属性"对话框

STEP 8　单击"确定"按钮，修改页面属性。选择菜单中的"插入记录"→"表格"命令，插入一个 2 行 1 列的表格，如图 5-44 所示。

图 5-44　插入表格

STEP 9　将光标分别置于第 1 行和第 2 行单元格中，插入相应的图像，将光标置于框架的边框上，向下拖动以调整框架的大小，如图 5-45 所示。

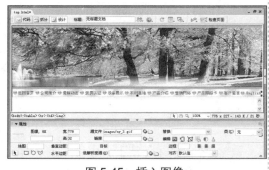

图 5-45　插入图像

STEP 10　将光标置于底部框架中，修改页面属性。选择菜单中的"插入记录"→"表格"命令，插入一个 1 行 2 列的表格，如图 5-46 所示。

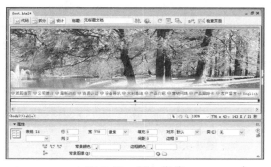

图 5-46　插入表格

STEP 11　将光标置于第 1 列单元格中，插入背景图像 images/01.jpg，并在背景图像上插入图像 images/ny_4.gif，如图 5-47 所示。

图 5-47　插入图像

STEP 12　将光标置于第 2 列单元格中，插入背景图像 images/gs.jpg，并插入一个 2 行 1 列的表格，将"填充"设置为 10，"对齐"设置为"居中对齐"，如图 5-48 所示。

图 5-48　插入背景图像和表格

STEP 13　将光标置于第 2 行单元格中，插入一个 1 行 1 列的表格，将"填充"设置为 2，"对齐"设置为"右对齐"，并在单元格中输入相应的文本，如图 5-49 所示。

图 5-49　插入表格并输入文字

图 5-50　插入图像

STEP⑭　将光标置于文本中相应的位置，插入图像，将"对齐"设置为"右对齐"，"垂直边距"和"水平间距"分别设置为 10，如图 5-50 所示。

STEP⑮　保存文档，按 F12 键在浏览器中预览效果，如图 5-37 所示。

## 课堂练习 2——利用 Spry 制作网页下拉菜单

在 Dreamweaver 中，可以使用 Spry 来制作网页下拉菜单。可以隐藏某些 Div 而显示其他 Div，以及在屏幕上移动 Div。下拉菜单是网页上最常见的效果之一，它可以有效地节省网页排版空间，使得网页布局清爽简洁。利用 Spry 制作网页下拉菜单的效果如图 5-51 所示，具体操作步骤如下。

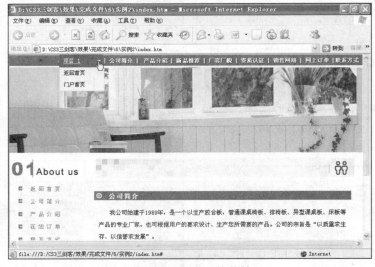

图 5-51　网页下拉菜单

STEP①　打开网页文档，如图 5-52 所示。

STEP②　将光标置于页面中相应的位置，选择菜单中的"插入记录"→"布局对象"→"Spry 菜单栏"命令，弹出"Spry 菜单栏"对话框，如图 5-53 所示。

STEP③　单击"确定"按钮，插入 Spry 菜单栏，打开"属性"面板，在面板中单击"删除菜单栏"按钮—，将"项目 1"以外的其他项目删除，如图 5-54 所示。

图 5-52　打开网页文档

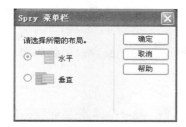

图 5-53　"Spry 菜单栏"对话框

图 5-54　删除菜单栏

**STEP 4**　选中"项目 1"选项，在右边的文本框中选择"项目 1.1"选项，在右边的"文本"文本框中输入"返回首页"，如图 5-55 所示。

图 5-55　设置菜单

**STEP 5**　选中右边的"项目 1.2"选项，在右边的"文本"文本框中输入"门户首页"，并将"项目 1.3"选项删除，如图 5-56 所示。

图 5-56　设置菜单

**STEP 6**　保存文档，按 F12 键在浏览器中预览效果，如图 5-51 所示。

 ## 5.6　高手支招

### 1. Div 标签与 span 标签有什么区别

虽然样式表可以套用在任何标签上，但是 Div 和 span 标签的使用更是大大扩展了 HTML 的应用范围。Div 和 span 这两个元素在应用上十分类似，使用时都必须加上结尾标签，也就是<Div>…</Div>和…。两者也都不强加显示功能于页面内容之上，可以说是使用上十分广泛的元素标签。

span 和 Div 的区别在于，Div 是一个块级元素，可以包含段落、标题、表格，乃至章节、摘要和备注等，而 span 是行内元素，span 的前后是不会换行的，它没有结构的意义，纯粹是应用样式，当其他行内元素都不合适时，可以使用 span。

**2. 怎样快速创建自定义的框架网页**

在子菜单中选择所需要的命令，即可创建自定义的框架集。

◯ 选择"拆分左框架"命令，可以产生左、右两个框架，原窗口中的内容将放置在左边的框架中。

◯ 选择"拆分右框架"命令，可以产生左、右两个框架，原窗口中的内容将放置在右边的框架中。

◯ 选择"拆分上框架"命令，可以产生上、下两个框架，原窗口中的内容将放置在上边的框架中。

◯ 选择"拆分下框架"命令，可以产生上、下两个框架，原窗口中的内容将放置在下边的框架中。

**3. 怎样使框架集在不同的浏览器窗口中正常显示**

在以百分比或相对值指定大小的框架分配空间之前，先为以像素为单位指定大小的框架分配空间。设置框架大小最常用的方法是将左侧框架设定为固定像素宽度，将右侧框架大小设置为相对大小，这样在分配像素宽度后右侧框架就能够伸展，以占据所有的剩余空间。

**4. 如何隐藏滚动条**

在"属性"面板中设置"边框"和"滚动"都为"否"，框架的边框是隐藏的，选中"不能调整大小"复选框，即可隐藏滚动条。

**5. 如何调整框架边框的粗细**

选择整个框架集，打开框架集的"属性"面板，将"边框宽度"设置为 0，则不显示边框，想要调整边框粗细，设置"边框宽度"即可。

## 🎈 5.7  课后习题

### 5.7.1  填空题

1. ＿＿＿＿＿＿＿是一个 JavaScript 库，网页设计人员使用它可以创建更丰富的网页。

2. ＿＿＿＿＿＿＿主要用于在浏览器窗口中同时显示多个网页，它是目前比较流行的一项网页制作技术。每一个框架都是一个独立的网页，可以独立地改变和滚动网页，它们通过一个框架集显示在浏览器窗口中。

### 5.7.2  操作题

对如图 5-57 所示的网页利用 Spry 制作网页下拉菜单，效果如图 5-58 所示。

图 5-57　原始文件

图 5-58　下拉菜单

关键提示:

STEP ①　打开起始文件, 将光标置于相应的位置, 选择菜单中的"插入记录"→"布局对象"→"Spry 菜单栏"命令, 弹出"Spry 菜单栏"对话框, 如图 5-59 所示。

图 5-59　"Spry 菜单栏"对话框

STEP ②　在对话框中选择"水平"排列, 单击"确定"按钮, 插入 Spry 菜单栏, 在"属性"面板中单击"删除菜单栏"按钮━, 将"项目 1"以外的其他项目删除, 如图 5-60 所示。

STEP ③　选中"项目"选项和在右边的文本框中的"项目"选项, 在右边的"文本"文本框中输入相应的项目名称, 如图 5-61 所示。

STEP ④　保存文档, 按 F12 键在浏览器中浏览, 效果如图 5-58 所示。

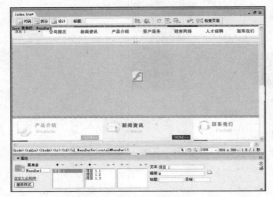

图 5-60　插入 Spry 菜单栏

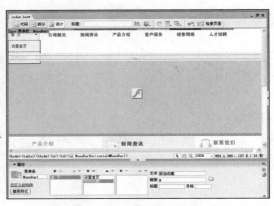

图 5-61　设置下拉菜单

# 第6课　使用 CSS 样式表美化和布局网页

**学习地图**

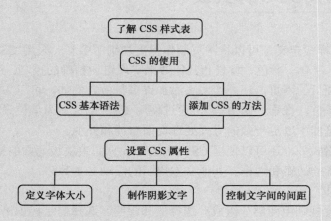

```
            ┌──────────────┐
            │ 了解 CSS 样式表 │
            └──────┬───────┘
                   │
            ┌──────┴───────┐
            │  CSS 的使用   │
            └──────┬───────┘
          ┌────────┴────────┐
   ┌──────┴──────┐   ┌──────┴──────┐
   │  CSS 基本语法 │   │ 添加 CSS 的方法│
   └──────┬──────┘   └──────┬──────┘
          └────────┬────────┘
            ┌──────┴───────┐
            │  设置 CSS 属性 │
            └──────┬───────┘
      ┌────────────┼────────────┐
┌─────┴─────┐ ┌────┴─────┐ ┌────┴──────┐
│ 定义字体大小 │ │ 制作阴影文字 │ │ 控制文字间的间距│
└───────────┘ └──────────┘ └───────────┘
```

### 课前导读

CSS 是 Cascading Style Sheets 的缩写，称为层叠样式表，简称样式表。它允许网页设计者定义网页元素的样式，包括字体、颜色以及其他高级样式。由于样式表 CSS 语言通俗易懂，而且它的各种特效符合网页设计的需要，所以样式表的应用已经相当普遍。利用 CSS 样式可以免去每个网页都需动手设置文本格式的麻烦，可快速完成网页文本格式的统一，提高工作效率。本课将主要讲述 CSS 的使用、设置 CSS 属性和使用 CSS 布局页面等内容。

### 重点与难点

- 掌握添加 CSS 的方法。
- 掌握 CSS 属性的设置。
- 掌握 CSS 的实例应用。

 ## 6.1　了解 CSS 样式表

通过 CSS 的样式定义，可以将网页制作得更加绚丽多彩。采用 CSS 技术，可以有效地对页面的布局、字体、颜色、背景和其他效果实现更加精确的控制。用 CSS 不仅可以做出令浏览者赏心悦目的网页，还能给网页添加许多特效。例如，可以为选定的文本指定不同的字体大小和单位（像素、磅值等），通过使用 CSS 以像素为单位设置字体大小，还可以确保在多个浏览器中以更一致的方式处理页面布局和外观。

除设置文本格式外，还可以使用 CSS 控制 Web 页面中块级元素的格式和定位。例如，可以设置块级元素的边距和边框、其他文本周围的浮动文本等。

#### 1. CSS 规则

CSS 格式设置规则由两部分组成：选择器和声明。选择器是标识格式元素的术语（如 P、H1、类名或 ID），而声明则用于定义元素样式。在下面的示例中，H1 是选择器，介于括号（{}）之间的所有内容都是声明。

```
H1 {
font-size:16 pixels;
font-family:Helvetica;
font-weight:bold;
}
```

声明由两部分组成：属性（如 font-family）和值（如 Helvetica）。上面的 CSS 规则为 H1 标签创建了一个特定的样式：链接到此样式的所有 H1 标签的文本都将是 16 像素大小、Helvetica 字体和粗体。

术语 Cascading 表示向同一个元素应用多种样式的能力。例如，可以创建一个 CSS 规则来应用颜色，创建另一个 CSS 规则来应用边距，然后将两者应用于页面上的同一个文本，所定义的样式向下"层叠"到 Web 页面上的元素，并最终创建想要的设计。

#### 2. Dreamweaver 中 CSS 样式的类型

在 Dreamweaver CS3 中可以定义以下样式类型。

● 自定义 CSS 规则（也称为类样式）：可以将样式属性应用于任何文本范围或文本块。

● HTML 标签样式：重定义特定标签（如 h1）的格式，创建或更改 h1 标签的 CSS 样式时，所有用 h1 标签设置了格式的文本都会立即更新。

● CSS 选择器样式（高级样式）：重新定义特定元素组合的格式设置，或重新定义 CSS 允许的其他选择器表单的格式设置（如每当 h2 标题出现在表格单元格内时都应用选择器 td h2）。高级样式还可以重新定义包含特定 id 属性的标签的格式设置（如#myStyle 定义的样式可应用于包含属性值对 id="myStyle"的所有标签）。

#### 3. CSS 的插入位置

CSS 规则可以位于以下位置。

● 外部 CSS 样式表是一系列存储在一个单独的外部 CSS（.css）文件中的 CSS 规则，利用文档的文件头部分中的链接，该文件被链接到 Web 站点中的一个或多个页面。

● 内部（或嵌入式）CSS 样式表是一系列包含在 HTML 文档文件头部分的 style 标签内的 CSS 规则。

● 内联样式是在标签的特定实例中在整个 HTML 文档内定义的。

 ## 6.2　CSS 的使用

一个样式表由样式规则组成，以告诉浏览器怎样呈现一个文档。有许多方法可以将样式规则添加到 HTML 文档中，但最简单的方法是使用 style，这个元素放置在文档的 head 部分，包含网页的样式规则。

### 6.2.1　CSS 基本语法

样式表的基本语法：

```
HTML 标志{标志属性：属性值；标志属性：属性值；标志属性：属性值；……}
```

现在首先讨论在 HTML 页面内直接引用样式表的方法。这个方法必须把样式表信息包括在<style>和</style>标记中，为了使样式表在整个页面中产生作用，应把该组标记及其内容放到<head>和</head>中去。

例如要设置 HTML 页面中所有 H1 标题字显示为蓝 6 色，其代码如下：

```
<html>
<head>
<title>This is a CSS samples</title>
<style type="text/css">
<!--
H1 {color: blue}
-->
</style>
</head>
<body>
... 页面内容…
</body>
</html>
```

在使用样式表过程中，经常会有几个标识用到同一个属性，例如规定 HTML 页面中凡是粗体字、斜体字、1 号标题字显示为红色，按照上面介绍的方法应书写为：

```
B{ color: red}
I{ color: red}
H1{ color: red}
```

显然这样书写十分麻烦，引进分组的概念会使其变得简洁明了，可以写成：

```
B, I, H1{color: red}
```

用逗号分隔各个 HTML 标志，把 3 行代码合并成一行。

此外，同一个 HTML 标志可能定义到多种属性，例如规定把从 H1 到 H6 各级标题定义为红色黑体字，带下划线，则应写为：

```
H1, H2, H3, H4, H5, H6 {
color: red;
text-decoration: underline;
font-family: "黑体"
}
```

### 6.2.2　添加 CSS 的方法

将 CSS 样式表添加到网页中的方法主要有创建嵌入式 CSS 网页、内联样式表、外联样式表、导入 CSS 样式表等。下面分别进行介绍。

#### 1. 嵌入式 CSS 网页

这是最简单的方法，即直接将样式表添加在 HTML 的标识符里，如：

```
< p style="color: blue; font-size: 10pt">CSS 实例< /p>
```

以上代码的作用是用蓝色显示字体大小为 10pt 的"CSS 实例"。

#### 2. 内联样式表

这种方法是将样式表添加在 HTML 的头信息标识符< head>里：

```
<head>
<style type="text/css">
<!--样式表的具体内容。
-->
</style>
</head>
```

"type="text/css""表示样式表采用 MIME 类型。

#### 3. 外联样式表

这种方法同样是将样式表添加在 HTML 的头信息标识符< head>里：

```
<head>
<link rel="stylesheet" href="*.css" type="text/css" media="screen">
</head>
```

*.css 是单独保存的样式表文件，其中不能包含< style>标识符，并且只能以.css 为后缀。

Media 是可选的属性，表示使用样式表的网页将用什么媒体输出。Media 的属性值如下。

- Screen（默认）：输出到计算机屏幕。
- Print：输出到打印机。
- TV：输出到电视机。
- Projection：输出到投影仪。
- Aural：输出到扬声器。

- Braille：输出到凸字触觉感知设备。
- Tty：输出到电传打字机。
- All：输出到以上所有设备。

如果要输出到多种媒体，可以用逗号分隔取值表。

Rel 属性表示样式表将以何种方式与 HTML 文档结合。Rel 可取的属性值如下。

- Stylesheet：指定一个外部样式表。
- Alternate stylesheet：指定使用一个交互样式表。

#### 4．导入样式表

这种方法同样是将样式表添加在 HTML 的头信息标识符< head>里：

```
<head>
<style type="text/css">
<!--
@import "*.css"
```

其他样式表的声明：

```
-->
</style>
</head>
```

以@import 开头的联合样式表输入方法和链接样式表的方法很相似，但联合样式表输入方式更有优势。因为联合法可以在链接外部样式表的同时针对该网页的具体情况做出别的网页不需要的样式规则。

---

**提　示**

联合法输入样式表必须以@import 开头。

如果同时输入多个样式表有冲突的时候，将按照第一个输入的样式表对网页排版。

---

## 6.3　设置 CSS 属性

CSS 样式共分为 8 种类型，分别是类型、背景、区块、方框、边框、列表、定位和扩展。

### 6.3.1　设置 CSS 类型属性

在"分类"列表框中选择"类型"选项，如图 6-1 所示。"类型"属性的功能主要是在网页中设置字体的样式。

在 CSS 的"类型"属性中主要有以下参数。

- "字体"：为样式设置字体。
- "大小"：定义文本大小。可以通过选择数字和度量单位来选择文字特定的大小，也可以选择文字的相对大小。
- "样式"：将"正常"、"斜体"或"偏斜体"指定为字体样式，默认设置是"正常"。
- "行高"：设置文本所在行的高度。该设置传统上称为"前导"，如果选择"正常"则将自动计算字体大小的行高，或输入一个确切的值并选择一种度量单位。

图 6-1　"类型"选项

　　● "修饰"：向文本中添加下划线、上划线或删除线，或使文本闪烁。正常文本的默认设置是"无"。链接的默认设置是"下划线"。将链接设置为"无"时，可以通过定义一个特殊的类删除链接中的下划线。

　　● "粗细"：对字体应用特定或相对的粗体量。"正常"等于 400，"粗体"等于 700。

　　● "变量"：设置文本的小型大写字母变量。Dreamweaver CS3 不在文档窗口中显示该属性。

　　● "大小写"：将选定内容中的每个单词的首字母大写或将文本设置为全部大写或小写。

　　● "颜色"：设置文本颜色。

## 6.3.2　设置 CSS 背景属性

　　在"分类"列表框中选择"背景"选项，如图 6-2 所示。"背景"属性的功能主要是给网页元素添加固定的背景颜色或图像。

图 6-2　"背景"选项

　　在 CSS 的"背景"属性中主要有以下参数。

　　● "背景颜色"：设置元素的背景颜色。

　　● "背景图像"：设置元素的背景图像。

　　● "重复"：确定是否以及如何重复背景图像。包括 4 个选项："不重复"在元素开始处显示一次图像，"重复"在元素的后面水平和垂直平铺图像，"横向重复"和"纵向重复"分别显示图像的水平带区和垂直带区。图像被剪辑以适合元素的边界。

- "附件"：确定背景图像是固定在它的原始位置还是随内容一起滚动。
- "水平位置"和"垂直位置"：指定背景图像相对于元素的初始位置。这可以用于将背景图像与页面中心垂直和水平对齐。如果附件属性为"固定"，则位置相对于文档窗口而不是元素。

## 6.3.3　设置 CSS 区块属性

在"分类"列表框中选择"区块"选项，如图 6-3 所示。"区块"属性用于定义标签和属性的间距及对齐设置。

图 6-3　"区块"选项

在 CSS 的"区块"属性中主要有以下参数。

- "单词间距"：设置单词的间距。若要设置特定的值，在下拉列表框中选择"值"，然后输入一个数值。在第二个下拉列表框中，选择度量单位。
- "字母间距"：增加或减小字母或字符的间距。若要减少字符间距，指定一个负值。
- "垂直对齐"：指定应用它的元素的垂直对齐方式。仅当应用于<img>标签时，Dreamweaver CS3 才在文档窗口中显示该属性。
- "文本对齐"：设置元素中文本的对齐方式。
- "文本缩进"：指定第一行文本缩进的程度。可以使用负值创建凸出，但显示取决于浏览器。仅当标签应用于块级元素时，Dreamweaver CS3 才在文档窗口中显示该属性。
- "空格"：确定如何处理元素中的空白。从下面 3 个选项中选择："正常"表示收缩空白，"保留"的处理方式与文本被括在〈pre〉标签中一样（即保留所有空白，包括空格、制表符和回车符），"不换行"指定仅当遇到〈br〉标签时文本才换行。Dreamweaver CS3 不在文档窗口中显示该属性。
- "显示"：指定是否以及如何显示元素。

## 6.3.4　设置 CSS 方框属性

在"分类"列表框中选择"方框"选项，如图 6-4 所示。"方框"属性用于设置控制元素在页面上的放置方式的标签和属性定义。

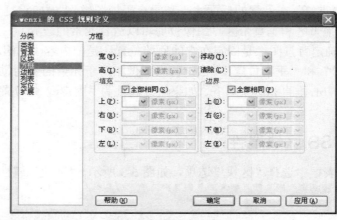

图 6-4 "方框"选项

在 CSS 的"方框"属性中主要有以下参数。

⚫ "宽"和"高"：设置元素的宽度和高度。

⚫ "浮动"：设置其他元素在哪个边围绕元素浮动。其他元素按通常的方式环绕在浮动元素的周围。

⚫ "清除"：用于清除设置的浮动效果。

⚫ "填充"：指定元素内容与元素边框（如果没有边框，则为边距）之间的间距。取消选中"全部相同"复选框可设置元素各个边的填充，选中"全部相同"复选框则将相同的填充属性设置为它应用于元素的"上"、"右"、"下"和"左"侧。

⚫ "边界"：指定一个元素的边框（如果没有边框，则为填充）与另一个元素之间的间距。仅当应用于块级元素（段落、标题、列表等）时，Dreamweaver CS3 才在文档窗口中显示该属性。取消选中"全部相同"复选框可设置元素各个边的边距，选中"全部相同"复选框则将相同的边距属性设置为它应用于元素的"上"、"右"、"下"和"左"侧。

## 6.3.5 设置 CSS 边框属性

在"分类"列表框中选择"边框"选项，如图 6-5 所示。"边框"属性可以定义元素周围边框的设置。

图 6-5 "边框"选项

在 CSS 的"边框"属性中主要有以下参数。

- "样式"：设置边框的样式外观，样式的显示方式取决于浏览器，Dreamweaver CS3 在文档窗口中将所有样式呈现为实线。取消选中"全部相同"复选框可设置元素各个边的边框样式，选中"全部相同"复选框则将相同的边框样式属性设置为它应用于元素的"上"、"右"、"下"和"左"侧。

- "宽度"：设置元素边框的粗细。取消选中"全部相同"复选框可设置元素各个边的边框宽度，选中"全部相同"复选框则将相同的边框宽度设置为它应用于元素的"上"、"右"、"下"和"左"侧。

- "颜色"：设置边框的颜色，可以分别设置每个边的颜色。取消选中"全部相同"复选框可设置元素各个边的边框颜色，选中"全部相同"复选框则将相同的边框颜色设置为它应用于元素的"上"、"右"、"下"和"左"侧。

## 6.3.6　设置 CSS 列表属性

在"分类"列表框中选择"列表"选项，如图 6-6 所示。"列表"属性为列表标签定义相关列表设置。

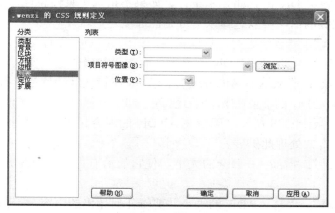

图 6-6　"列表"选项

在 CSS 的"列表"属性中主要有以下参数。

- "类型"：设置项目符号或编号的外观。

- "项目符号图像"：可以为项目符号指定自定义图像。单击"浏览"按钮选择图像，或直接输入图像的路径。

- "位置"：设置列表项文本是否换行和缩进（外部）以及文本是否换行到左边距（内部）。

## 6.3.7　设置 CSS 定位属性

在"分类"列表框中选择"定位"选项，如图 6-7 所示。"定位"属性使用"层"首选参数中定义 Div 的默认标签，将标签或所选文本块更改为新 Div。

在 CSS 的"定位"属性中主要有以下参数。

- "类型"：确定浏览器应如何来定位 AP Div，包含如下选项。
  - "绝对"：使用"定位"区域中输入的坐标（相对于页面左上角）来放置 AP Div。

图 6-7 "定位"选项

- "相对"：使用"定位"区域中输入的坐标来放置 Div。
- "静态"：将 AP Div 放在它在文本中的位置。
- "固定"：将 AP Div 放置在固定的位置。

● "显示"：确定 Div 的初始显示条件。如果不指定可见性属性，则默认情况下大多数浏览器都继承父级的值，可以选择以下可见性选项之一。

- "继承"：继承父级的可见性属性，如果 AP Div 没有父级，则它将是可见的。
- "可见"：显示该 AP Div 的内容，而不管父级的值是什么。
- "隐藏"：隐藏这些 AP Div 的内容，而不管父级的值是什么。

● "z 轴"：确定 Div 的堆叠顺序，编号较高的 AP Div 显示在编号较低的 AP Div 的上面。

● "溢出（仅限于 CSS 层）"：确定在 AP Div 的内容超出它的大小时将发生的情况，这些属性控制以下方式处理此扩展。

- "可见"：增加 AP Div 的大小，使它的所有内容均可见，AP Div 向右下方扩展。
- "隐藏"：保持 AP Div 的大小并剪辑任何超出的内容，不提供任何滚动条。
- "滚动"：在 Div 中添加滚动条，不论内容是否超出 AP Div 的大小，专门提供滚动条可避免滚动条在动态环境中出现或消失所引起的混乱。
- "自动"：使滚动条仅在 Div 的内容超出它的边界时才出现。
- "置入"：指定 AP Div 的位置和大小，如果 AP Div 的内容超出指定的大小，则大小值被覆盖。
- "裁切"：定义 AP Div 的可见部分，如果指定了剪辑区域，可以通过脚本语言访问它，并操作属性以创建像擦除这样的特殊效果，通过使用"改变属性"行为可以设置这些擦除效果。

## 6.3.8 设置 CSS 扩展属性

在"分类"列表框中选择"扩展"选项，"扩展"属性包含两部分，如图 6-8 所示。

### 1. 分页

其中的两个属性的作用是为打印的页面设置分页符。

● "之前"：属性名为 page-break-before。

● "之后"：属性名为 page-break-after。

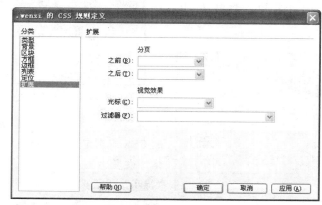

图 6-8　"扩展"选项

### 2．视觉效果

● "光标"：指针位于样式所控制的对象上时改变指针图像，选择在弹出式菜单中设置的选项。

● "过滤器"：对样式所控制的对象应用特殊效果。

 ## 6.4　课堂练习

### 课堂练习 1——应用 CSS 样式定义字体大小

利用 CSS 可以固定字体大小，使网页中的文本始终不随浏览器的改变而发生变化，总是保持着原有的大小。利用 CCS 固定字体大小的效果如图 6-9 所示。

图 6-9　定义文字大小

**STEP 1** 打开网页文档，如图 6-10 所示。

图 6-10 打开网页文档

**STEP 2** 选择菜单中的"窗口"→ "CSS 样式"命令，打开"CSS 样式"面板，在样式面板中单击鼠标右键，在弹出的快捷菜单中选择"新建"命令，如图 6-11 所示。

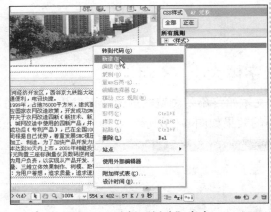

图 6-11 选择"新建"命令

**STEP 3** 弹出"新建 CSS 规则"对话框，在对话框中将"选择器类型"设置为"类（可用于任何标签）"，在"名称"文本框中输入".daxiao"，将"定义在"设置为"仅对该文档"，如图 6-12 所示。

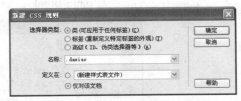

图 6-12 "新建 CSS 规则"对话框

**STEP 4** 单击"确定"按钮，弹出".daxiao 的 CSS 规则定义"对话框，在对话框中将"字体"设置为"宋体"，"大小"设置为 12 像素，"行高"设置为 200%，如图 6-13 所示。

图 6-13 ".daxiao 的 CSS 规则定义"对话框

**STEP 5** 单击"确定"按钮，新建样式。选中要应用样式的文本，在"属性"面板中的"样式"下拉列表框中选择 daxiao，如图 6-14 所示。

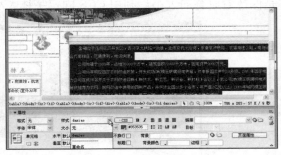

图 6-14 应用样式

**STEP 6** 保存文档，按 F12 键在浏览器中预览效果，如图 6-9 所示。

## 课堂练习 2——应用 CSS 样式制作阴影文字

在网页中利用 CSS 样式制作阴影文字的方法非常简单，下面通过如图 6-15 所示的效果讲述如何在网页中制作阴影文字，具体操作步骤如下。

图 6-15 阴影文字效果

**STEP 1** 打开原始文件，如图 6-16 所示。

图 6-16 打开原始文件

**STEP 2** 将光标置于页面中，插入一个 1 行 1 列的表格，如图 6-17 所示。

图 6-17 插入表格

**STEP 3** 将光标置于单元格中，输入文字，如图 6-18 所示。

图 6-18 输入文字

**STEP 4** 选择"窗口"→"CSS 样式"命令，打开"CSS 样式"面板，在面板中单击鼠标右键，在弹出的快捷菜单中选择"新建"命令，如图 6-19 所示。

图 6-19 选择"新建"命令

**STEP 5** 弹出"新建 CSS 规则"对话框，在对话框中将"选择器类型"设置为"类"，在"名称"文本框中输入".yinying"，将"定义在"设置为"仅对该文档"，如图 6-20 所示。

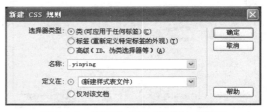

图 6-20 "新建 CSS 规则"对话框

**STEP** 6 单击"确定"按钮，弹出".yinying 的 CSS 规则定义"对话框，如图 6-21 所示。

图 6-21 ".yinying 的 CSS 规则定义"对话框

**STEP** 7 在对话框中将"字体"设置为"宋体"，"大小"设置为"24 像素"，"粗细"设置为"粗体"，"颜色"设置为 #FF9900，如图 6-22 所示。

图 6-22 设置"类型"选项

**STEP** 8 在"分类"列表框中选择"扩展"选项，在"过滤器"下拉列表框中选择"Shadow(Color=ff9900，Direction= 150)"，如图 6-23 所示。

图 6-23 设置 Shadow 过滤器

**STEP** 9 单击"确定"按钮，在"CSS 样式"面板中可以看到新建的样式，如图 6-24 所示。

图 6-24 "CSS 样式"面板

⊙ 提 示 ⊙

Shadow 过滤器可以使文字产生阴影效果，其语法格式为"Shadow( Color=?，Direction=? )"，其中 Color 为投影的颜色，Direction 为投影的角度，取值范围为 0~360°，这里将 Color 设置为 FF0000，Direction 设置为 120°。

**STEP** 10 选中单元格，在新建的样式上单击鼠标右键，在弹出的快捷菜单中选择"套用"命令，如图 6-25 所示。

图 6-25 选择"套用"命令

**STEP** 11 单元格将自动套用新建的样式，保存文档，按 F12 键在浏览器中浏览效果，如图 6-15 所示。

## 课堂练习 3——使用 CSS 控制文字间的间距

利用 CSS 可以控制文本间的距离，下面通过实例将如图 6-26 所示的网页制作成如图 6-27 所示的效果。

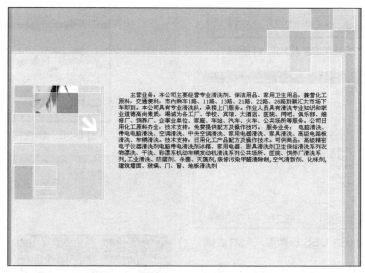

图 6-26　原始文件

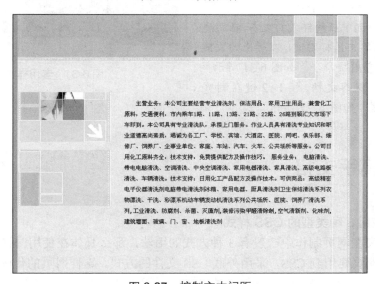

图 6-27　控制文本间距

**STEP 1**　打开起始文件，选择"文本"→"CSS 样式"→"新建"命令，弹出"新建 CSS 规则"对话框，在对话框中将"选择器类型"设置为"类"，在"名称"文本框输入样式名称，将"定义在"设置为"仅对该文档"，如图 6-28 所示。

**STEP 2**　单击"确定"按钮，弹出".jianju的 CSS 规则定义"对话框，在对话框中将"大小"设置为 13 像素，"行距"设置为 25 像素，如图 6-29 所示。

图 6-28　"新建 CSS 规则"对话框

图 6-29　".jianju 的 CSS 规则定义"对话框

图 6-30　新建样式

**STEP ③**　单击"确定"按钮，新建 CSS 样式，如图 6-30 所示。

**STEP ④**　选中应用样式的文本，在新建的 CSS 样式上单击鼠标右键，在弹出的快捷菜单中选择"套用"命令，如图 6-31 所示。

**STEP ⑤**　保存文档，按 F12 键在浏览器中浏览效果，如图 6-27 所示。

图 6-31　套用样式

 ## 6.5　高手支招

### 1．如何使用 3 种类型的 CSS 样式

CSS 样式表在网页制作中一般有 3 种方式的用法，那么具体在使用时该采用哪种用法呢？当有多个网页要用到 CSS，采用外联 CSS 文件的方式，这样网页的代码大大减少，修改起来非常方便；只在单个网页中使用的 CSS，采用文档头部方式；只在网页的一两个地方才用到的 CSS，采用行内插入方式。

### 2．CSS 的 3 种用法在一个网页中可以混用吗

3 种用法可以混用，且不会造成混乱。这就是它为什么称之为"层叠样式表"的原因，浏览器在显示网页时先检查有没有行内插入式 CSS，有就执行，针对本句的其他 CSS 就不去管它了。其次检查头部方式的 CSS，有就执行。在前两者都没有的情况下再检查外部链接文件方式的 CSS。因此可看出，3 种 CSS 的执行优先级是：行内插入方式、头部方式和外部文件方式。

当有多个网页要用到的 CSS，采用外部 CSS 文件的方式，这样网页的代码会大大减少，

修改起来非常方便；只在单个网页中使用的 CSS，采用文档头部方式；只在网页一两处用到的 CSS，采用行内插入方式。

**3．在文档头部方式和外部链接文件方式的 CSS 中都有"〈!--"和"--〉"，可以不要吗**

"〈!--"和"--〉"的作用是为了不引起低版本浏览器的错误。如果某个执行此页面的浏览器不支持 CSS，它将忽略其中的内容。虽然现在使用不支持 CSS 浏览器的人已很少了，但是由于互联网上几乎什么可能都会发生，所以还是将"<! --"和"-->"留着为好。

**4．如何使用 CSS 滤镜实现图片翻转特效**

使用 CSS 滤镜可以实现网页图片的翻转特效，具体操作步骤如下。

**STEP 1**　打开原始文件，如图 6-32 所示。

图 6-33　添加代码

图 6-32　打开网页文档

**STEP 2**　选中图像 lest.jpg，在图像代码中输入 style=" filter: FlipH"，如图 6-33 所示。

**STEP 3**　按 F12 键在浏览器中预览效果，如图 6-34 所示。

图 6-34　图片翻转特效

**5．如何利用 CSS 去掉链接文字下划线**

利用 CSS 去掉链接文字下划线，具体方法如下。

新建一个 CSS 规则，在"CSS 规则定义"对话框中将"修饰"设置为"无"，如图 6-35 所示。单击"确定"按钮，新建样式，选中文本并应用样式即可。

图 6-35　"CSS 规则定义"对话框

## 6.6 课后习题

### 6.6.1 填空题

1. 利用_____可以免去每个网页都需动手设置文本格式的麻烦，可快速完成网页文本格式的统一，提高工作效率。

2. CSS 格式设置规则由两部分组成：_____和_____。_____是标识格式元素的术语（如 P、H1、类名或 ID），_____用于定义元素样式。

3. 将 CSS 样式表添加到网页中的方法主要有_____、_____、_____、_____等。

### 6.6.2 操作题

利用 CSS 样式对如图 6-36 所示的网页中的图像制作由模糊到清楚的效果，如图 6-37 和图 6-38 所示。

图 6-36 原始文件

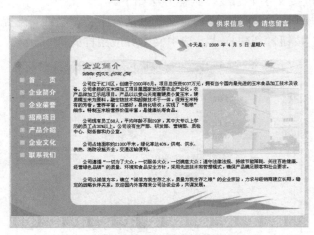

图 6-37 图像模糊效果

图 6-38　图像清楚效果

关键提示：

**STEP 1**　打开起始文件，切换到"代码"视图，在<head>和</head>之间添加以下代码，如图 6-39 所示。

```
<style>
.highlight img{
filter:progid:DXImageTransform.Microsoft.Alpha(opacity=20);
-moz-opacity: 0.5;
}
.highlight:hover img{
filter:progid:DXImageTransform.Microsoft.Alpha(opacity=100);
-moz-opacity: 1;
}
</style>
```

**STEP 2**　在文档中选中图像，打开"拆分"视图，在图像的前边输入代码<a href="#" class="highlight">，在图像的后边输入</a>，如图 6-40 所示。

图 6-40　输入代码

**STEP 3**　保存网页，按 F12 键在浏览器中浏览，鼠标经过前的模糊效果如图 6-37 所示，鼠标经过后的清楚效果如图 6-38 所示。

图 6-39　输入代码

119

# 第7课　使用行为创建特效网页

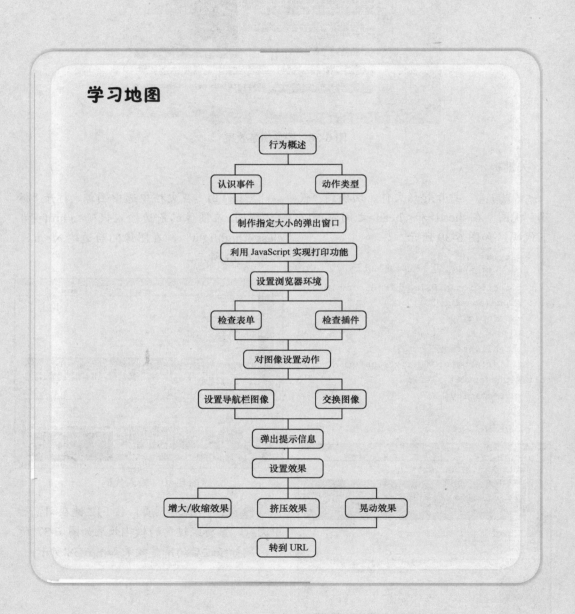

学习地图

- 行为概述
  - 认识事件
  - 动作类型
- 制作指定大小的弹出窗口
- 利用 JavaScript 实现打印功能
- 设置浏览器环境
  - 检查表单
  - 检查插件
- 对图像设置动作
  - 设置导航栏图像
  - 交换图像
- 弹出提示信息
- 设置效果
  - 增大/收缩效果
  - 挤压效果
  - 晃动效果
- 转到 URL

## 课前导读

行为是 Dreamweaver CS3 中最有特色的功能，用户使用行为后无需编写一行 JavaScript 代码即可实现多种动态页面效果。Dreamweaver CS3 中自带的行为多种多样、功能强大，这些行为可以增强网站的交互性。

## 重点与难点

- ☐ 掌握常见的事件。
- ☐ 掌握常见的动作。
- ☐ 掌握制作指定大小的弹出窗口。
- ☐ 掌握 JavaScript 的调用。
- ☐ 掌握浏览器环境的设置。
- ☐ 掌握对图像设置动作。
- ☐ 掌握文本的设置。
- ☐ 掌握效果的设置。
- ☐ 掌握跳转菜单。

 # 7.1　行为概述

Dreamweaver CS3 中的行为是 Dreamweaver CS3 自动给网页添加的一系列 JavaScript 程序的集成，这使得网页制作人员无需编程就可以实现一些动态网页效果。行为包括两部分的内容，一部分是事件，另一部分是动作。动作是特定的 JavaScript 程序，只要在事件发生后，该程序就会自动运行，行为是事件和该事件所触发的动作的结合，在 Dreamweaver CS3 中使用行为主要通过"行为"面板来控制。

　　● 　添加行为 ➕▾：是一个弹出菜单，其中包含可以附加到当前所选元素的动作。当从该菜单中选择一个动作时，将弹出一个对话框，可以在对话框中指定该动作的参数。

　　● 　删除行为 ➖▾：从行为列表中删除所选的事件。

事件是触发动态效果的条件。网页事件分为不同的种类，有的与鼠标有关，有的与键盘有关，有的事件还和网页相关，如网页下载、网页切换等。对于同一个对象，不同版本的浏览器支持的事件种类和多少也是不一样的。

每个浏览器都提供一组事件，这些事件可以与"行为"面板的"添加动作"菜单 ➕▾ 中列出的动作相关联。当网页的访问者与网页进行交互时，浏览器生成事件。这些事件可用于调用引起动作发生的 JavaScript 函数，Deamweaver CS3 提供了许多常用动作。

## 7.1.1　认识事件

事件用于指定选定的行为动作在哪种情况下发生。例如想应用跳转到指定网站的行为，则需要把事件指定为单击瞬间。Dreamweaver 中常见的事件及其说明如表 7-1 所示。

表 7-1　　　　　　　　　　　　Dreamweaver 中常见的事件及其说明

| 事　件 | 说　明 |
| --- | --- |
| onAbort | 在浏览器中停止加载网页文档的操作时发生的事件 |
| onBlur | 鼠标移动到窗口或框架外侧等非激活状态时发生的事件 |
| onClick | 用鼠标单击选定元素时发生的事件 |
| onLoad | 当加载网页文档时，产生该事件 |
| onMouseDown | 单击鼠标左键时发生的事件 |
| onMouseMove | 当鼠标经过选定要素上面时发生的事件 |
| onMouseOut | 当鼠标离开某对象范围时触发的事件 |
| onMouseOver | 当鼠标移动到某对象范围的上方时触发的事件 |
| onMouseUp | 放开按住的鼠标左键时发生的事件 |
| onError | 加载网页文档的过程中发生错误时发生的事件 |
| onFinish | 结束移动文字（Marquee）功能时发生的事件 |
| onFocus | 当单击表单对象时产生该事件 |
| onResize | 访问者改变窗口或框架的大小时发生的事件 |
| onUnLoad | 访问者退出网页文档时发生的事件 |
| onDragStart | 拖动选定要素时发生的事件 |
| onDragDrop | 拖动选定要素后放开时发生的事件 |
| onKeyDown | 键盘上某个按键被按下时触发此事件 |
| onKeyPress | 键盘上的某个按键被按下并且释放时触发此事件 |
| onKeyUp | 放开按下的键盘中的指定键时发生的事件 |
| onScroll | 访问者在浏览器中移动了滚动条时发生的事件 |
| onSubmit | 访问者传送表单文档时发生的事件 |
| onSelect | 当文本框中的内容被选中时所发生的事件 |
| onStart | 开始移动文字（Marquee）功能时发生的事件 |
| onAfterUpdate | 表单文档的内容被更新时发生的事件 |
| onBeforeUpdate | 表单文档的项目发生变化时发生的事件 |
| onChange | 访问者更改表单文档的初始设定值时发生的事件 |
| onReset | 把表单文档重新设定为初始值时发生的事件 |

## 7.1.2　动作类型

动作是指设定更换图片、弹出警告信息框等特殊的 JavaScript 效果。在设定的事件发生时运行动作。Dreamweaver 中常用的动作及其说明如表 7-2 所示。

表 7-2　　　　　　　　　Dreamweaver 中常用的动作及其说明

| 动　　作 | 说　　明 |
| --- | --- |
| 弹出消息 | 设置的事件发生之后，显示警告信息 |
| 交换图像 | 发生设置的事件后，用其他图片来取代选定的图片 |
| 恢复交换图像 | 在运用交换图像动作之后，显示原来的图片 |
| 打开浏览器窗口 | 在新窗口中打开 |
| 拖动层 | 允许在浏览器中自由拖动层 |
| 控制 Shockwave 或 Flash | 控制影片的指定帧 |
| 转到 URL | 可以转到特定的站点或者网页文档上 |
| 检查表单 | 检查表单文档有效性的时候使用 |
| 时间轴 | 用来控制时间轴，可以播放、停止动画 |
| 播放声音 | 设置的事件发生之后，播放链接的音乐 |
| 调用 JavaScript | 调用 JavaScript 特定函数 |
| 改变属性 | 改变选定客体的属性 |
| 检查浏览器 | 根据访问者的浏览器版本显示适当的页面 |
| 检查插件 | 确认是否设有运行网页的插件 |
| 隐藏弹出式菜单 | 隐藏制作的弹出窗口 |
| 跳转菜单 | 可以建立若干个链接的跳转菜单 |
| 跳转菜单开始 | 在跳转菜单中选定要移动的站点之后，只有单击按钮才可以移动到链接的站点上 |
| 预先载入图像 | 为了在浏览器中快速显示图片，事先下载图片之后显示出来 |
| 设置导航栏图像 | 制作由图片组成菜单的导航条 |
| 设置框架文本 | 在选定的框架上显示指定的内容 |
| 设置文本域文字 | 在文本字段区域显示指定的内容 |
| 设置状态栏文本 | 在状态栏中显示指定的内容 |
| 显示弹出式菜单 | 显示弹出菜单 |
| 显示-隐藏 AP 元素 | 显示或隐藏特定的 AP 元素 |

 ## 7.2　制作指定大小的弹出窗口

使用"打开浏览器窗口"动作在一个新的窗口中打开指定的 URL。可以指定新窗口的属性、特性和名称。"打开浏览器窗口"对话框如图 7-1 所示。

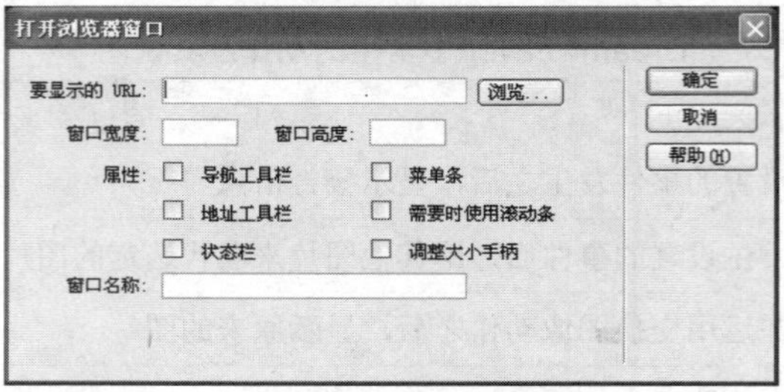

图 7-1　"打开浏览器窗口"对话框

在"打开浏览器窗口"对话框中主要有以下参数。

● "要显示的 URL"：输入浏览器窗口中要打开链接的路径，可以单击"浏览"按钮找到要在浏览器窗口打开的文件。

● "窗口宽度"：设置窗口的宽度。

● "窗口高度"：设置窗口的高度。

● "属性"：设置打开浏览器窗口的一些参数。选中"导航工具栏"复选框，浏览器将包含导航条；选中"菜单条"复选框，浏览器将包含菜单条；选中"地址工具栏"复选框，在打开浏览器窗口中将显示地址栏；选中"需要时使用滚动条"复选框，如果窗口中的内容超出窗口大小，则显示滚动条；选中"状态栏"复选框，在弹出窗口中将显示状态栏；选中"调整大小手柄"复选框，浏览者可以调整窗口大小。

● "窗口名称"：给当前窗口命名。

下面通过如图 7-2 所示的效果讲述如何制作指定大小的弹出窗口，具体操作步骤如下。

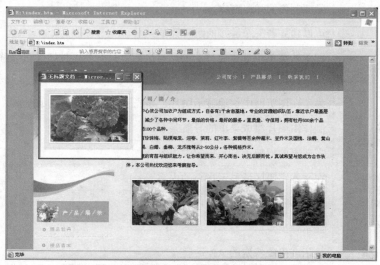

图 7-2　指定大小的弹出窗口的效果

◎　提　示　◎

很多网页在打开时同时弹出一些信息窗口（如招聘启事）或广告窗口，其实它们使用的都是 Dreamweaver 行为中的"打开浏览器窗口"动作。

**STEP 1** 打开网页文档，如图 7-3 所示。

图 7-3　打开网页文档

**STEP 2** 选择<body>标签，选择菜单中的"窗口"→"行为"命令，打开"行为"面板，在面板中单击"添加行为"按钮 **+,**，在弹出的菜单中选择"打开浏览器窗口"命令，如图 7-4 所示，弹出"打开浏览器窗口"对话框。

图 7-4　选择"打开浏览器窗口"命令

**STEP 3** 在"打开浏览器窗口"对话框中单击"要显示的 URL"文本框右边的"浏览"按钮，弹出"选择文件"对话框，如图 7-5 所示。

**STEP 4** 在对话框中选择相应的文件，单击"确定"按钮，将其添加到文本框中，将"宽"设置为 260，"高"设置为 200，如图 7-6 所示。

图 7-5　"选择文件"对话框

图 7-6　"打开浏览器窗口"对话框

**STEP 5** 单击"确定"按钮，将"打开浏览器窗口"行为添加到"行为"面板，如图 7-7 所示。

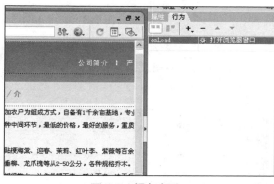

图 7-7　添加行为

**STEP 6** 保存文档，按 F12 键在浏览器中预览效果，如图 7-2 所示。

## 7.3 利用 JavaScript 实现打印功能

下面制作调用 JavaScript 打印当前页面的网页，制作时先定义一个打印当前页函数 printPage()，然后在<body>中添加代码 "OnLoad="printPage()""，当打开网页时调用打印当前页函数 printPage()。

利用 JavaScript 函数实现打印功能，效果如图 7-8 所示，具体操作步骤如下。

图 7-8 利用 JavaScript 实现打印功能效果

**STEP 1** 打开原始文件，如图 7-9 所示。

图 7-9 打开原始文件

**STEP 2** 切换到"代码"视图，在<body>和</body>之间输入相应的代码，如图 7-10 所示。

```
<SCRIPT LANGUAGE="JavaScript">
<!-- Begin
function printPage() {
if (window.print) {
agree = confirm('本页将被自动打印. \n\n 是否打印?');
if (agree) window.print();
  }
}
// End -->
</script>
```

126

01
02
03
04
05
06
Chapter
07
08
09
10
11
12
13
14
15
16
17
18
19
20
21
22

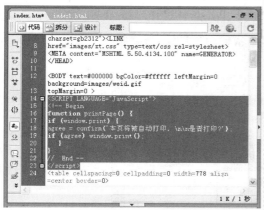
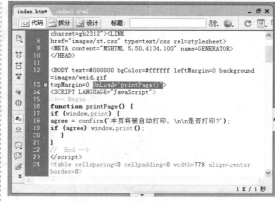

图 7-10　输入代码　　　　　　　　　　图 7-11　输入代码

**STEP 3**　在 <body> 中输入代码
"OnLoad="printPage()""，如图 7-11 所示。

**STEP 4**　保存文档，按 F12 键在浏览器
中浏览，效果如图 7-8 所示。

 ## 7.4　设置浏览器环境

利用 Dreamweaver 自带的行为可以检查表单、检查插件等，下面分别讲述具体的使用
方法。

### 7.4.1　检查表单

"检查表单"动作用于检查指定文本域的内容以确保用户输入了正确的数据类型。"检
查表单"对话框如图 7-12 所示。

图 7-12　"检查表单"对话框

在"可接受"选项组内有以下参数。

● "任何东西"：如果并不指定任何特定数据类型（前提是"必需的"复选框没有被
选中）该选项就没有意义，也就是说等于表单没有应用"检查表单"动作。

● "电子邮件地址"：检查该域是否包含@符号。

● "数字"：检查该域是否只包含数字。

● "数字从"：检查该域是否包含特定范围内的数字。

下面通过如图 7-13 所示的网页讲述如何检查表单，具体操作步骤如下。

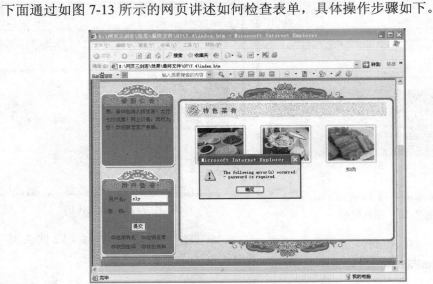

图 7-13  检查表单效果

**STEP** ①  打开网页文档，单击文档窗口底部的<form>标签，在文档中选中表单，如图 7-14 所示。

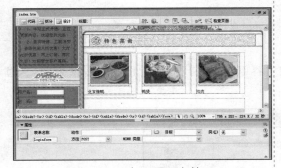

图 7-14  打开网页文档

**STEP** ②  打开"行为"面板，在面板中单击 +.按钮，在弹出的菜单中选择"检查表单"命令，弹出"检查表单"对话框，在对话框中进行相应的设置，如图 7-15 所示。

**STEP** ③  单击"确定"按钮，添加行为，如图 7-16 所示。

图 7-15  "检查表单"对话框

图 7-16  添加行为

**STEP** ④  保存文档，按 F12 键在浏览器中预览效果，如图 7-13 所示。

## 7.4.2  检查插件

利用 Flash、Shockwave、QuickTime 等技术制作页面的时候，如果访问者的计算机中没有安装相应的插件，就没有办法得到预期的效果。"检查插件"动作会自动监测浏览器是否已经安装相应的软件，然后转到不同的页面中去。

　　"检查插件"动作用来检查访问者的计算机中是否安装了特定的插件，从而决定将访问者带到不同的页面。"检查插件"动作的具体操作步骤如下。

**STEP 1**　在文档窗口中选择要应用行为的对象。

**STEP 2**　在"行为"面板中单击"添加行为"按钮 **+,**，在弹出的菜单中选择"检查插件"命令，弹出"检查插件"对话框，如图 7-17 所示。

在"检查插件"对话框中主要有以下参数。

● "插件"：在"选择"下拉列表框中选择一个插件，或选中"输入"单选按钮并在右边的文本框中输入插件的名称。

● "如果有，转到 URL"：为具有该插件的访问者指定一个 URL。

● "否则，转到 URL"：为不具有该插件的访问者指定一个替代 URL。

**STEP 3**　在对话框中进行相应的设置，单击"确定"按钮，添加行为。

图 7-17　"检查插件"对话框

##  7.5　对图像设置动作

　　Dreamweaver CS3 的内置行为中提供了设置导航栏图像和交换图像等动作，可以制作出动感的图像效果。

### 7.5.1　设置导航栏图像

　　导航栏是目前网页中不可缺少的内容，也是设计人员别出心裁的设计焦点。利用 Dreamweaver 的"设置导航栏图像"动作可以很容易地做出变化多样的菜单导航栏，也可以将已经插入到页面中的一般类型的图片转变为导航栏，或修改导航栏的各种设置。"设置导航栏图像"对话框如图 7-18 所示。

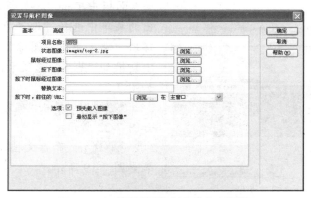

图 7-18　"设置导航栏图像"对话框

在"设置导航栏图像"对话框中主要有以下参数。

- ○ "项目名称"：设置导航条中按钮对象的名称。
- ○ "状态图像"：设置普通状态下的图像路径。
- ○ "鼠标经过图像"：设置鼠标位于按钮图像上方时的图像路径。
- ○ "按下图像"：设置鼠标在按钮上单击时使用的图像。
- ○ "按下时鼠标经过图像"：设置鼠标放置于处于按下状态的图像上方时，使用图像的路径。
- ○ "替换文本"：设置如果图像没有下载浏览器，在图像位置显示文本的内容。
- ○ "按下时，前往的 URL"：设置按钮的链接，在后面的"在"下拉列表框中选择打开链接的窗口。
- ○ "选项"：预先载入图像、页面时就显示鼠标按下图像。

使用"设置导航栏图像"动作将某个图像变为导航条图像，或更改导航栏中图像的显示和动作。设置导航栏图像的效果如图 7-19 所示，具体操作步骤如下。

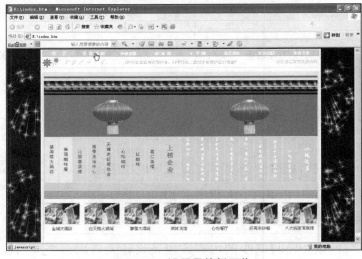

图 7-19　设置导航栏图像

**STEP ①**　打开原始网页文档，如图 7-20 所示。

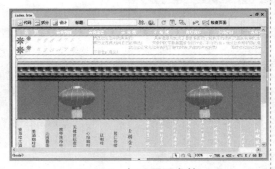

图 7-20　打开网页文档

**STEP ②**　选中图像"公司简介"，在"行为"面板中单击"添加行为"按钮 +，在弹出的菜单中选择"设置导航栏图像"命令，弹出"设置导航栏图像"对话框，在对话框中切换到"基本"选项卡，进行相应的设置，如图 7-21 所示。

**STEP ③**　单击"确定"按钮，添加行为，如图 7-22 所示。

**STEP ④**　保存文档，按 F12 键预览，效果如图 7-19 所示。

图 7-21　设置导航栏图像

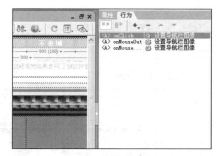

图 7-22　添加行为

## 7.5.2　交换图像

"交换图像"动作通过更改<img>标签的<src>属性可实现一个图像和另一个图像进行交换。该动作创建了按钮变换和其他图像效果。"交换图像"对话框如图 7-23 所示。

图 7-23　"交换图像"对话框

在"交换图像"对话框中主要有以下参数。

● "图像"：在其列表框中选择要改变的源图像。

● "设定原始档为"：单击文本框右边的"浏览"按钮，选择新图像文件，或直接输入新图像的路径和文件名。

● "预先载入图像"：在载入页时将新图像载入到浏览器的缓存中，用来防止当图像需要下载时导致的延迟。

● "鼠标滑开时恢复图像"：在浏览网页时，当鼠标滑开时显示新图像。

下面通过实例讲述交换图像和恢复交换图像行为的使用，交换图像前的效果如图 7-24 所示，交换图像后的效果如图 7-25 所示。

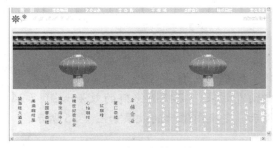

图 7-24　交换图像前的效果

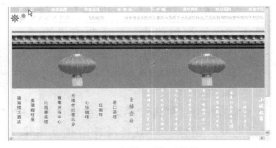

图 7-25　交换图像后的效果

STEP ① 打开网页文档，如图 7-26 所示。

图 7-26 打开网页文档

STEP ② 选中要交换的图像，选择菜单中的"窗口"→"行为"命令，打开"行为"面板，在面板中单击 + 按钮，在弹出的菜单中选择"交换图像"命令，如图 7-27 所示。

图 7-27 选择"交换图像"命令

STEP ③ 弹出"交换图像"对话框，单击"设定原始档为"文本框右边的"浏览"按钮，弹出"选择图像源文件"对话框，在对话框中选择 images/shyol.gif，如图 7-28 所示。

STEP ④ 单击"确定"按钮，并选中"预先载入图像"和"鼠标滑开时恢复图像"复选框，如图 7-29 所示。

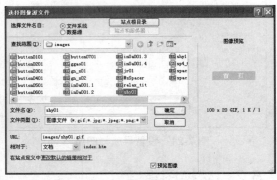

图 7-28 "选择图像源文件"对话框

图 7-29 "交换图像"对话框

STEP ⑤ 单击"确定"按钮，添加行为，如图 7-30 所示。

图 7-30 添加行为

STEP ⑥ 保存文档，按 F12 键在浏览器中预览效果，交换图像前的效果如图 7-24 所示，交换图像后的效果如图 7-25 所示。

## 7.6　弹出提示信息

"弹出消息"显示一个带有指定消息的 JavaScript 警告，因为 JavaScript 警告只有一个按钮，所以使用此动作可以提供信息，而不能为用户提供选择。制作弹出提示信息的效果如图 7-31 所示，具体操作步骤如下。

图 7-31　弹出提示信息效果

**STEP 1**　打开网页文档，如图 7-32 所示。

图 7-32　打开网页文档

**STEP 2**　选择<body>标签，选择菜单中的"窗口"→"行为"命令，打开"行为"面板，在面板中单击"添加行为"按钮 ，在弹出的菜单中选择"弹出信息"命令，如图 7-33 所示。

**STEP 3**　弹出"弹出信息"对话框，在对话框中的"消息"文本框中输入"欢迎光临!"，如图 7-34 所示。

图 7-33　选择"弹出信息"命令

图 7-34　"弹出信息"对话框

**STEP 4** 单击"确定"按钮，将行为添加到"行为"面板，将事件设置为 onLoad，如图 7-35 所示。

**STEP 5** 保存文档，按 F12 键在浏览器中预览时可以看到提示信息，如图 7-31 所示。

图 7-35　添加行为

##  7.7　设置效果

Dreamweaver CS3 的行为中新增加了效果特效，可以不用编写代码快速制作精彩的特殊效果。

### 7.7.1　"增大/收缩"效果

使用"增大/收缩"效果可以使元素变大或变小，下面讲述"增大/收缩"效果的使用，实例效果如图 7-36 所示，具体操作步骤如下。

图 7-36　"增大/收缩"效果

**STEP 1** 打开网页文档，如图 7-37 所示。

**STEP 2** 选中对象，打开"行为"面板，在面板中单击"添加行为"按钮 +，在弹出的菜单中选择"效果"→"增大/收缩"命令，弹出"增大/收缩"对话框，如图 7-38 所示。

图 7-37　打开网页文档

图 7-38　"增大/收缩"对话框

图 7-39　添加行为

**STEP 3**　在对话框中设置相应的参数，单击"确定"按钮，添加行为，如图 7-39 所示。

**STEP 4**　保存文档，按 F12 键在浏览器中预览，效果如图 7-36 所示。

## 7.7.2　"挤压"效果

使用"挤压"效果可以使元素从页面的左上角消失。下面通过实例讲述"挤压"效果的制作，实例效果如图 7-40 所示，具体操作步骤如下。

图 7-40　"挤压"效果

**STEP 1**　打开网页文档，如图 7-41 所示。

**STEP 2**　在"行为"面板中单击"添加行为"按钮 +., 在弹出的菜单中选择"效果"→"挤压"命令，弹出"挤压"对话框，从"目标元素"下拉列表框中选择某个对象的 ID。选择一个对象，选择"<当前选定内容>"，如图 7-42 所示。

图 7-41　打开网页文档

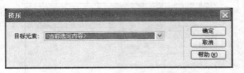

图 7-42 "挤压"对话框

图 7-43 添加行为

**STEP 3** 单击"确定"按钮，添加行为，如图 7-43 所示。

**STEP 4** 保存文档，按 F12 键在浏览器中预览，效果如图 7-40 所示。

### 7.7.3 "晃动"效果

使用"晃动"效果可以使元素产生晃动特效，下面通过实例讲述"晃动"效果的制作，实例效果如图 7-44 所示，具体操作步骤如下。

图 7-44 "晃动"效果

**STEP 1** 打开网页文档，如图 7-45 所示。

图 7-45 打开网页文档

**STEP 2** 选中晃动对象，打开"行为"面板，在面板中单击"添加行为"按钮 +.，在弹出的菜单中选择"效果"→"晃动"命令，弹出"晃动"对话框，如图 7-46 所示。

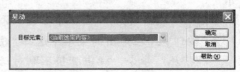

图 7-46 "晃动"对话框

**STEP 3** 单击"确定"按钮，添加行为，如图 7-47 所示。

图 7-47　添加行为

**STEP 4**　保存文档，按 F12 键在浏览器中预览，效果如图 7-44 所示。

 ## 7.8　转到 URL

"转到 URL"动作用于在当前窗口或指定的框架中打开一个新的页面。该动作对于通过一次单击更改两个或多个框架的内容特别有用，另外还可以在时间轴中调用该动作在指定的时间内跳到一个新的页面。下面通过实例讲述"转到 URL"动作的使用，跳转前的效果如图 7-48 所示，跳转后的效果如图 7-49 所示，具体操作步骤如下。

图 7-48　跳转前的效果

图 7-49　跳转后的效果

**STEP 1**　打开网页文档，如图 7-50 所示。

图 7-50　打开网页文档

**STEP 2**　单击"行为"面板中的 +. 按钮，在弹出的菜单中选择"转到 URL"命令，弹出"转到 URL"对话框，在对话框中单击 URL 文本框右边的"浏览"按钮，弹出"选择文件"对话框，在对话框中选择 index1.htm，如图 7-51 所示。

图 7-51　"选择文件"对话框

**STEP 3**　单击"确定"按钮，将所选的文件添加到文本框中，如图 7-52 所示。

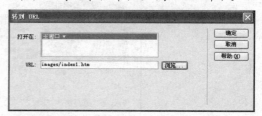

图 7-52　"转到 URL"对话框

STEP ④　单击"确定"按钮，添加行为，如图 7-53 所示。

STEP ⑤　保存文档，按 F12 键在浏览器中进行预览，跳转前的效果如图 7-48 所示，跳转后的效果如图 7-49 所示。

图 7-53　添加行为

 ## 7.9　高手支招

### 1．如何自动检查表单中输入的数据是否有效

"检查表单"动作是检查指定文本域的内容以确保用户输入的类型是正确的。当用户在表单中填写数据时，检查所填数据是否符合要求非常重要。例如在"姓名"文本框中必须填写内容，在"年龄"文本框中必须填写数字，而不能填写其他内容。如果这些内容填写不正确，系统将显示提示信息。

### 2．如何将站点加入收藏夹

将光标放置在文档中相应的位置，切换到"拆分"视图中，输入以下代码。

```
<span style="CURSOR:hand"
onClick="window.external.addFavorite('http://网站地址 ','添加收藏夹')" title="添加收藏夹">
添加收藏夹</span>
```

### 3．如何将站点设为首页

将光标放置在文档中相应的位置，切换到"拆分"视图中，输入以下代码。

```
<a onClick="this.style.behavior='url(#default#homepage)';this.sethomepage('http://网站
地址 t');"href="#">设为首页</a>
```

### 4．怎样显示当前日期和时间

启动 Dreamweaver，在网页文档中打开"代码"视图，在<body>与</body>之间相应的位置输入以下代码。

```
<SCRIPT language=JavaScript1.2>
var isnMonth = new
Array("1 月","2 月","3 月","4 月","5 月","6 月","7 月","8 月","9 月","10 月","11 月","12 月");
var isnDay = new
Array("星期日","星期一","星期二","星期三","星期四","星期五","星期六","星期日");
today = new Date () ;
Year=today.getYear();
Date=today.getDate();
if (document.all)
document.write(Year+"年"+
isnMonth[today.getMonth()]+Date+
"日"+isnDay[today.getDay()])
</SCRIPT>
```

### 5．怎样使用行为插入背景音乐

利用"播放声音"动作，可以在页面中播放声音文件，具体操作步骤如下。

**STEP 1** 打开如图 7-54 所示的网页。

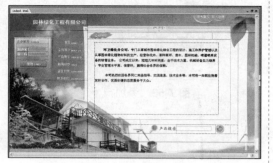

图 7-54　打开网页

**STEP 2** 选择页面左下角标签选择器中的<body>标签，按 Shift+F4 组合键打开 "行为" 面板。单击面板中的 "添加" 按钮 **+**，从弹出的菜单中选择 "播放声音" 命令，弹出 "播放声音" 对话框，单击 "浏览" 按钮选取声音文件，或者在 "播放声音" 文本框中输入路径和文件名称，如图 7-55 所示。

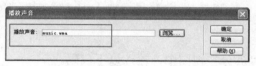

图 7-55　 "播放声音" 对话框

**STEP 3** 单击 "确定" 按钮，将 "行为" 添加到 "行为" 面板中，如图 7-56 所示。

图 7-56　添加行为

**STEP 4** 保存文档，按 F12 键在浏览器中浏览，效果如图 7-57 所示。

图 7-57　添加声音效果

---

**提　示**

如果听不到声音，切换到 "代码" 视图中，将代码 "autostart=false" 改为 "autostart=true" 即可听到声音。

---

##  7.10　课后习题

### 7.10.1　填空题

1. 行为包括两部分的内容，一部分是_____，另一部分是_____。

2. _____动作显示一个带有指定消息的 JavaScript 警告，因为 JavaScript 警告只有一个按钮（即 "确定" 按钮），所以使用此动作可以提供信息，而不能为用户提供选择。

3. _____动作在当前窗口或指定的框架中打开一个新页面，利用此行为可以通过一次单击更改两个或多个框架的内容。

4.＿＿＿＿＿＿＿动作用于检查指定的文本域内容，以确保用户输入了正确的数据类型，防止提交到服务器后存在任何指定的文本域包含无效的数据。

## 7.10.2　操作题

为如图 7-58 所示的网页制作弹出信息，效果如图 7-59 所示。

图 7-58　原始文件

图 7-59　弹出信息

关键提示：

**STEP 1**　打开起始文件，选中状态栏中的<body>标签，打开"行为"面板，在面板中单击 **+.** 按钮，在弹出的菜单中选择"弹出信息"命令，弹出"弹出信息"对话框，如图 7-60 所示。

图 7-61　添加行为

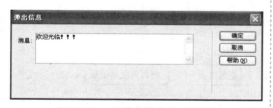

图 7-60　"弹出信息"对话框

**STEP 2**　在对话框中的"消息"文本框中输入弹出的消息，单击"确定"按钮，添加行为，将事件设置为 onLoad，如图 7-61 所示。

**STEP 3**　保存文档，按 F12 键在浏览器中预览，效果如图 7-59 所示。

# 第8课 使用模板和库批量制作风格统一的网页

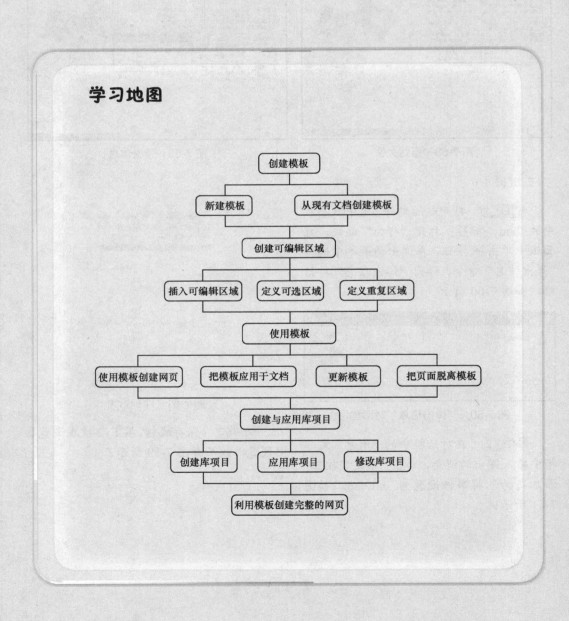

学习地图

创建模板

新建模板　　从现有文档创建模板

创建可编辑区域

插入可编辑区域　　定义可选区域　　定义重复区域

使用模板

使用模板创建网页　　把模板应用于文档　　更新模板　　把页面脱离模板

创建与应用库项目

创建库项目　　应用库项目　　修改库项目

利用模板创建完整的网页

### 课前导读

在制作大量网页时，很多页面会用到相同的布局、图片和文字等元素。为了避免一次次地重复制作，可以使用 Dreamweaver CS3 提供的模板和库功能，将具有相同版面结构的页面制作成模板，将相同的元素制作成为库项目，并存放在库中以便随时调用。本课将主要介绍创建模板、创建可编辑区域、使用模板创建网页、创建并应用库项目等内容。

### 重点与难点

- 掌握模板的创建。
- 掌握可编辑区域的创建。
- 掌握模板的使用。
- 掌握创建与应用库项目。

##  8.1　创建模板

在 Dreamweaver 中，模板是一种特殊的文档，一般保存在本地站点根文件夹中一个特殊的 Templates 文件夹中。如果 Templates 文件夹在站点中没有存在，则在创建新模板的时候将自动创建该文件夹。创建模板有两种方法：一种是从空白文档创建模板；另一种是以现有的文档创建模板。下面分别讲述这两种方法的创建过程。

### 8.1.1　新建模板

在 Dreamweaver 中可以直接创建模板网页，具体操作 STEP 如下。

**STEP 1**　选择菜单中的"文件"→"新建"命令，弹出"新建文档"对话框，在对话框中选择"空模板"选项，在"模板类型"列表框中选择"HTML 模板"选项，如图 8-1 所示。

> **提　示**
>
> 选择菜单中的"窗口"→"资源"命令，打开"资源"面板，在面板中单击左下角的 📄 按钮，也可以新建一个空白模板网页。

图 8-1　"新建文档"对话框

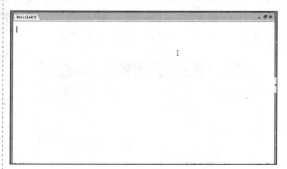

图 8-2　创建模板网页

**STEP 2**　单击"创建"按钮，即可创建一个空白模板网页，如图 8-2 所示。

STEP ③ 选择菜单中的"文件"→"保存"命令，弹出"另存模板"对话框，在"站点"下拉列表框中选择保存模板的站点，在"另存为"文本框中输入模板的名称，如图 8-3 所示。

图 8-3 "另存模板"对话框

## 8.1.2 从现有文档创建模板

在 Dreamweaver 中，可以将网页文档保存为模板，这样生成的模板中会带有已经编辑好的内容。具体操作步骤如下。

STEP ① 打开网页文档，如图 8-4 所示。

图 8-4 打开网页文档

STEP ② 选择菜单中的"文件"→"另存为模板"命令，弹出"另存模板"对话框，在对话框中的"站点"下拉列表框中选择保存模板的站点，在"另存为"文本框中输入模板的名称，如图 8-5 所示。

图 8-5 "另存模板"对话框

STEP ③ 单击"保存"按钮，弹出提示框，如图 8-6 所示。

图 8-6 提示框

STEP ④ 单击"是"按钮，更新链接，将文件另存为模板，如图 8-7 所示。

图 8-7 保存为模板

## 8.2　创建可编辑区域

设置可编辑区域，需要在制作模板时完成。可以将网页上任意选中的区域设置为可编辑区域。

### 8.2.1　插入可编辑区域

创建模板后，还需要对模板进行编辑才可以使用。需要注意的是不可编辑区域在由模板创建的文档中是不能被修改的。在模板中创建可编辑区域很方便，具体操作步骤如下。

**STEP 1**　打开要创建可编辑区域的模板文档，如图 8-8 所示。

图 8-8　模板文档

**STEP 2**　将光标置于要定义可编辑区域的位置，选择菜单中的"插入记录"→"模板对象"→"可编辑区域"命令，弹出"新建可编辑区域"对话框，在对话框中的"名称"文本框中输入 zhengwen，如图 8-9 所示。

图 8-9　"新建可编辑区域"对话框

**STEP 3**　单击"确定"按钮，创建可编辑区域，如图 8-10 所示。

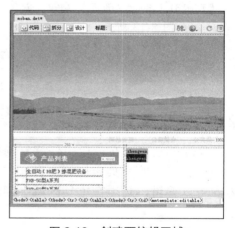

图 8-10　创建可编辑区域

 **提　示**

单击"常用"插入栏中的　·按钮右边的小三角形，在弹出的菜单中选择"可编辑区域"命令，弹出"新建可编辑区域"对话框，也可以创建可编辑区域。

### 8.2.2　定义可选区域

可选区域使模板中的区域可以设置为显示和隐藏，因此，在模板文件中使用可选区域可以控制模板中的内容在特定的页面中是否显示。定义可选区域的具体操作步骤如下。

**STEP 1** 打开网页文档，如图 8-11 所示。

图 8-11 打开网页文档

**STEP 2** 将光标置于要定义可选区域的位置，选择菜单中的"插入记录"→"模板对象"→"可选区域"命令，弹出"新建可选区域"对话框，在对话框中进行相应的设置，如图 8-12 所示。

**STEP 3** 单击"确定"按钮，创建可选区域，如图 8-13 所示。

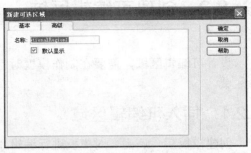

图 8-12 "新建可选区域"对话框

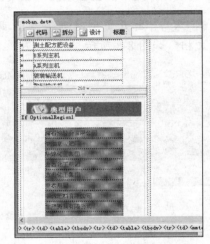

图 8-13 创建可选区域

## 8.2.3 定义重复区域

重复区域是可以在模板中任意复制多次的区域，可以使用重复区域来控制想要在页面中重复使用的网页布局等内容。重复区域是不可编辑区域，如果要使重复区域中的内容可以编辑，必须在重复区域中创建可编辑区域。定义重复区域的具体操作步骤如下。

**STEP 1** 打开网页文档，如图 8-14 所示。

**STEP 2** 将光标置于要定义重复区域的位置，选择菜单中的"插入记录"→"模板对象"→"重复区域"命令，弹出"新建重复区域"对话框，在对话框中的"名称"文本框中输入 RepeatRegion1，如图 8-15 所示。

图 8-14 打开网页文档

图 8-15　"新建重复区域"对话框

**STEP 3**　单击"确定"按钮，创建重复区域，如图 8-16 所示。

图 8-16　创建重复区域

 ## 8.3　使用模板

利用 Dreamweaver 的模板可以创建具有相同页面布局的一系列文件，同时模板最大的好处还在于后期维护方便，可以快速地改变整个站点的布局和外观。

### 8.3.1　应用模板创建网页

创建完模板后，就可以将模板应用到站点中的文档中，应用了模板的文档将与模板保持相似的页面风格。下面应用模板创建网页，效果如图 8-17 所示，具体操作步骤如下。

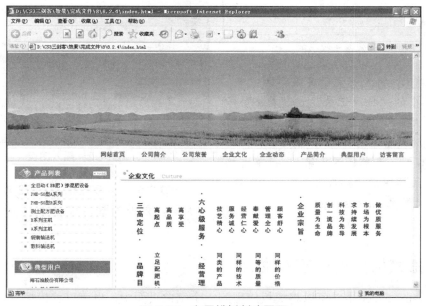

图 8-17　应用模板创建网页

**STEP 1** 选择菜单中的"文件"→"新建"命令，弹出"新建文档"对话框，在对话框中选择"模板中的页"→"三剑客"→"moban"选项，如图 8-18 所示。

图 8-18 "新建文档"对话框

**STEP 2** 单击"创建"按钮，创建一个基于模板的文档，如图 8-19 所示。

图 8-19 创建基于模板的文档

**STEP 3** 将光标置于可编辑区域中，选择菜单中的"插入记录"→"表格"命令，单击"确定"按钮，插入表格，将"对齐"设置为"居中对齐"，如图 8-20 所示。

**STEP 4** 将光标置于第 1 行单元格中，选择菜单中的"插入记录"→"图像"命令，插入图像 images/right5.gif，如图 8-21 所示。

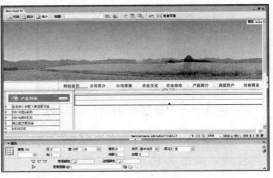

图 8-20 插入表格

图 8-21 插入图像

**STEP 5** 将光标置于第 2 行单元格中，选择菜单中的"插入记录"→"图像"命令，插入图像 images/fgu.jpg，如图 8-22 所示。

图 8-22 插入图像

**STEP 6** 保存文档，按 F12 键在浏览器中预览，效果如图 8-17 所示。

## 8.3.2 把模板应用于现有文档

在 Dreamweaver 中，可以将模板应用到一个空白页面中，也可以将模板套用到已经编辑好的页面中。把模板应用于现有文档的效果如图 8-23 所示，具体操作步骤如下。

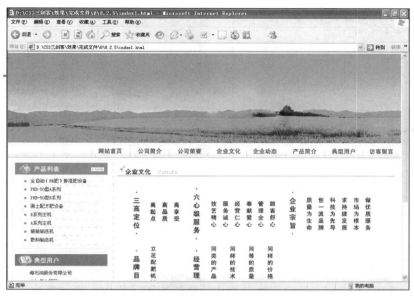

图 8-23　将模板应用于现有文档

**STEP 1**　打开网页文档，如图 8-24 所示。

图 8-24　打开网页文档

**STEP 2**　选择菜单中的"修改"→"模板"→"套用模板到页"命令，弹出"选择模板"对话框，在对话框中的"模板"列表框中选择 moban，如图 8-25 所示。

图 8-25　"选择模板"对话框

**STEP 3**　单击"选定"按钮，系统会将当前文档的可编辑区域与模板的可编辑区域进行匹配，如果匹配则套用模板；如果不匹配，则弹出"不一致的区域名称"对话框，如图 8-26 所示，询问要将当前文档的内容放到哪一区域中。

图 8-26　"不一致的区域名称"对话框

**STEP 4**　在对话框中选中"名称"列表框中的 Document body，在"将内容移动到新区域"下拉列表框中选择 zhengwen，如图 8-27 所示。

图 8-27 设置区域

图 8-28 套用模板

**STEP 5** 单击"确定"按钮套用模板，如图 8-28 所示。

**STEP 6** 保存文档，按F12键在浏览器中预览，效果如图 8-23 所示。

### 8.3.3 更新模板

当改变模板的内容后，站点中所有应用了该模板的文档也会进行相应的更新。更新模板的具体操作步骤如下。

**STEP 1** 打开需要编辑的模板文件，如图 8-29 所示。

图 8-29 模板文件

**STEP 2** 将光标置于页面中相应的位置，选择菜单中的"插入记录"→"HTML"→"特殊字符"→"版权"命令，插入版权符号，如图 8-30 所示。

**STEP 3** 选择菜单中的"文件"→"保存"命令，弹出"更新模板文件"对话框，如图 8-31 所示。

**STEP 4** 单击"更新"按钮，弹出"更新页面"对话框，在对话框中的"查看"下拉列表框中选择"整个站点"，在"更新"选项组中选中"模板"复选框，如图 8-32 所示。

图 8-30 插入版权符号

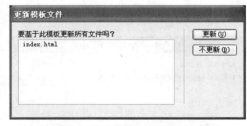

图 8-31 "更新模板文件"对话框

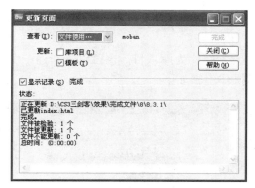

图 8-32 "更新页面"对话框

STEP 5 单击"开始"按钮,对整个站点中应用此模板的文件进行更新。

STEP 6 打开应用模板制作的网页,可以看到自动更新的效果,如图 8-33 所示。

图 8-33 更新文件

### 8.3.4 把页面从模板中脱离出来

将当前的文档从模板中分离,随之而来的效果即是该文档和模板没有任何的关系,当模板进行更新时,该文档将不能同步更新。

把页面从模板中脱离出来的具体操作步骤如下。

STEP 1 打开利用模板创建的网页,如图 8-34 所示。

STEP 2 选择菜单中的"修改"→"模板"→"从模板中分离"命令,即可把页面从模板中脱离出来,如图 8-35 所示。

图 8-34 模板创建的网页

图 8-35 从模板中脱离

##  8.4 创建与应用库项目

在 Dreamweaver 中,另一种维护文档风格的方法就是使用库项目。如果说模板从整体上控制了文档的风格,库项目则从局部维护了文档的风格。所谓库项目就是在网页文档中可重复使用的元素的集合,它可以是各种形式的网页元素的组合,如图像、表格、声音、

Flash 影片等。

### 8.4.1 创建库项目

在 Dreamweaver 中可以很方便地将页面中的元素转化为库项目，也可以先新建一个空的库项目，然后再进行编辑。创建库项目的具体操作步骤如下。

**STEP 1** 打开另存为库项目的文档，如图 8-36 所示。

图 8-36 打开网页文档

**STEP 2** 选择菜单中的"文件"→"另存为"命令，弹出"另存为"对话框，在对话框中的"名称"文本框中输入 top，将"保存类型"设置为"库文件（*.lbi）"，如图 8-37 所示。

**STEP 3** 单击"保存"按钮，保存库项目，如图 8-38 所示。

图 8-37 "另存为"对话框

图 8-38 另存为库项目

### 8.4.2 应用库项目

创建库项目后，就可以将其应用到网页中了。应用库项目的效果如图 8-39 所示，具体操作步骤如下。

图 8-39 应用库项目

**STEP 1**　打开要应用库项目的网页文档，如图 8-40 所示。

图 8-40　打开网页文档

**STEP 2**　将光标置于要插入库项目的位置，选择菜单中的"窗口"→"资源"命令，打开"资源"面板，如图 8-41 所示。

图 8-41　"资源"面板

**STEP 3**　在"资源"面板中单击"库"按钮，显示创建的库，如图 8-42 所示。

图 8-42　显示库选项

**STEP 4**　选中库文件，单击左下角的"插入"按钮插入库，如图 8-43 所示。

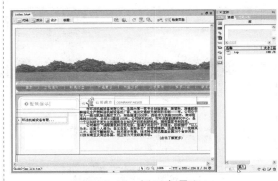

图 8-43　插入库项目

### 8.4.3　修改库项目

对外部库项目的引用可以一次更新整个站点上的内容。修改库项目的具体操作步骤如下。

**STEP 1**　打开要修改的库项目文档，如图 8-44 所示。

图 8-44　库项目文档

**STEP 2**　选中相应的图像，在"属性"面板中选择"矩形热点"工具，在文字"首页"上绘制热点，如图 8-45 所示。

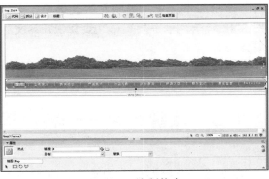

图 8-45　绘制热点

**STEP 3** 选中热点，在"属性"面板中的"链接"文本框中输入"#"，在"替换"文本框中输入文字"首页"，如图 8-46 所示。

图 8-46 设置链接

**STEP 4** 按照 **STEP 2** ~ **STEP 3** 的方法，在图像上相应的位置绘制热点并创建链接，如图 8-47 所示。

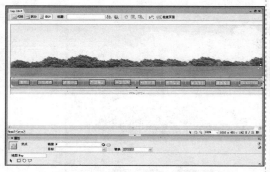

图 8-47 绘制热点并设置链接

**STEP 5** 选择菜单中的"修改"→"库"→"更新页面"命令，弹出"更新页面"对话框，在对话框中的"查看"下拉列表框中选择"整个站点"选项，在其后面的下拉列表框中选择"三剑客"，在"更新"选项组中选中"库项目"复选框，如图 8-48 所示。单击"开始"按钮，开始更新库项目。

图 8-48 "更新页面"对话框

**STEP 6** 打开应用库项目的文档，可以看到库项目已经更新，如图 8-49 所示。

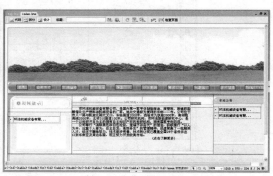

图 8-49 更新文件

##  8.5 课堂练习——利用模板创建完整的网页

在架设一个网站时，通常会根据网站的需要设计一套风格一致、功能相似的页面。Dreamweaver 的模板功能就能够使用户轻而易举地设计出风格一致的网页。

下面通过实例讲述如图 8-50 所示的模板网页创建过程，具体操作步骤如下。

图 8-50　模板网页

**STEP 1**　选择菜单中的"文件"→"新建"命令，弹出"新建文档"对话框，在对话框中选择"空白页"→"库项目"选项，如图 8-51 所示。

图 8-51　"新建文档"对话框

**STEP 2**　单击"创建"按钮，创建库项目，将其另存为 top.lbi，选择菜单中的"插入记录"→"表格"命令，插入一个 3 行 1 列的表格，如图 8-52 所示。

**STEP 3**　将光标分别置于第 1 行和第 2 行单元格中，分别插入图像 images/ top.jpg 和 images/banner.jpg，如图 8-53 所示。

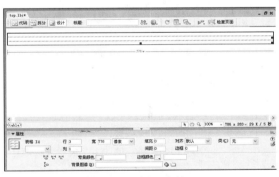

图 8-52　插入表格

图 8-53　插入图像

**STEP 4**　将光标置于第 3 行单元格中，插入背景图像 images/gtitle.gif，将"高"设置为 34，如图 8-54 所示。

图 8-54　插入背景图像

**STEP 5**　将光标置于背景图像上，插入一个 1 行 9 列的表格，将"对齐"设置为"居中对齐"，如图 8-55 所示。

图 8-55　插入表格

**STEP 6**　将光标置于单元格中，分别输入相应的文字，如图 8-56 所示，保存库项目。

图 8-56　输入文字

**STEP 7**　选择菜单中的"文件"→"新建"命令，弹出"新建文档"对话框，创建模板，并将其另存为 moban.dwt，如图 8-57 所示。

图 8-57　创建模板

**STEP 8**　将光标置于页面中，打开"资源"面板，在"资源"面板中单击"库"按钮，显示创建的库项目，如图 8-58 所示。

图 8-58　"资源"面板

**STEP 9**　选择菜单中的"插入记录"→"表格"命令，插入一个 1 行 1 列的表格，将"对齐"设置为"居中对齐"，此表格记为"表格 1"，将光标置于单元格中，选中库项目，单击"库"面板左下角的"插入"按钮，插入库项目，如图 8-59 所示。

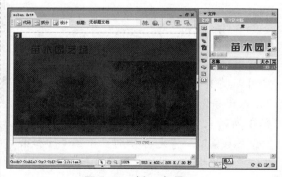

图 8-59　插入库项目

**STEP 10** 将光标置于表格 1 的右边，插入一个 1 行 2 列的表格，此表格记为"表格 2"，将"对齐"设置为"居中对齐"，如图 8-60 所示。

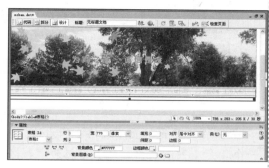

图 8-60 插入表格 2

**STEP 11** 将光标置于表格 2 的第 1 列单元格中，将"背景颜色"设置为#b5e37b，"宽"设置为 195，"高"设置为 454，"垂直"设置为"顶端"，并插入一个 2 行 1 列的表格，此表格记为"表格 3"，如图 8-61 所示。

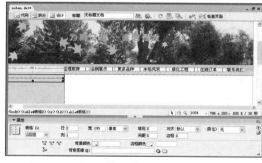

图 8-61 设置单元格属性并插入表格 3

**STEP 12** 将光标置于表格 3 的第 2 行单元格中，插入一个 3 行 1 列的表格，此表格记为"表格 4"，将光标置于表格 4 的第 1 行单元格中，插入图像 images/lt4.jpg，如图 8-62 所示。

**STEP 13** 将光标置于表格 4 的第 2 行单元格中，插入背景图像 images/lt2.jpg，将光标置于背景图像上，插入一个 7 行 1 列的表格，此表格记为"表格 5"，将"对齐"设置为"居中对齐"，并插入背景图像 images/bg-an.gif，如图 8-63 所示。

图 8-62 插入表格 4 并插入图像

图 8-63 插入背景图像并插入表格 5

**STEP 14** 选中表格 5 中所有的单元格，将"高"设置为 38，"水平"设置为"居中对齐"，并输入相应的文字，如图 8-64 所示。

图 8-64 设置单元格属性并输入文字

**STEP 15** 将光标置于表格 4 的第 3 列单元格中，插入图像 images/lt3.jpg，如图 8-65 所示。

01
02
03
04
05
06
07

Chapter
**08**

09
10
11
12
13
14
15
16
17
18
19
20
21
22

**157**

图 8-65　插入图像

**STEP 16** 将光标置于表格 2 的第 2 列单元格中，将"垂直"设置为"顶端"，插入一个 1 行 1 列的表格，此表格记为"表格 6"，将"背景颜色"设置为#a5df6b，"间距"设置为 2，如图 8-66 所示。

图 8-66　插入表格 6

**STEP 17** 将光标置于表格 6 中，将"背景颜色"设置为#FFFFFF，选择菜单中的"插入记录"→"模板对象"→"可编辑区域"命令，弹出"新建可编辑区域"对话框，如图 8-67 所示。

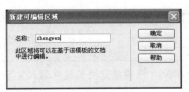

图 8-67　"新建可编辑区域"对话框

**STEP 18** 在对话框中的"名称"文本框中输入 zhengwen，单击"确定"按钮，创建可编辑区域，如图 8-68 所示。

图 8-68　创建可编辑区域

**STEP 19** 将光标置于表格 2 的右边，插入一个 1 行 1 列的表格，此表格记为"表格 7"，将"对齐"设置为"居中对齐"，将光标置于单元格中，将"高"设置为 81，插入背景图像 images/end.jpg，如图 8-69 所示。

图 8-69　插入表格 7 并插入背景图像

**STEP 20** 将光标置于背景图像上，输入相应的文字，将"对齐"设置为"居中对齐"，如图 8-70 所示。

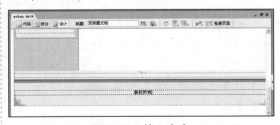

图 8-70　输入文字

**STEP 21** 选择菜单中的"文件"→"新建"命令，弹出"新建文档"对话框，在对话框中选择"模板中的页"→"三剑客"→"moban"选项，如图 8-71 所示。

图 8-71　"新建文档"对话框

**STEP 22**　单击"创建"按钮，创建模板网页，并将其另存为 index.html，如图 8-72 所示。

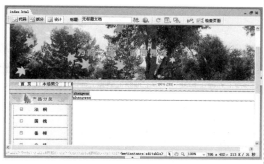

图 8-72　模板网页

**STEP 23**　将光标置于可编辑区域中，插入一个 3 行 1 列的表格，此表格记为"表格 8"，将光标置于表格 8 的第 1 行单元格中，插入一个 2 行 1 列的表格，此表格记为"表格 9"，将"对齐"设置为"居中对齐"，如图 8-73 所示。

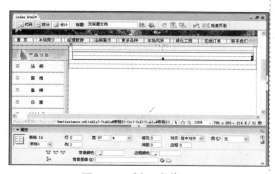

图 8-73　插入表格 9

**STEP 24**　将光标置于表格 9 的第 1 行单元格中，插入图像 images/tm-1.gif，并在第 2 行单元格中输入相应的文字，如图 8-74 所示。

图 8-74　插入图像并输入文字

**STEP 25**　将光标置于表格 8 的第 3 行单元格中，插入一个 2 行 3 列的表格，此表格记为"表格 10"，将"对齐"设置为"居中对齐"，选中表格 10 的第 1 行中的所有单元格，合并单元格，如图 8-75 所示。

图 8-75　插入表格 10 并合并单元格

**STEP 26**　分别在表格 10 的单元格中插入相应的图像，将"对齐"设置为"居中对齐"，如图 8-76 所示。

图 8-76　插入图像

**STEP 27**　保存文档，按 F12 键在浏览器中预览，效果如图 8-50 所示。

## 8.6 高手支招

### 1. 什么时候需要使用模板

创建一个站点，保持统一的风格很重要。风格主要从视觉方面来辨别，其中最重要的就是网页色彩的使用。不能这个页面采用黑色，另一个页面采用黄色，这样会使浏览者彻底感觉到站点不统一。网页的布局结构也不能一个页面结构是上下的，另一个页面结构是左右的，这样不便于网站的导航，会令浏览者身无事处。使用模板可以快速使得站点中的页面具有相似或相同点。

### 2. 怎样定义重复区域

重复区域是在文档中设置为重复的内容，如可以将表格的一行设置为重复部分。通常情况下，重复区域是可编辑的，用户可以编辑重复区域中的元素对象。在基于模板所创建的文档中，根据需要可以使用重复区域控制选项添加或删除重复区域的副本。定义重复区域的具体操作步骤如下。

**STEP 1** 选中要设置为重复区域的内容。

**STEP 2** 选择菜单中的"插入"→"模板对象"→"重复区域"命令，弹出"新建重复区域"对话框，如图 8-77 所示，在对话框中的"名称"文本框中输入重复区域的名称。

图 8-77 "新建重复区域"对话框

**STEP 3** 单击"确定"按钮，即可定义重复区域。

### 3. 怎样利用库更新站点网页

利用库更新站点网页的具体操作步骤如下。

**STEP 1** 在创建的库项目中进行修改。

**STEP 2** 选择菜单中的"修改"→"库"→"更新页面"命令，弹出"更新页面"对话框，如图 8-78 所示。在对话框中的"查看"下拉列表框中选择"整个站点"，在后面的下拉列表框中选择相应的站点，在"更新"选项组中选中"库项目"复选框，并选中"显示记录"复选框，在其后的文本框中将自动显示更新的记录。

图 8-78 "更新页面"对话框

**STEP 3** 单击"开始"按钮，Dreamweaver 将自动更新，更新完毕后，单击"关闭"按钮即可。

### 4. 如何插入可选区域

可选区域是模板文档中的一种区域，如果要为文档中显示的内容设置条件，可以使用可选区域。插入可选区域时，可以为模板参数设置特定值或在模板中定义条件语句，也可以在以后根据需要修改可选区域。根据定义的条件，可以在基于模板创建的文档中编辑参数并控制是否显示可选区域。插入可选区域的具体操作步骤如下。

**STEP 1** 选中要设置为重复表格的内容。

**STEP 2** 选择菜单中的"插入"→"模板对象"→"可选区域"命令，弹出"新建可选区域"对话框，在对话框中的"名称"文本框中输入可选区域的名称，选中"默认显示"复选框表示可以设置要在文档中显示的选定区域，如果取消选择此复选框，将不能设置选定区域，如图 8-79 所示。

**STEP 3** 在对话框中切换到"高级"选项卡，此选项卡用来设置可选区域是否可见，如图 8-80 所示。

图 8-80 "高级"选项卡

在"使用参数"下拉列表框中选择所选区域将要链接到的参数，或者通过在"输入表达式"列表框中输入表达式，可以通过模板表达式来控制可选区域的显示。

**STEP 4** 在对话框中进行相应的设置，单击"确定"按钮，即可插入可选区域。

图 8-79 "新建可选区域"对话框

### 5. 怎样将文档从模板中分离出来

对于刚刚完成嵌套模板的文档来说，可以通过选择菜单中的"编辑"→"撤销应用模板"命令来撤销上一步的操作。如果不是刚完成的文档，选择菜单中的"修改"→"模板"→"从模板中分离"命令，即可将文档从模板中分离出来。

##  8.7 课后习题

### 8.7.1 填空题

1. 在 Dreamweaver 中，模板是一种特殊的文档，一般保存在本地站点根文件夹中一个特殊的_____文件夹中。

2. 可选区域使模板中的区域可以设置为显示和隐藏，因此，在模板文件中使用_____可以控制模板中的内容在特定的页面中是否显示。

3. 在 Dreamweaver 中，另一种维护文档风格的方法就是使用_____。如果说模板从整体上控制了文档的风格，_____则从局部维护了文档的风格。

### 8.7.2 操作题

将图 8-81 所示的网页另存为模板文件，效果如图 8-82 所示。

图 8-81 原始文件

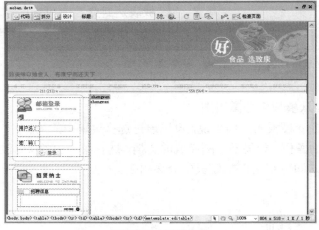

图 8-82 模板文件

关键提示：

**STEP 1** 打开起始文件，选择菜单中的"文件"→"另存为模板"命令，弹出"另存模板"对话框，如图 8-83 所示。

**STEP 2** 在"另存为"文本框输入模板名称，单击"保存"命令，保存模板文件，如图 8-84 所示。

图 8-83 "另存模板"对话框

图 8-84　保存模板文件

**STEP 3**　将光标置于页面中相应的位置，选择菜单中的"插入记录"→"模板对象"→"可编辑区域"命令，弹出"新建可编辑区域"对话框，如图 8-85 所示。

**STEP 4**　单击"确定"按钮，插入可编辑区域，如图 8-86 所示。

图 8-85　"新建可编辑区域"对话框

图 8-86　创建可编辑区域

01

02

03

04

05

06

07

Chapter

**08**

09

10

11

12

13

14

15

16

17

18

19

20

21

22

# 第9课 制作交互式表单网页

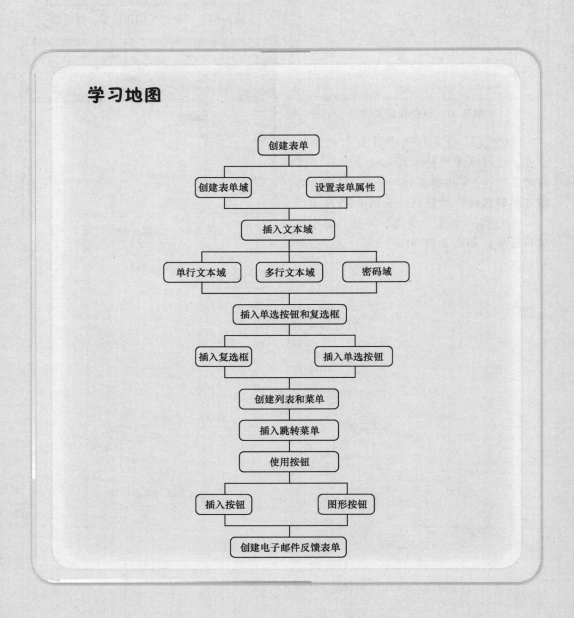

学习地图

## 课前导读

表单是浏览者与网站之间实现交互的工具，几乎所有的网站都离不开表单。表单可以把用户信息提交给服务器，服务器根据表单处理程序再将这些数据进行处理并反馈给用户，从而实现用户与网站之间的交互。

## 重点与难点

- ☐ 掌握表单的创建。
- ☐ 掌握文本域的插入。
- ☐ 掌握单选按钮和复选框的插入。
- ☐ 掌握列表和菜单的创建。
- ☐ 掌握跳转菜单的插入。
- ☐ 掌握按钮的使用。
- ☐ 掌握电子邮件反馈表单的创建。

# 9.1　创建表单

表单有两个重要的组成部分，一是描述表单的 HTML 源代码，二是用于处理用户在表单域中输入的服务器端应用程序客户端脚本，如 ASP、CGI 等。

使用 Dreamweaver CS3 创建表单，可以在表单中添加对象，还可以通过"行为"面板来验证输入信息的正确性。

## 9.1.1　创建表单域

表单域相当于一个"容器"，表单域中可以包括各个表单对象，还包含处理数据所用程序的 URL 以及数据提交到服务器的方法。

创建表单域的具体操作步骤如下。

**STEP 1**　打开网页文档，如图 9-1 所示。

**STEP 2**　将光标置于文档中要插入表单的位置，选择菜单中的"插入记录"→"表单"→"表单"命令，页面中出现的红色虚线就是表单，如图 9-2 所示。

图 9-1　打开网页文档

图 9-2　插入表单

**STEP 3** 选中插入的表单，打开"属性"面板，在面板中设置表单的各个属性，如图 9-3 所示。

图 9-3 表单的"属性"面板

◁══ 提 示 ══▷

单击"表单"插入栏中的"表单"按钮▭，也可以插入表单。

## 9.1.2 设置表单属性

选中插入的表单，选择菜单中的"窗口"→"属性"命令，打开"属性"面板，在"属性"面板中设置"表单"的属性，如图 9-4 所示。

图 9-4 表单的"属性"面板

在表单的"属性"面板中主要有以下参数。

● "表单名称"：在文本框中输入标识该表单的唯一名称。

● "动作"：指定处理该表单的动态页或脚本的路径。可以在"动作"文本框中直接输入路径，也可以单击▭按钮定位应用程序。

● "方法"：选择将表单数据传输到服务器的传送方式，共包括以下 3 个选项。

- POST：用标准输入方式将表单内的数据传送给服务器，服务器用读取标准输入的方式读取表单内的数据。
- GET：将表单内的数据附加到 URL 后面传送给服务器，服务器用读取环境变量的方式读取表单内的数据。
- 默认：用浏览器默认的方式，一般默认为 GET。

● "目标"：指定一个窗口，这个窗口中显示应用程序或者脚本程序，将表单处理完成后所显示的结果。

● "MIME 类型"：用来设置发送数据的 MIME 编码类型，一般情况下应选择 application/x- www-form-urlencoded。

## 🎈 9.2 插入文本域

文本域可以接受任何类型的文本输入内容。文本可以单行或多行显示，也可以以密码域的方式显示，以密码域的方式显示时，输入的文本将被替换为"*"或项目符号，以避免旁观者看到这些文本。

## 9.2.1　单行文本域

单行文本域接受任何类型的字母数字输入内容，是最常见的表单对象之一。插入单行文本域的具体操作步骤如下。

**STEP 1** 打开网页文档，将光标置于表单中，选择菜单中的"插入记录"→"表格"命令，插入一个 11 行 2 列的表格，并设置表格的相关属性，如图 9-5 所示。

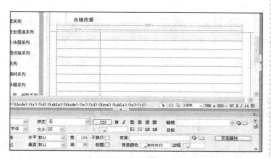

图 9-5　插入表格

**STEP 2** 将光标置于第 2 行第 1 列单元格中，输入文字"姓名:"。将光标置于第 2 行第 2 列单元格中，选择菜单中的"插入记录"→"表单"→"文本域"命令，插入文本域，如图 9-6 所示。

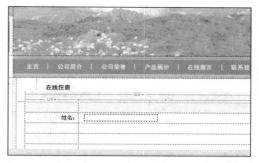

图 9-6　插入文本域

**STEP 3** 选中插入的文本域，在"属性"面板中将"字符宽度"设置为 20，"最多字符数"设置为 20，"类型"设置为"单行"，如图 9-7 所示。

图 9-7　设置文本域属性

> **提　示**
>
> 如果文本超过域的字符宽度，文本将滚动显示。如果用户的输入超过最大字符数，则表单产生警告声。

## 9.2.2　多行文本域

插入多行文本域同插入单行文本域类似，只不过多行文本域允许输入更多的文本。插入多行文本域的具体操作步骤如下。

**STEP 1** 将光标置于第 8 行第 1 列单元格中，输入文字"备注:"。将光标置于第 8 行第 2 列单元格中，选择菜单中的"插入记录"→"表单"→"文本区域"命令，插入文本区域，如图 9-8 所示。

> **提　示**
>
> 在"表单"插入栏中单击"文本区域"按钮 ，也可以插入文本区域。

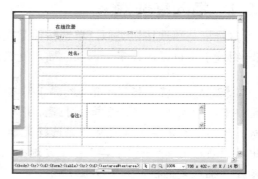

图 9-8　插入文本区域

**STEP 2** 选中文本区域，在"属性"面板中将"字符宽度"设置为45，"行数"设置为 8，"类型"设置为"多行"，如图9-9 所示。

图 9-9　设置文本区域属性

### 9.2.3　密码域

当用户在密码域中输入密码时，输入内容显示为项目符号或星号，以保护不被他人看到。密码域的具体操作步骤如下。

**STEP 1** 将光标置于第 3 行第 1 列单元格中，输入文字"密码:"，将光标置于第 3 行第 2 列单元格中，选择菜单中的"插入记录"→"表单"→"文本域"命令，插入文本域，如图 9-10 所示。

**STEP 2** 选中文本域，在"属性"面板中将"字符宽度"设置为20，"最多字符数"设置为 20，"类型"设置为"密码"，如图9-11 所示。

图 9-11　插入密码域

> **提　示**
>
> 将"类型"设置为"密码"，该文本域则变成密码域。当在密码域中输入内容时，所输入的内容被替换为星号或项目符号，以隐藏该文本。

图 9-10　插入文本域

##  9.3　插入单选按钮和复选框

复选框和单选按钮用来在多个选项中做出选择，两者不同的是，单选按钮只允许选择其中的一个，而复选框却可以选择多个。

### 9.3.1　插入复选框

复选框与单选按钮类似，单选按钮是在一组选项中只能选择一个选项，而复选框则是在一组选项中可以选择多个选项。插入复选框的具体操作步骤如下。

**STEP 1** 将光标置于第 5 行第 1 列单元格中，输入文字"知晓本公司:"，将光标置于第 5 行第 2 列单元格中，选择菜单中的"插入记录"→"表单"→"复选框"命令，插入复选框，如图 9-12 所示。

图 9-12　插入复选框

**STEP 2** 选中插入的复选框，在"属性"面板中将"初始状态"设置为"已勾选"，如图 9-13 所示。

图 9-13　设置复选框属性

**提　示**

在"表单"插入栏中单击"复选框"按钮，也可以插入复选框。

在复选框的"属性"面板中主要有以下参数。

- "复选框名称"：设置复选框的名称。
- "选定值"：设置复选框被选中时的取值。
- "初始状态"：用来设置复选框的初始状态。

## 9.3.2　插入单选按钮

在某单选按钮组中选择其中的一个按钮，就会取消选择组中的所有其他的按钮，所以在要求用户只能从一组中选择一个选项时，使用单选按钮。单选按钮一般以两个或两个以上的形式出现，在同一组中所有单选按钮必须具有相同的名称。插入单选按钮的具体操作步骤如下。

**STEP 1** 将光标置于第 4 行第 1 列单元格中，输入文字"性别:"，将光标置于第 4 行第 2 列单元格中,选择菜单中的"插入记录"→"表单"→"单选按钮"命令，插入单选按钮，如图 9-16 所示。

图 9-16　插入单选按钮

**STEP 3** 将光标置于复选框的右边，输入文字"网上搜索"，如图 9-14 所示。

图 9-14　输入文字

**STEP 4** 按照 **STEP 1** ~ **STEP 3** 的方法，在文字的后面插入复选框，并输入文字，将"初始状态"设置为"未选中"，如图 9-15 所示。

图 9-15　插入复选框并输入文字

**STEP 2** 选中插入的单选按钮，在"属性"面板中将"初始状态"设置为"已勾选"，如图 9-17 所示。

图 9-17　设置单选按钮属性

在单选按钮的"属性"面板中主要有以下参数。

- "单选按钮"：用来设置所选单选按钮的名称。
- "选定值"：用于设置单选按钮的值。
- "初始状态"：用于设置单选按钮的

初始状态，包括"已勾选"和"未选中"两个选项。如果选择"已勾选"，表示单选按钮处于选中状态。

**STEP 3** 将光标置于单选按钮的右边，输入文字"男"，按照 **STEP 1** ~ **STEP 2** 的方法插入其他的单选按钮并输入文字，将"初始状态"设置为"未选中"，如图 9-18 所示。

图 9-18 插入单选按钮

> **提 示**
>
> 在实际应用中，如果要使用一组单选按钮，不必一个一个地插入单选按钮，利用 Dreamweaver 中提供的单选按钮组，可以一次插入多个单选按钮。选择菜单中的"插入记录"→"表单"→"单选按钮组"命令，即可插入单选按钮组。

## 9.4 创建列表和菜单

列表/菜单在一个滚动列表中显示选项值，可以从该滚动列表中选择多个选项。"菜单"选项在一个菜单中显示选项值，用户只能从中选择单个选项。创建列表和菜单的具体操作步骤如下。

**STEP 1** 将光标置于第 6 行第 1 列单元格中，输入文字"地址:"，将光标置于第 6 行第 2 列单元格中，选择菜单中的"插入记录"→"表单"→"列表和菜单"命令，插入列表和菜单，如图 9-19 所示。

**STEP 2** 选中列表/菜单，在"属性"面板中将"类型"设置为"菜单"，单击"列表值"按钮，弹出"列表值"对话框，在对话框中单击（+）按钮添加相应的内容，如图 9-20 所示。

图 9-19 插入列表/菜单

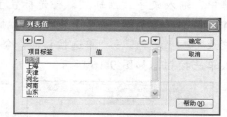

图 9-20 "列表值"对话框

在列表/菜单的"属性"面板中主要有以下参数。

● "列表/菜单"：在其文本框中输入列表/菜单的名称。

● "类型"：指定此对象是弹出菜单还是滚动列表。

> **提 示**
>
> 单击"表单"插入栏中的"列表/菜单"按钮，也可以插入列表/菜单。

"高度": 设置列表框中显示的行数, 单位是字符。

"选定范围": 指定浏览者是否可以从列表中选择多个项。

"初始化时选定": 设置列表中默认选择的菜单项。

"列表值": 单击此按钮, 弹出"列表值"对话框, 在对话框中向菜单中添加菜单项。

**STEP 3** 单击"确定"按钮, 将列表值添加到"初始化时选定"列表框中, 如图 9-21 所示。

图 9-21 添加列表值

##  9.5 插入跳转菜单

跳转菜单的用途非常广泛, 在许多网站的友情链接上, 需要链接大量的网站, 如果全部列出来, 将占据网页的内容, 而且不美观, 跳转菜单可以很好地解决这个问题。插入跳转菜单的具体操作步骤如下。

**STEP 1** 打开网页文档, 将光标置于页面中相应的位置, 如图 9-22 所示。

图 9-22 打开网页文档

**STEP 2** 选择菜单中的"插入记录"→"表单"→"跳转菜单"命令, 弹出"跳转菜单"对话框, 在对话框中添加相应的内容, 如图 9-23 所示。

**STEP 3** 单击"确定"按钮, 插入跳转菜单, 如图 9-24 所示。

图 9-23 "跳转菜单"对话框

图 9-24 插入跳转菜单

##  9.6 使用按钮

对表单而言, 按钮是非常重要的, 它能够控制对表单内容的操作, 如"提交"或"重置"。要将表单内容发送到远端服务器上，需要使用"提交"按钮；要清除现有的表单内容，需要使用"重置"按钮。另外如果在网页中使用图像域会使按钮变得更加丰富多彩。

## 9.6.1 插入按钮

表单中的按钮分为 3 种类型，分别是提交按钮、重设按钮和普通按钮。使用提交按钮和重设按钮可以实现表单数据的提交及表单的复位，而普通按钮通常与 JavaScript 脚本语言结合，用来实现网页的一些动态效果。

插入按钮的具体操作步骤如下。

**STEP 1** 打开网页文档，将光标置于第 9 行第 2 列单元格中，选择菜单中的"插入记录"→"表单"→"按钮"命令，插入按钮，如图 9-25 所示。

图 9-26　设置按钮属性

**STEP 3** 将光标置于按钮的右边，再插入一个按钮，在"属性"面板中的"值"文本框中输入"重置"，将"动作"设置为"重设表单"，如图 9-27 所示。

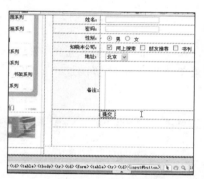

图 9-25　插入按钮

**STEP 2** 选中插入的按钮，在"属性"面板中的"值"文本框中输入"提交"，将"动作"设置为"提交表单"，如图 9-26 所示。

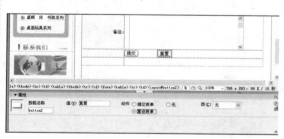

图 9-27　插入按钮

## 9.6.2 图形按钮

图像域的作用与提交按钮的作用一样，都是将表单中的数据提交到服务器上，不同的是利用图像来代替按钮。插入图形按钮的具体操作步骤如下。

**STEP 1** 打开网页文档，将光标置于第 9 行第 2 列单元格中，选择菜单中的"插入记录"→"表单"→"图像域"命令，弹出"选择图像源文件"对话框，如图 9-28 所示。

> **提　示**
>
> 单击"表单"插入栏中的"图像域"按钮 ，也可以插入图像域。

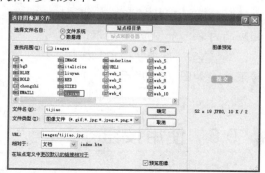

图 9-28　"选择图像源文件"对话框

**STEP 2**　在对话框中选择相应的图像，单击"确定"按钮，插入图像域，如图9-29所示。

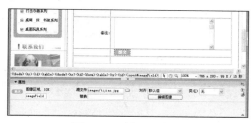

图9-29　插入图像域

**STEP 3**　将光标置于图像域的右边，插入其他的图像域，如图9-30所示。

图9-30　插入图像域

在图像域的"属性"面板中主要有以下参数。

　● "图像区域"：在其文本框中为图像域命名。

　● "源文件"：指定该按钮在文件夹的位置。

　● "替换"：在其文本框中输入描述性文本，一旦图像在浏览器中载入失败，将显示这些文件。

　● "对齐"：设置图像域的对齐方式。

　● "编辑图像"：单击此按钮，启动默认的图像编辑器并打开该图像文件进行编辑。

　● "类"：设置图像域的样式。

 ## 9.7　课堂练习——创建电子邮件反馈表单

　　本课讲述了创建表单、插入文本域、单行文本域、多行文本域、密码域、插入复选框和单选按钮、插入列表和菜单、插入跳转菜单、使用按钮、使用隐藏域和文件域等内容，下面通过讲述一个完整的实例来使读者对表单有个更清晰的认识。创建电子邮件表单的效果如图9-31所示，具体操作步骤如下。

图9-31　创建电子邮件表单

**STEP 1** 打开网页文档，如图 9-32 所示。

图 9-32 打开网页文档

**STEP 2** 将光标置于页面中，选择菜单中的"插入记录"→"表单"→"表单"命令，插入表单，并在"属性"面板中的"动作"文本框中输入 mailto:ss@163.com，如图 9-33 所示。

图 9-33 插入表单

**STEP 3** 将光标置于表单中，选择菜单中的"插入记录"→"表格"命令，插入一个 9 行 2 列的表格，设置相应的属性，并在第 1 列单元格中输入相应的文字，如图 9-34 所示。

图 9-34 插入表格并输入文字

**STEP 4** 将光标置于第 1 行第 2 列单元格中，选择菜单中的"插入记录"→"表单"→"文本域"命令，插入文本域，在"属性"面板中将"字符宽度"设置为 20，"最多字符数"设置为 20，"类型"设置为"单行"，如图 9-35 所示。

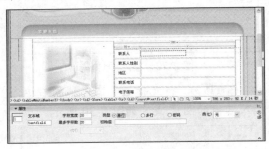

图 9-35 插入文本域

**STEP 5** 将光标置于第 2 行第 2 列单元格中，选择菜单中的"插入记录"→"表单"→"单选按钮"命令，插入单选按钮，在"属性"面板中将"初始状态"设置为"已勾选"，并在单选按钮的右边输入文字"男"，如图 9-36 所示。

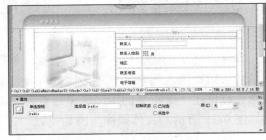

图 9-36 插入单选按钮

**STEP 6** 将光标置于文字的右边，插入另一个单选按钮，在"属性"面板中将"初始状态"设置为"未选中"，并在单选按钮的右边输入文字"女"，如图 9-37 所示。

图 9-37 插入单选按钮

**STEP 7** 将光标置于第3行第2列单元格中，选择菜单中的"插入记录"→"表单"→"列表/菜单"命令，插入列表/菜单，在"属性"面板中单击"列表值"按钮，弹出"列表值"对话框，在对话框中单击（＋）按钮，添加项目标签，如图 9-38 所示。

图 9-38 "列表值"对话框

**STEP 8** 单击"确定"按钮，将列表值添加到"初始化时选定"文本框中，"类型"设置为"菜单"，如图 9-39 所示。

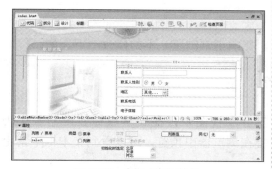

图 9-39 插入列表/菜单

**STEP 9** 将光标分别置于第 3~6 行的第 2 列单元格中，插入文本域，将"类型"设置为"单行"，如图 9-40 所示。

图 9-40 插入文本域

**STEP 10** 将光标置于第7行第2列单元格中，选择菜单中的"插入记录"→"表单"→"文本区域"命令，插入文本区域，在"属性"面板中将"字符宽度"设置为35，"行数"设置为6，"类型"设置为"多行"，如图 9-41 所示。

图 9-41 插入文本区域

**STEP 11** 将光标置于第9行第2列单元格中，选择菜单中的"插入记录"→"表单"→"按钮"命令，插入按钮，在"属性"面板中的"值"文本框中输入"提交"，将"动作"设置为"提交表单"，如图 9-42 所示。

图 9-42 插入"提交"按钮

**STEP 12** 将光标置于"提交"按钮的右边，插入"重置"按钮，在"属性"面板中将"动作"设置为"重设表单"，如图 9-43 所示。

图 9-43 插入"重置"按钮

**STEP 13** 保存文档，按F12键在浏览器中预览，效果如图 9-31 所示。

9.8　高手支招

### 1. 怎样显示表单中的红色虚线框

在插入表单的文档中，选择菜单中的"查看"→"可视化助理"→"不可见元素"命令，即可看到文档中插入的红色虚线表单。

### 2. 如何设置表单输入边框的样式

更改传统的表单单元边框，会使主页增色不少。如：

```
<input type=radio name=action value=subscribe checked style="BORDER-BOTTOM: dashed 1px;
BORDER-LEFT: dashed 1px; BORDER-RIGHT: dashed 1px; BORDER-TOP: dashed 1px;background-color:
#FEF5C8">
```

其中，"style=***"为设置左、右、上、下边框样式和背景色，适用于其他单元，读者可亲自试试。

### 3. 怎样设置表单输入单元的文字样式

表单中单元的字体是可以修改的，如：

```
<input type=text name="address" size=19 value="Enter,e-mail..." style=font-family:
"verdana";font-size:10px >
```

其中"style=***"为字体和字体大小设置。

### 4. 怎样设置表单属性为弹出窗口

大多数表单激活后，会在当前页面中打开，影响正常浏览。不如修改一下，如：

```
<form method=POST action=url target=_blank>
```

其中"target=_blank"为控制在弹出窗口打开。

### 5. 怎样禁止在文本框中输入中文

选中禁止输入中文的文本框，切换到"拆分"视图中，在文本域标签内输入代码style="ime-mode:disabled"，保存文档，按F12键在浏览器中预览，可以看到文本框中禁止输入中文。

9.9　课后习题

## 9.9.1　填空题

1.　_____可以把用户信息提交给服务器，服务器根据表单处理程序再将这些数据进行处理并反馈给用户，从而实现用户与网站之间的交互。

2.　当用户在密码域中输入密码时，输入内容显示为项目符号或_____，以保护输入的内容不被他人看到。

3.　表单中的按钮分为3种类型，分别是提交按钮、重设按钮和普通按钮。使用_____和_____可以实现表单数据的提交及表单的复位。

4.　对表单而言，_____是非常重要的，它能够控制对表单内容的操作。

## 9.9.2　操作题

对如图 9-44 所示的页面制作在线订单电子邮件表单，效果如图 9-45 所示。

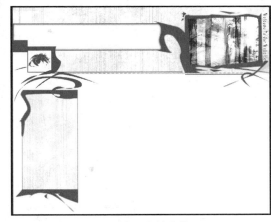

图 9-44　原始文件

图 9-45　在线订单页面

# 第 10 课　制作动态数据库网页

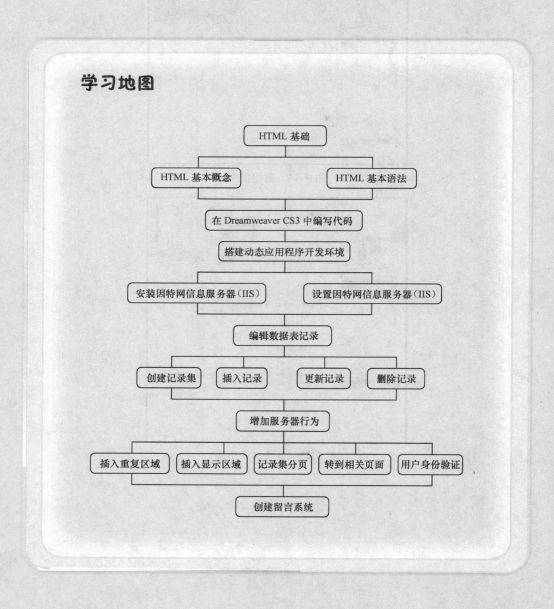

学习地图

- HTML 基础
  - HTML 基本概念
  - HTML 基本语法
- 在 Dreamweaver CS3 中编写代码
- 搭建动态应用程序开发环境
  - 安装因特网信息服务器（IIS）
  - 设置因特网信息服务器（IIS）
- 编辑数据表记录
  - 创建记录集
  - 插入记录
  - 更新记录
  - 删除记录
- 增加服务器行为
  - 插入重复区域
  - 插入显示区域
  - 记录集分页
  - 转到相关页面
  - 用户身份验证
- 创建留言系统

## 课前导读

Dreamweaver CS3 提供众多的可视化设计工具、应用开发环境以及代码编辑支持，开发人员和设计师能够利用它快捷地创建代码应用程序。同时，Dreamweaver CS3 的集成程度非常高，开发环境精简而高效，开发人员能够运用它与服务器技术构建功能强大的网络应用程序。本课主要讲述动态网页设计基础。

## 重点与难点

- ☐ 掌握 HTML 的基础知识。
- ☐ 掌握在 Dreamweaver CS3 中编写代码。
- ☐ 掌握动态应用程序开发环境的搭建。
- ☐ 掌握数据表记录的编辑。
- ☐ 掌握服务器行为的添加。
- ☐ 掌握留言系统的创建。

 # 10.1  HTML 基础

HTML 不是一种编程语言，而是一种描述性的标记语言，用于描述超文本中内容的显示方式，如文字以什么颜色、大小来显示等。这些都是利用 HTML 标记完成的。

## 10.1.1  HTML 基本概念

HTML 是英文 Hyper Text Markup Language 的缩写，中文意思是"超文本标记语言"，用它编写的文件的扩展名是.html 或.htm，它们是可供浏览器解释浏览的文件格式。

HTML 作为一种标记语言，它本身不能显示在浏览器中，必须经过浏览器的解释和编译，才能正确地反映 HTML 标记语言的内容。HTML 从 1.0 到 4.01 经历了巨大的变化，从单一的文本显示功能到多功能互动，许多特性经过多年的完善，HTML 已经发展成为一种非常成熟的标记语言。

## 10.1.2  HTML 基本语法

超文本文档分为头和主体两部分，在文档头里，对这个文档进行了一些必要的定义，文档主体中才是显示的各种文档信息。一个完整的 HTML 文件由标题、段落、列表、表格以及其他各种对象所组成。一个 HTML 文件的基本结构如下。

```
<HTML>
<HEAD>
网页头部信息
</HEAD>
<BODY>
网页主体正文部分
</BODY>
</HTML>
```

其中<HTML>在最外层，表示这对标记间的内容是 HTML 文档。还可以省略<HTML>标记，因为.html 或.htm 文件被浏览器默认为是 HTML 文档。<HEAD>之间包括文档的头部信息，如文档标题等，若不需要头部信息则可省略此标记。<BODY>标记一般不能省略，表示正文内容的开始。

HTML 的任何标记都由"<"和">"围起来，如<HTML>、<I>。在起始标记的标记名前加上符号"/"表示其终止标记，如</I>，夹在起始标记和终止标记之间的内容受标记的控制，如<I> HTML 基本语法</I>，夹在标记 I 之间的"HTML 基本语法"将受标记 I 的控制。

##  10.2　在 Dreamweaver CS3 中编写代码

从创建简单的网页到设计、开发复杂的网站应用程序，Dreamweaver CS3 提供了功能全面的代码编写环境。Dreamweaver 提供了许多有效的工具来支持对源代码的创建，可以高效率地编写和编辑 HTML 代码。

### 10.2.1　使用代码片断

使用代码片断，可以储存内容以便快速重复使用。可以创建和插入 HTML、JavaScript、ASP 和 JSP 等语言编写的代码片断。在 Dreamweaver 中还包含一些预定义的代码片断，可以使用它们作为基础，并在它们的基础上拓展更加丰富的功能。使用代码片断的具体操作步骤如下。

**STEP 1**　选择菜单中的"窗口"→"代码片断"命令，打开"代码片断"面板，如图 10-1 所示。

图 10-1　"代码片断"面板

**STEP 2**　在面板中单击"新建代码片断文件夹"按钮，新建文件夹，如图 10-2 所示。

**STEP 3**　在面板中单击"新建代码片断"按钮，弹出"代码片断"对话框，如图 10-3 所示。

图 10-2　新建文件夹

图 10-3　"代码片断"对话框

在"代码片断"对话框中主要有以下参数。

- "名称":输入代码片断的名称。
- "描述":输入代码片断的描述性文本,可以帮助使用者理解和使用代码片断。
- "代码片断类型":包括"环绕选定内容"和"插入块"两个选项。如果选中"环绕选定内容"单选按钮,会在所选源代码的前后各插入一段代码片断。
- "前插入":在列表框中输入或粘贴的是要在当前选定内容前插入的代码。

- "后插入":在列表框中输入或粘贴的是要在当前选定内容后插入的代码。
- "预览类型":包括两个选项。如果选中"代码"单选按钮,则 Dreamweaver 将在"代码片断"面板的预览窗口中显示代码;如果选中"设计"单选按钮,则 Dreamweaver 不在预览窗口中显示代码。

**STEP 4** 在对话框中设置完毕后,单击"确定"按钮,即可创建代码片断。

## 10.2.2 使用标签选择器插入标签

使用标签选择器可以将 Dreamweaver CS3 标签库中的任何标签插入到页面中。使用标签选择器插入标签的具体操作步骤如下。

**STEP 1** 将光标置于要插入标签的位置,选择菜单中的"插入"→"标签"命令,弹出"标签选择器"对话框,如图 10-4 所示。

果有这样的信息,在对话框中将显示标签的帮助信息,如图 10-5 所示。

图 10-5 标签的帮助信息

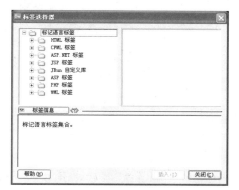

图 10-4 "标签选择器"对话框

**STEP 2** 在对话框中的列表框中选择标签,如果想查看该标签的语法和用法信息,可以单击 ▽ 标签信息 按钮,如

**STEP 3** 如果需要查看该标签的参考信息,可以单击 <⁄> 按钮。

**STEP 4** 单击"插入"按钮,即可将选定的标签插入到代码中。

## 10.3 搭建动态应用程序开发环境

要创建动态网页,必须搭建一个服务器平台,选择一门 Web 应用程序的开发语言,为了应用的深入还需要选择一款数据库软件。同时,因为是在 Dreamweaver 中进行开发,所以还需要建立一个 Dreamweaver 的站点,该站点能够随时调试具有动态效果的页面。

## 10.3.1 安装因特网信息服务器（IIS）

IIS 是一种网页服务组件，包括 Web 服务器、FTP 服务器、NNTP 服务器和 SMTP 服务器，分别用于网页浏览、文件传输、新闻服务和邮件发送等。要在 Windows XP 下安装 IIS 首先应该确保 Windows XP 中已经用 SP1 或更高版本进行了更新，同时必须安装了 IE 6.0 或更高版本的浏览器。在 Windows XP 下安装 Internet 信息服务器（IIS）的具体操作步骤如下。

**STEP 1** 选择"开始"→"控制面板"→"添加/删除程序"命令，弹出"添加或删除程序"对话框，如图 10-6 所示。

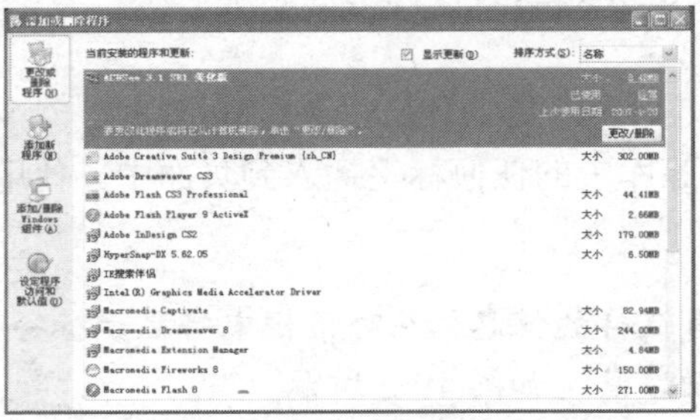

图 10-6 "添加或删除程序"对话框

**STEP 2** 在对话框中单击"添加/删除 Windows 组件"按钮，弹出"Windows 组件向导"对话框，如图 10-7 所示。

图 10-7 "Windows 组件向导"对话框

**STEP 3** 在每个组件之前都有一个复选框"☑"，当选择完成所有希望使用的组件以及子组件后，双击如图 10-7 所示的"Internet 信息服务（IIS）"选项，弹出如图 10-8 所示的"Internet 信息服务（IIS）"对话框。

**STEP 4** 当选择完成所有希望使用的组件以及子组件后，单击"确定"按钮，返回到"Windows 组件向导"对话框中。单击"下一步"按钮，弹出"正在配置组件"对话框，如图 10-9 所示。

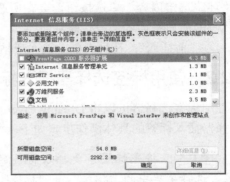

图 10-8 "Internet 信息服务（IIS）"对话框

图 10-9 "正在配置组件"对话框

**STEP 5** 配置完毕后，弹出"完成 Windows 组件向导"对话框，如图 10-10 所示。

图 10-10 "完成 Windows 组件向导"对话框

**STEP 6** 单击"完成"按钮，即可完成 IIS 的安装。

## 10.3.2　设置因特网信息服务器（IIS）

设置 Internet 信息服务器（IIS）的具体操作步骤如下。

**STEP 1**　选择菜单中的"开始"→"控制面板"→"性能和维护"→"管理工具"→"Internet 信息服务"命令，弹出"Internet 信息服务"窗口，如图 10-11 所示。

图 10-11　"Internet 信息服务"窗口

**STEP 2**　在窗口中选择"默认网站"，单击鼠标右键，在弹出的快捷菜单中选择"属性"命令，如图 10-12 所示。

图 10-12　选择"属性"命令

**STEP 3**　弹出"默认网站 属性"对话框，在对话框中选择"网站"选项卡，在"IP 地址"下拉列表框中输入"192.168.1.104"，如图 10-13 所示。

**STEP 4**　在对话框中切换到"主目录"选项卡，在"本地路径"文本框中输入目录或通过单击"浏览"按钮选择目录，其他选项可以根据需要设置，如图 10-14 所示。

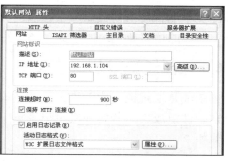

图 10-13　"默认网站属性"对话框

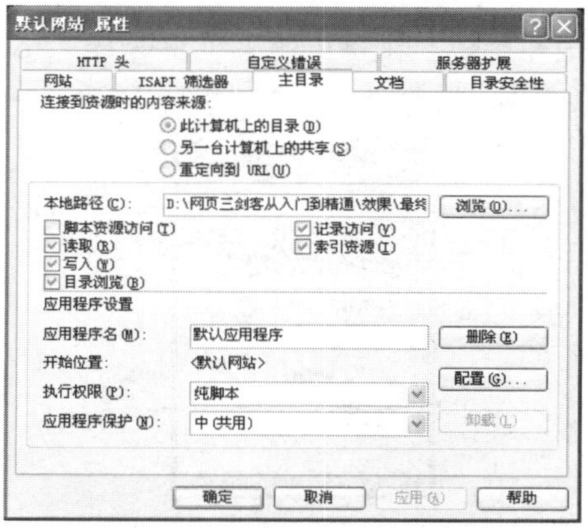

图 10-14　"主目录"选项卡

**STEP 5**　在对话框中切换到"文档"选项卡，可修改浏览器的默认主页及调用顺序，如图 10-15 所示。

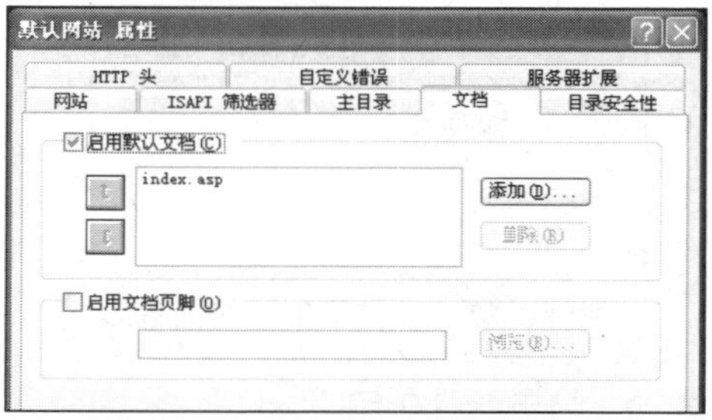

图 10-15　"文档"选项卡

**STEP 6**　设置完毕后，单击"确定"按钮，即可完成 IIS 的设置。

## 10.4　编辑数据表记录

网页不能直接访问数据库中存储的数据，而需要与记录集进行交互。记录集是从数据库表中提取的信息或记录的子集，该信息子集是通过数据库查询提取出来的。

### 10.4.1　创建记录集（查询）

记录集是通过数据库查询得到的数据库中记录的子集。记录集由查询来定义，查询则由搜索条件组成，这些条件决定记录集中应该包含的内容。创建记录集（查询）的具体操作步骤如下。

**STEP 1**　选择菜单中的"窗口"→"绑定"命令，打开"绑定"面板，在面板中单击◆按钮，在弹出的菜单中选择"记录集（查询）"命令，如图 10-16 所示。

图 10-16　选择"记录集（查询）"命令

**STEP 2**　弹出"记录集"对话框，如图 10-17 所示。

图 10-17　"记录集"对话框

在"记录集"对话框中主要有以下参数。

● "名称"：输入新建记录集的名称。

● "连接"：指定一个已经建立好的数据库连接，如果在下拉列表框中没有可用的连接出现，则可单击其右侧的"定义"按钮建立一个连接。

● "表格"：在下拉列表框中选取已经连接的数据库中的表。

● "列"：若要使用所有字段作为一条记录中的列项，则选中"全部"单选按钮，否则应选中"选定的"单选按钮。

● "筛选"：设置记录集仅包括数据表中的符合筛选条件的记录。它包括 4 个下拉列表框，分别可以完成过滤记录条件字段、条件表达式、条件参数以及条件参数的对应值。

● "排序"：设置记录集的显示顺序。它包括 2 个下拉列表框，在第 1 个下拉列表框中可以选择要排序的字段，在第 2 个下拉列表框中可以设置升序或降序。

**STEP 3**　设置完毕后，单击"确定"按钮，即可创建记录集。

### 10.4.2　插入记录

一般来说，要通过 ASP 页面向数据库中添加记录，需要提供用户输入数据的页面，这可以通过创建包含表单对象的页面来实现。使用"插入记录"服务器行为可以将记录插入到数据库中，具体操作步骤如下。

STEP 1　选择菜单中的"窗口"→"服务器行为"命令，打开"服务器行为"面板，在面板中单击 ⊞ 按钮，在弹出的菜单中选择"插入记录"命令，如图 10-18 所示。

图 10-18　选择"插入记录"命令

STEP 2　弹出"插入记录"对话框，如图 10-19 所示。

图 10-19　"插入记录"对话框

## 10.4.3　更新记录

Web 应用程序中可能包含让用户在数据库中更新记录的页面。创建"更新记录"服务器行为的具体操作步骤如下。

STEP 1　选择菜单中的"窗口"→"服务器行为"命令，打开"服务器行为"面板，在面板中单击 ⊞ 按钮，在弹出的菜单中选择"更新记录"命令，如图 10-20 所示。

图 10-20　选择"更新记录"命令

在"插入记录"对话框中主要有以下参数。

● "连接"：指定一个已经建立好的数据库连接，如果在下拉列表框中没有可用的连接出现，则可单击其右侧的"定义"按钮建立一个连接。

● "插入到表格"：在下拉列表框中选择要插入表的名称。

● "插入后，转到"：在文本框中输入一个文件名或单击"浏览"按钮。如果不输入该地址，则插入记录后刷新该页面。

● "获取值自"：在下拉列表框中指定存放记录内容的 HTML 表单。

● "表单元素"：在列表框中指定数据库中要更新的表单元素。在"列"下拉列表框中选择字段。在"提交为"下拉列表框中显示提交元素的类型。如果表单对象的名称和被设置字段的名称一致，Dreamweaver 会自动地建立对应关系。

STEP 3　在对话框中设置完毕后，单击"确定"按钮，即可创建"插入记录"服务器行为。

STEP 2　弹出"更新记录"对话框，如图 10-21 所示。

图 10-21　"更新记录"对话框

在"更新记录"对话框中主要有以下参数。

● "连接"：选择指定的数据库连接，如果没有数据库连接，可以单击"定义"按钮定义数据库连接。

● "要更新的表格"：在下拉列表框中选择要更新的表的名称。

● "选取记录自"：在下拉列表框中指定页面中绑定的记录集。

● "唯一键列"：在下拉列表框中选择关键列，以识别在数据库表单上的记录。如果值是数字，则应该选中"数字"复选框。

● "在更新后，转到"：输入一个 URL，

这样表单中的数据更新之后将转向这个 URL。

● "获取值自"：在下拉列表框中指定 HTML 表单以便用于编辑记录数据。

● "表单元素"：指定 HTML 表单中的各个字段域名称。

　● "列"：选择与表单域对应的字段列名称。

　● "提交为"：选择字段的类型。

**STEP 3**　在对话框中设置完毕后，单击"确定"按钮，即可创建"更新记录"服务器行为。

## 10.4.4　删除记录

使用"删除记录"服务器行为可以在页面中实现删除记录的操作。创建"删除记录"服务器行为的具体操作步骤如下。

**STEP 1**　选择菜单中的"窗口"→"服务器行为"命令，打开"服务器行为"面板，在面板中单击 ⊞ 按钮，在弹出的菜单中选择"删除记录"命令，如图 10-22 所示。

图 10-22　选择"删除记录"命令

**STEP 2**　弹出"删除记录"对话框，如图 10-23 所示。

图 10-23　"删除记录"对话框

在"删除记录"对话框中主要有以下参数。

● "连接"：指定一个已经建立好的数据库连接，如果在下拉列表框中没有可用的连接出现，则可单击其右侧的"定义"按钮建立一个连接。

● "从表格中删除"：在下拉列表框中选择从哪个表中删除记录。

● "选取记录自"：在下拉列表框中选择使用的记录集的名称。

● "唯一键列"：在下拉列表框中选择要删除记录所在表的关键字字段，如果关键字字段的内容是数字，则需要选中其右侧的"数字"复选框。

● "提交此表单以删除"：在下拉列表框中选择提交删除操作的表单名称。

● "删除后，转到"：在文本框中输入该页面的 URL 地址。如果不输入地址，更新操作后则刷新当前页面。

**STEP 3**　设置完毕后，单击"确定"按钮，即可创建"删除记录"服务器行为。

# 10.5　增加服务器行为

服务器行为是一些典型、常用的可定制的 Web 应用代码模块。若要向页面添加服务器行为，可以从"数据"插入栏或"服务器行为"面板中选择它们。

## 10.5.1　插入重复区域

"重复区域"服务器行为可以显示一条记录，也可以显示多条记录。如果要在一个页面上显示多条记录，必须指定一个包含动态内容的选择区域作为重复区域。插入重复区域的具体操作步骤如下。

**STEP 1**　选择菜单中的"窗口"→"服务器行为"命令，打开"服务器行为"面板，在面板中单击⊞按钮，在弹出的菜单中选择"重复区域"命令，如图 10-24 所示。

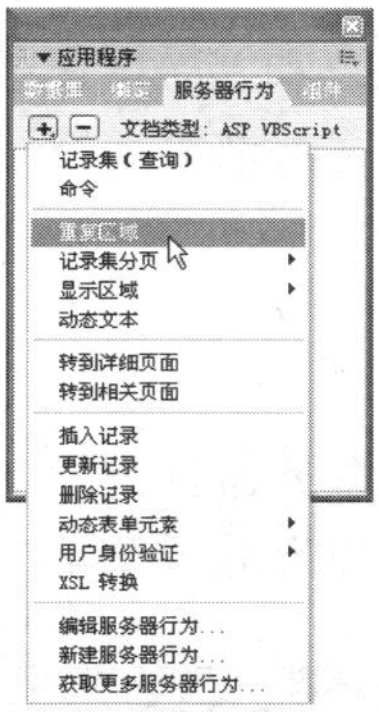

图 10-24　选择"重复区域"命令

**STEP 2**　弹出"重复区域"对话框，如图 10-25 所示。在对话框中的"记录集"下拉列表框中选择相应的记录集，在"显示"文本框中输入要预览的记录数，默认值为 10 个记录。

图 10-25　"重复区域"对话框

**STEP 3**　设置完毕后，单击"确定"按钮，即可创建"重复区域"服务器行为。

## 10.5.2　插入显示区域

选择菜单中的"窗口"→"服务器行为"命令，打开"服务器行为"面板，在面板中单击⊞按钮，在弹出的菜单中选择"显示区域"命令，在弹出的子菜单中可以根据需要进行选择，如图 10-26 所示。

- "如果记录集为空则显示区域"：只有当记录集为空时才显示所选区域。
- "如果记录集不为空则显示区域"：只有当记录集不为空时才显示所选区域。
- "如果为第一条记录则显示区域"：当处于记录集中的第一条记录时，显示所选区域。
- "如果不是第一条记录则显示区域"：当当前页中不包括记录集中第一条记录时显示所选区域。
- "如果为最后一条记录则显示区域"：当当前页中包括记录集最后一条记录时显示所选区域。

● "如果不是最后一条记录则显示区域"：当当前页中不包括记录集中最后一条记录时显示所选区域。

如图 10-27 所示是"如果记录集为空则显示区域"对话框，在对话框中的"记录集"下拉列表框中选择记录集。

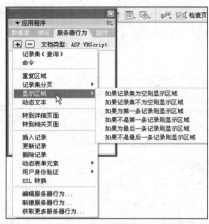

图 10-26　"显示区域"命令的子菜单　　　图 10-27　"如果记录集为空则显示区域"对话框

"显示区域"服务器行为除"如果记录集为空则显示区域"和"如果记录集不为空则显示区域"两个服务器行为之外，其他 4 个服务器行为在使用之前都需要添加移动记录的服务器行为。

### 10.5.3　记录集分页

选择菜单中的"窗口"→"服务器行为"命令，打开"服务器行为"面板，在面板中单击 按钮，在弹出的菜单中选择"记录集分页"命令，在弹出的子菜单中可以根据需要进行选择，如图 10-28 所示。

● "移至第一条记录"：将所选的链接或文本设置为跳转到记录集显示子页的第一页的链接。

● "移至前一条记录"：将所选的链接或文本设置为跳转到上一记录显示子页的链接。

● "移至下一条记录"：将所选的链接或文本设置为跳转到下一记录子页的链接。

● "移至最后一条记录"：将所选的链接或文本设置为跳转到记录集显示子页的最后一页的链接。

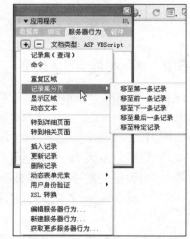

● "移至特定记录"：将所选的链接或文本设置为从当前页跳转到指定记录显示子页的第一页的链接。

如图 10-29 所示是"移至第一条记录"对话框，在对话框中的"记录集"下拉列表框中选择记录集。

图 10-28　"记录集分页"命令的子菜单

"移至特定记录"服务器行为与其他 4 个移动记录服务器行为对话框不同，该对话框如图 10-30 所示。

图 10-29　"移至第一条记录"对话框　　图 10-30　"移至特定记录"对话框

在"移至特定记录"对话框中主要有以下参数。

- "移至以下内容中的记录"：在下拉列表框中选择记录集。
- "其中的列"：在下拉列表框中选择记录集中的一个字段。
- "匹配 URL 参数"：输入相应的 URL 参数。

## 10.5.4　转到详细页面

在 Web 应用中，也可以由主页面来显示记录，当单击一个记录时，会打开子页面显示更多关于该记录的信息。在主页面上添加一个链接是不行的，因为子页面不知道用户选择哪一条记录，也就不知道显示哪一条记录，这时就可以利用"转到详细页面"服务器行为来建立这样一个特殊的链接。创建"转到详细页面"服务器行为的具体操作步骤如下。

**STEP 1**　在文档中选择要设置为指向细节页上的动态内容。

**STEP 2**　选择菜单中的"窗口"→"服务器行为"命令，打开"服务器行为"面板，在面板中单击☐按钮，在弹出的菜单中选择"转到详细页面"命令。

**STEP 3**　弹出"转到详细页面"对话框，如图 10-31 所示。

图 10-31　"转到详细页面"对话框

在"转到详细页面"对话框中主要有以下参数。

- "链接"：在下拉列表框中选择要把行为应用到哪个链接上。如果在文档中选择了动态内容，则会自动选择该内容。

- "详细信息页"：输入细节页面对应的 ASP 页面的 URL 地址，或单击右边的"浏览"按钮进行选择。

- "传递 URL 参数"：输入要通过 URL 传递到详细页中的参数名称，然后设置以下选项的值。

  - "记录集"：选择通过 URL 传递参数所属的记录集。
  - "列"：选择通过 URL 传递参数所属记录集中的字段名称，即设置 URL 传递参数的值的来源。

- "URL 参数"：选中此复选框表明将结果页中的 URL 参数传递到详细页上。

- "表单参数"：选中此复选框表明将结果页中的表单值以 URL 参数的方式传递到详细页上。

**STEP 4**　设置完毕后，单击"确定"按钮，即可创建"转到详细页面"服务器行为。

## 10.5.5　转到相关页面

创建"转到相关页面"服务器行为的具体操作步骤如下。

**STEP 1** 在要传递参数的页面中，选中要实现相关页跳转的文字。

**STEP 2** 选择菜单中的"窗口"→"服务器行为"命令，打开"服务器行为"面板，在面板中单击⊞按钮，在弹出的菜单中选择"转到相关页面"命令。

**STEP 3** 弹出"转到相关页面"对话框，如图 10-32 所示。

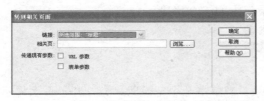

图 10-32 "转到相关页面"对话框

在"转到相关页面"对话框中主要有以下参数。

● "链接"：在下拉列表框中选择某个现有的链接，行为将被应用到该链接上。如果在该页面上选中了某些文字，该行为将把选中的文字设置为链接。如果没有选中文字，那么在默认状态下 Dreamweaver CS3 会创建一个名为"相关"的超文本链接。

● "相关页"：输入相关页的名称或单击"浏览"按钮进行选择。

● "URL 参数"：选中此复选框，表明将当前页面中的 URL 参数传递到相关页上。

● "表单参数"：选中此复选框，表明将当前页面中的表单参数值以 URL 参数的方式传递到相关页上。

**STEP 4** 设置完毕后，单击"确定"按钮，即可创建"转到相关页面"服务器行为。

## 10.5.6 用户身份验证

为了能有效地管理共享资源的用户，需要规范化访问共享资源的行为。通常采用注册（新用户取得访问权）→登录（验证用户是否合法并分配资源）→退出（释放资源）这一行为模式来实施管理，Dreamweaver CS3 提供的"用户身份验证"服务器行为就是为了实现这些功能而设置的。创建"用户身份验证"服务器行为的具体操作步骤如下。

**STEP 1** 单击"服务器行为"面板中的⊞按钮，在弹出的菜单中选择"用户身份验证"→"登录用户"命令，如图 10-33 所示。

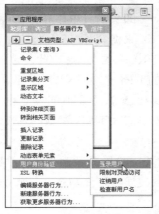

图 10-33 选择"登录用户"命令

**STEP 2** 弹出"登录用户"对话框，

如图 10-34 所示。

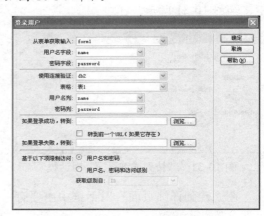

图 10-34 "登录用户"对话框

在"登录用户"对话框中主要有以下参数。

● "从表单获取输入"：在其下拉列表框中选择接受哪一个表单的提交。

● "用户名字段": 在其下拉列表框中选择用户名所对应的文本框。

● "密码字段": 在其下拉列表框中选择用户密码所对应的文本框。

● "使用连接验证": 在其下拉列表框中确定使用哪一个数据库连接。

● "表格": 在其下拉列表框中确定使用数据库中的哪一个表格。

● "用户名列": 在其下拉列表框中选择用户名对应的字段。

● "密码列": 在其下拉列表框中选择用户密码对应的字段。

● "如果登录成功, 转到": 如果登录成功 (验证通过) 那么就将用户引导至所指定的页面。

● "转到前一个 URL (如果它存在)": 选中此复选框, 如果要让用户在试图访问受限页面时前进到登录页面, 并且在登录后返回到该受限页面, 则使用此设置。

● "如果登录失败, 转到": 如果登录不成功 (验证没有通过) 那么就将用户引导至所指定的页面。

● "基于以下项限制访问": 在该选项提供的一组单选按钮中, 可以选择是否包含级别验证。

**STEP 3)** 设置完毕后, 单击 "确定" 按钮即可。

**STEP 4)** 单击 "服务器行为" 面板中的 ⊞ 按钮, 在弹出的菜单中选择 "用户身份验证" → "限制对页的访问" 命令, 弹出 "限制对页的访问" 对话框, 如图 10-35 所示。

图 10-35 "限制对页的访问" 对话框

在 "限制对页的访问" 对话框中主要有以下参数。

● "基于以下内容进行限制": 在该选项提供的一组单选按钮中, 可以选择是否含级别验证。

● "如果访问被拒绝, 则转到": 如果没有经过验证, 那么就将用户引导至所指定的页面。

● "定义" 如果需要进行经过验证, 可以单击 "定义" 按钮, 弹出 "定义访问级别" 对话框, 如图 10-36 所示。在对话框中, ⊞ 按钮用来添加级别, ⊟ 按钮用来删除级别, "名称" 文本框用来指定级别的名称。

图 10-36 "定义访问级别" 对话框

**STEP 5)** 设置完毕后, 单击 "确定" 按钮即可。

**STEP 6)** 单击 "服务器行为" 面板中的 ⊞ 按钮, 在弹出的菜单中选择 "用户身份验证" → "注销用户" 命令, 弹出 "注销用户" 对话框, 如图 10-37 所示。

图 10-37 "注销用户" 对话框

在 "注销用户" 对话框中主要有以下参数。

● "单击链接": 当用户单击指定的链接时运行。

● "页面载入": 加载本页面时运行。

● "在完成后, 转到": 用来指定运行 "注销用户" 服务器行为后引导用户所至的页面。

**STEP 7)** 设置完毕后, 单击 "确定" 按钮即可。

**STEP 8** 单击"服务器行为"面板中的 ⊞ 按钮，在弹出的菜单中选择"用户身份验证" → "检查新用户名"命令，弹出"检查新用户名"对话框，如图 10-38 所示。

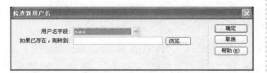

图 10-38 "检查新用户名"对话框

在"检查新用户名"对话框中主要有以下参数。

● "用户名字段"：选择需要验证的记录字段（验证该字段在记录集中是否唯一）。

● "如果存在，则转到"：如果字段的值已经存在，那么可以在文本框中指定引导用户所去的页面。

**STEP 9** 设置完毕后，单击"确定"按钮即可。

 ## 10.6 课堂练习——创建留言系统

留言板是一个十分简单且实用的动态系统，它可以方便地收集反馈信息。留言板已成为网站必不可少的一部分。本节讲述的留言系统包括留言发表页面和列表页面 2 个模块。通过本节的学习读者可以制作出基本的留言系统。

在留言系统中，浏览者首先看到的是发表留言页面，如图 10-39 所示。在页面中填写留言，单击"提交"按钮，可以将发表的留言提交到后台数据库中。

在显示留言页面中可以查看留言，如图 10-40 所示。在此页面中显示了留言的详细信息。

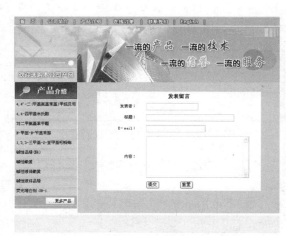

图 10-39 发表留言页面

图 10-40 显示留言页面

### 10.6.1 创建数据库

在制作具体网站动态功能页面前，首先做一个最重要的工作，就是创建数据库表，用来存放留言信息所用。创建数据库的具体操作步骤如下。

**STEP 1** 启动 Access 2003，选择菜单中的"文件"→"新建"命令，打开"新建文件"面板，如图 10-41 所示。

图 10-41 "新建文件"面板

**STEP 2** 在面板中单击"空数据库"连接，弹出"文件新建数据库"对话框，在对话框中选择文件保存的位置，在"文件名"文本框中输入 liuyan.mdb，如图 10-42 所示。

图 10-42 "文件新建数据库"对话框

**STEP 3** 单击"创建"按钮，创建数据库，双击"使用设计器创建表"选项，如图 10-43 所示。

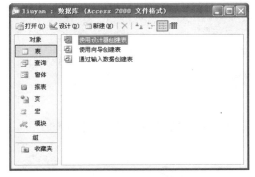

图 10-43 创建数据库

**STEP 4** 弹出"表1：表"窗口，在窗口中输入"字段名称"和字段所对应的"数据类型"，如图 10-44 所示。

图 10-44 "表1：表"窗口

**STEP 5** 将光标置于 ID 字段中，单击鼠标右键，在弹出的快捷菜单中选择"主键"命令，如图 10-45 所示，设置关键字段。

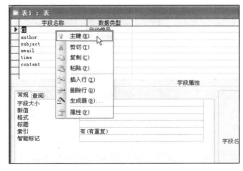

图 10-45 设置主键

**STEP 6** 选择菜单中的"文件"→"保存"命令，弹出"另存为"对话框，在对话框中的"表名称"文本框中输入 liuyan，如图 10-46 所示。

图 10-46 "另存为"对话框

## 10.6.2 设置数据源 ODBC

在 Windows 系统中，ODBC 的连接主要是通过 ODBC 数据库资源管理器来完成的。一旦建立了一个数据库的 ODBC 连接，那么同该数据库的连接信息将被保存在 DSN 中，程序的运行必须通过 DSN 来进行。设置数据源 ODBC 的具体操作步骤如下。

**STEP 1** 在 Windows XP 系统中，选择"开始"→"控制面板"→"管理工具"→"数据源（ODBC）"命令，弹出"ODBC 数据源管理器"对话框，在对话框中切换到"系统DSN"选项卡，如图 10-47 所示。

图 10-47 "ODBC 数据源管理器"对话框

**STEP 2** 在对话框中单击"添加"按钮，弹出"创建新数据源"对话框，在对话框中的"名称"列表框中选择"Driver do Microsoft Access(*.mdb)"选项，如图 10-48 所示。

图 10-48 "创建新数据源"对话框

**STEP 3** 单击"完成"按钮，弹出"ODBC Microsoft Access 安装"对话框，在对话框中单击"选择"按钮，弹出"选择数据库"对话框，在对话框中选择数据库的位置，如图 10-49 所示。

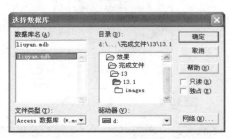

图 10-49 "选择数据库"对话框

**STEP 4** 单击"确定"按钮，在"数据源名"文本框中输入 conn，如图 10-50 所示。

图 10-50 "ODBC Microsoft Access 安装"对话框

**STEP 5** 单击"确定"按钮，返回到"ODBC 数据源管理器"对话框，在对话框中显示新创建的数据源，如图 10-51 所示。单击"确定"按钮，即可完成数据源的创建。

图 10-51 "ODBC 数据源管理器"对话框

### 10.6.3 创建数据库连接

如果服务器和 Dreamweaver CS3 运行在同一个 Windows 系统上,那么就可以使用系统 DSN 来创建数据库连接,DSN 是指向数据库的一个快捷方式。定义数据库连接的操作步骤如下。

**STEP 1** 在 Dreamweaver CS3 中,选择菜单中的"窗口"→"数据库"命令,打开"数据库"面板,在面板中单击 ⊞ 按钮,在弹出的菜单中选择"数据源名称(DSN)"命令,如图 10-52 所示。

图 10-53 "数据源名称(DSN)"对话框

图 10-52 选择"数据源名称(DSN)"命令

**STEP 2** 弹出"数据源名称(DSN)"对话框,如图 10-53 所示。

**STEP 3** 在"连接名称"文本框中输入 liuyan,单击"确定"按钮,创建数据库连接,如图 10-54 所示。

图 10-54 创建数据库连接

### 10.6.4 制作发表留言页面

制作发表留言页面,效果如图 10-55 所示,技术要点是插入表单对象、检查表单行为和创建"插入记录"服务器行为。

图 10-55 发布留言页面

**STEP 1** 打开网页文档 index.htm，将其另存为 fabu.asp，如图 10-56 所示。

图 10-56 另存为网页

**STEP 2** 将光标置于相应的位置，选择菜单中的"插入记录"→"表单"→"表单"命令，插入表单，如图 10-57 所示。

图 10-57 插入表单

**STEP 3** 将光标置于表单中，选择菜单中的"插入记录"→"表格"命令，插入一个 6 行 2 列的表格，在"属性"面板中将"填充"设置为 4，"间距"设置为 2，"对齐"设置为"居中对齐"，"背景颜色"设置为#FFFFFF，如图 10-58 所示。

图 10-58 插入表格

**STEP 4** 选中第 1 行单元格，合并单元格，并在单元格中输入文字，将"对齐"设置为"居中对齐"，"大小"设置为 15

像素，并加粗，如图 10-59 所示。

图 10-59 输入文字

**STEP 5** 分别在第 1 列的其他单元格中输入文字，如图 10-60 所示。

图 10-60 输入文字

**STEP 6** 将光标置于第 2 行第 2 列单元格中，选择菜单中的"插入记录"→"表单"→"文本域"命令，插入文本域，如图 10-61 所示。

图 10-61 插入文本域

**STEP 7** 选中插入的文本域，在"属性"面板中的"文本域"文本框中输入 author，将"字符宽度"设置为 20，"类型"设置为"单行"，如图 10-62 所示。

图 10-62　设置文本域属性

**STEP 8**　将光标置于第 3 行第 2 列单元格中，选择菜单中的"插入记录"→"表单"→"文本域"命令，插入文本域，在"属性"面板中的"文本域"文本框中输入 subject，将"字符宽度"设置为 35，"类型"设置为"单行"，如图 10-63 所示。

图 10-63　插入文本域

**STEP 9**　将光标置于第 4 行第 2 列单元格中，选择菜单中的"插入记录"→"表单"→"文本域"命令，插入文本域，在"属性"面板中的"文本域"文本框中输入 E-mail，将"字符宽度"设置为 25，"类型"设置为"单行"，如图 10-64 所示。

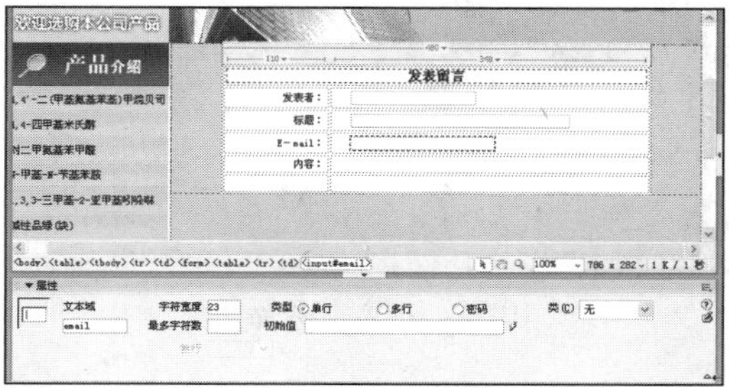

图 10-64　插入文本域

**STEP 10**　将光标置于第 5 行第 2 列单元格中，选择菜单中的"插入记录"→"表单"→"文本区域"命令，插入文本区域，

在"属性"面板中的"文本域"文本框中输入 content，将"字符宽度"设置为 40，"类型"设置为"多行"，"行数"设置为 8，如图 10-65 所示。

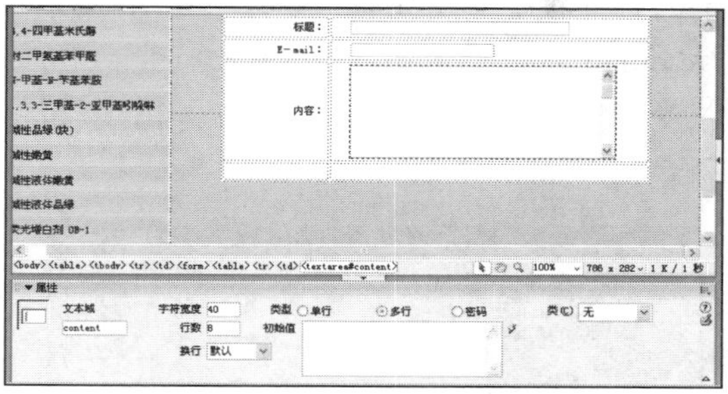

图 10-65　插入文本区域

**STEP 11**　将光标置于第 6 行第 2 列单元格中，选择菜单中的"插入记录"→"表单"→"按钮"命令，插入按钮，在"属性"面板中的"值"文本框中输入"提交"，将"动作"设置为"提交表单"，如图 10-66 所示。

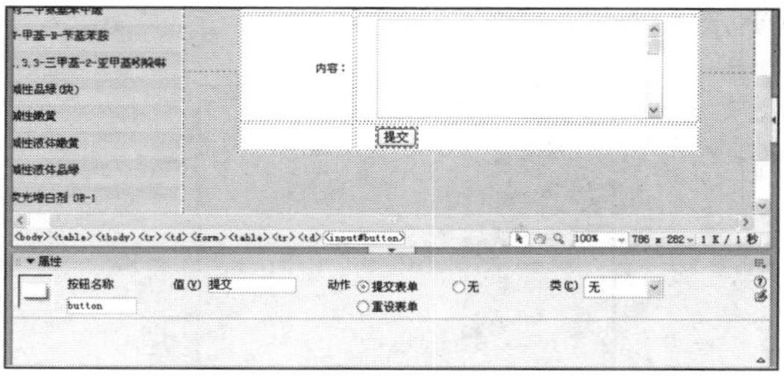

图 10-66　插入"提交"按钮

**STEP 12**　将光标置于按钮的后面，再插入一个按钮，在"属性"面板中的"值"文本框中输入"重置"，将"动作"设置为"重置表单"，如图 10-67 所示。

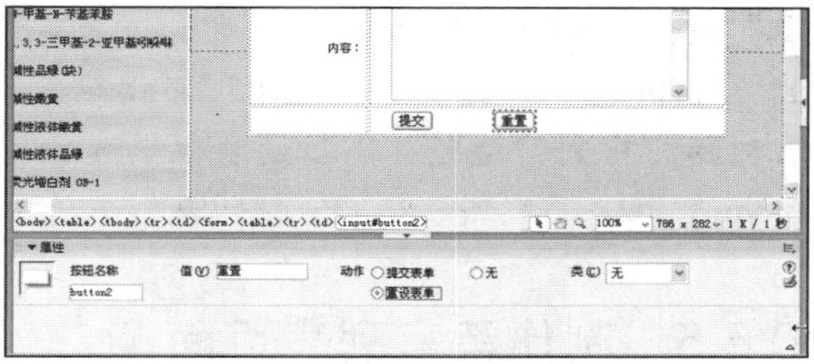

图 10-67　插入"重置"按钮

**STEP 13**　选中表单，选择菜单中的"窗口"→"行为"命令，打开"行为"面板，

197

在面板中单击 ✚ 按钮，在弹出的菜单中选择"检查表单"命令，弹出"检查表单"对话框，在对话框中将文本域 author、subject 和 content 的"值"设置为"必需的"，"可接受"设置为"任何东西"，文本域 email 的"值"设置为"必需的"，"可接受"设置为"电子邮件地址"，如图 10-68所示。

图 10-68　"检查表单"对话框

**STEP 14**　单击"确定"按钮，添加行为，将事件设置为 onSubmit，如图 10-69所示。

图 10-69　添加行为

**STEP 15**　单击"服务器行为"面板中的 ✚ 按钮，在弹出的菜单中选择"插入记录"命令，如图 10-70 所示。

**STEP 16**　弹出"插入记录"对话框，在对话框中的"连接"下拉列表框中选择 liuyan，在"插入到表格"下拉列表框中选

择 liuyan，在"插入后，转到"文本框中输入 index.asp，在"获取值自"下拉列表框中选择 form1，如图 10-71 所示。

图 10-70　选择"插入记录"命令

图 10-71　"插入记录"对话框

**STEP 17**　单击"确定"按钮，创建"插入记录"服务器行为，如图 10-72 所示。

图 10-72　插入服务器行为

## 10.6.5　制作留言列表页面

留言列表页面效果如图 10-73 所示，技术要点是创建记录集，绑定字段，创建"重复区域"、"记录集分页"和"显示区域"服务器行为。

图 10-73　显示留言页面

**STEP 1**　打开网页文档 index.htm，将其另存为 index.asp，如图 10-74 所示。

图 10-74　另存为网页

**STEP 2**　将光标置于相应的位置，插入一个 4 行 1 列的表格，在"属性"面板中将"填充"设置为 2，"对齐"设置为"居中对齐"，"背景颜色"设置为#FFFFFF，如图 10-75 所示。

图 10-75　插入表格

**STEP 3**　将光标置于第 1 行单元格中，输入相应的文字，如图 10-76 所示。

图 10-76　输入文字

**STEP 4**　打开"绑定"面板，单击面板中的 + 按钮，在弹出的菜单中选择"记录集（查询）"命令，弹出"记录集"对话框，在对话框中的"名称"文本框中输入 Recordset1，在"连接"下拉列表框中选择 liuyan，在"表格"下拉列表框中选择 liuyan，在"列"选项组中选中"全部"单选按钮，在"排序"下拉列表框中选择 time 和"降序"，如图 10-77 所示。

**STEP 5**　单击"确定"按钮，创建记录集，如图 10-78 所示。

图 10-77 "记录集"对话框

图 10-78 创建记录集

> **提 示**
>
> 如果希望它能够以留言的时间来排序，最新的留言出现在最上面，那么在"排序"下拉列表框中选择 time，这是数据表中记录留言时间的字段，在右边的下拉列表框中选择"降序"。

**STEP** 6 将光标置于文字"发表者:"的后面，在"绑定"面板中选择 author 字段，单击右下角的"插入"按钮，绑定字段，如图 10-79 所示。

图 10-79 绑定字段

**STEP** 7 按照 **STEP** 6 的方法，分别将 E-mail、subject、content 和 time 字段绑定到相应的位置，如图 10-80 所示。

图 10-80 绑定字段

**STEP** 8 选中 {Recordset1.email}，在"属性"面板中的"链接"文本框中输入"Mailto:#"，进行链接，如图 10-81 所示。

图 10-81 设置链接

> **提 示**
>
> E-mail 链接必须在 E-mail 前面加上"Mailto:"，而数据库中的 E-mail 字段没有这几个字，所以必须加上去。

**STEP** 9 选中表格，单击"服务器行为"面板中的 ➕ 按钮，在弹出的菜单中选择"重复区域"命令，弹出"重复区域"对话框，在对话框中的"记录集"下拉列表框中选择 Recordset1，将"显示"设置为"5 记录"，如图 10-82 所示。

图 10-82 "重复区域"对话框

**STEP 10**　单击"确定"按钮，创建"重复区域"服务器行为，如图 10-83 所示。

图 10-83　创建服务器行为

**STEP 11**　将光标置于表格的右边，选择菜单中的"插入记录"→"表格"命令，插入一个 1 行 1 列的表格，在"属性"面板中将"填充"设置为 5，"对齐"设置为"右对齐"，如图 10-84 所示。

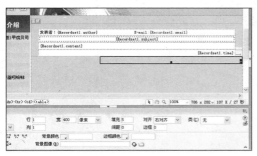

图 10-84　插入表格

**STEP 12**　将光标置于表格中，输入文字，如图 10-85 所示。

图 10-85　输入文字

**STEP 13**　选中文字"首页"，单击"服务器行为"面板中的 + 按钮，在弹出的菜单中选择"记录集分页"→"移至第一条

记录"命令，弹出"移至第一条记录"对话框，在对话框中的"记录集"下拉列表框中选择 Recordset1，如图 10-86 所示。

图 10-86　"移至第一条记录"对话框

**STEP 14**　单击"确定"按钮，创建"移至第一条记录"服务器行为，如图 10-87 所示。

图 10-87　创建服务器行为

**STEP 15**　按照 **STEP 13** ~ **STEP 14** 的方法，分别为文字"上一页"、"下一页"和"尾页"创建"移至前一条记录"、"移至下一条记录"和"移至最后一条记录"服务器行为，如图 10-88 所示。

图 10-88　创建服务器行为

**STEP 16**　选中文字"首页"，单击"服务器行为"面板中的 + 按钮，在弹出的菜单中选择"显示区域"→"如果不是第一条记

录则显示区域"命令，弹出"如果不是第一条记录则显示区域"对话框，在对话框中的"记录集"下拉列表框中选择 Recordset1，如图 10-89 所示。

图 10-89　"如果不是第一条记录则显示区域"对话框

**STEP 17**　单击"确定"按钮，创建"如果不是第一条记录则显示区域"服务器行为，如图 10-90 所示。

**STEP 18**　按照 **STEP 16** ~ **STEP 17** 的方法，分别为文字"上一页"、"下一页"和"尾页"创建"如果为最后一条记录则显示区域"、"如果为第一条记录则显示区域"和"如果不是最后一条记录则显示区域"服务器行为，如图 10-91 所示。

图 10-90　创建服务器行为

图 10-91　创建服务器行为

##  10.7　高手支招

### 1. 创建数据库连接一定要在服务器端设置 DSN 吗

创建数据库连接有两种方法，一种是通过 DSN 建立连接，另一种是不用 DSN 建立连接，而是通过 DSN 连接数据库，需要服务器的系统管理员在服务器的"控制面板"中的 ODBC 中设置一个 DSN，如果没有在服务器上设置 DSN，只需要知道数据库或者数据源名就可以访问数据库，直接提供连接所需的参数即可，连接代码如下。

```
set conn=server.createobject("adodb.connection")
connpath="dbq="&server.mappath("db1.mdb")
conn.open "driver={microsoft access driver (.mdb)};"&connpath
set rs=conn.execute("select  from authors")
```

### 2. 如何编辑服务器行为

不仅可以使用 Dreamweaver 提供的服务器行为，而且可以根据需要对其进行编辑。

**STEP 1**　在"服务器行为"面板中单击 ⊞ 按钮，在弹出的菜单中选择"编辑服务器行为"命令，如图 10-92 所示。

**STEP 2**　弹出"编辑服务器行为"对话框，在对话框中的"文档类型"下拉列表框中选择要编辑的服务器行为的服务器模式，在"服务器行为"列表框中选择要编辑的服务器行为，如图 10-93 所示。

图 10-92　选择"编辑服务器行为"命令

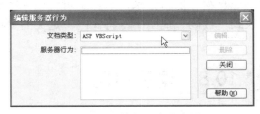

图 10-93　编辑服务器行为

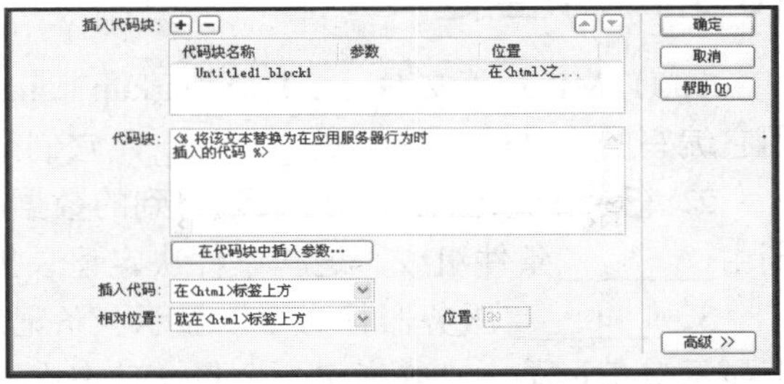

**STEP 3**　单击"编辑"按钮，弹出"服务器行为创建器"对话框，在对话框中可以编辑服务器行为的源代码，如图 10-94 所示。

图 10-94　"服务器行为创建器"对话框

### 3. 如何设置数据源的数据格式

只要数据绑定在页面上，就可以设置数据源的数据格式，具体操作步骤如下。

**STEP 1**　由于只有插入到页面上的字段变量才可以进行数据源的数据格式设置，因此需要插入字段变量。

**STEP 2**　在文档窗口中选中要改变数据源格式的字段变量，然后单击右面的按钮，弹出如图 10-95 所示的菜单。

**STEP 3**　从中选择适当的命令即可完成对菜单中数据格式的设置。

图 10-95　数据源的数据格式菜单

### 4. 如何在网页中使用包含文件

在网页中使用包含文件很简单，可以选择菜单中的"插入"→"服务器端包括"命令，弹出"选择文件"对话框，如图 10-96 所示，在对话框中选择包含文件，单击"确定"按钮，即可插入包含文件。

也可以切换到"代码"视图中，在相应的位置输入包含文件的代码。

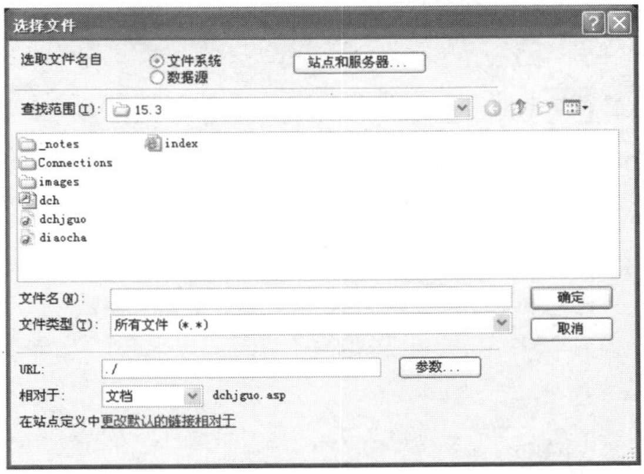

### 5. 在服务器行为中将"插入记录"行为删除了，为什么重做"插入记录"后，运行时还会提示变量重复定义

虽然已经在服务器行为中将"插入记录"行为删除了，但在 Dreamweaver 中的"代码"视图中，定义的原有变量并未删除。

图 10-96　"选择文件"对话框

所以在重新"插入记录"后，变量会出现重复定义的情况。将"插入记录"行为删除后，切换到"代码"视图中，将代码中定义的变量删除。

## 10.8　课后习题

### 10.8.1　填空题

1．HTML 是英文 Hyper Text Markup Language 的缩写，中文意思是"超文本标记语言"，用它编写的文件的扩展名是＿＿＿＿＿＿＿，它们是可供浏览器解释浏览的文件格式。

2．记录集是通过数据库查询得到的数据库中记录的子集。记录集由查询来定义，查询则由＿＿＿＿＿＿＿条件组成，这些条件决定记录集中应该包含的内容。

3．＿＿＿＿＿＿＿服务器行为可以显示一条记录，也可以显示多条记录。如果要在一个页面上显示多条记录，必须指定一个包含动态内容的选择区域作为＿＿＿＿＿＿＿。

4．一旦建立了一个数据库的 ODBC 连接，那么同该数据库的连接信息将被保存在＿＿＿＿＿＿＿中，程序的运行必须通过＿＿＿＿＿＿＿来进行。

### 10.8.2　操作题

利用本课所学知识制作一个留言系统。

# 第 11 课　Flash CS3 绘制图形基础

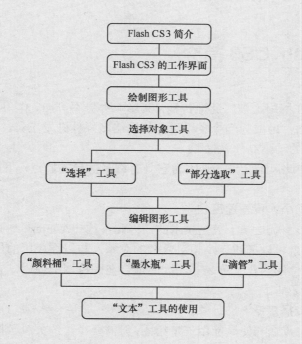

### 课前导读

Flash 是一款非常优秀的动画制作软件，利用它可以制作出丰富多彩的动画和创建网页交互程序。Flash 可以将音乐、声效、动画以及富有新意的界面融合在一起，以制作出高品质的动画。Flash 动画节省了文件的大小，提高了网络传送的速度，大大增强了网站的视觉冲击力，吸引了越来越多的浏览者访问网站。

### 重点与难点

- ☐ 掌握 Flash CS3 的工作界面。
- ☐ 掌握绘制图形工具的使用。
- ☐ 掌握"选择"工具的使用。
- ☐ 掌握编辑图形工具的使用。
- ☐ 掌握"文本"工具的基本使用。

 ## 11.1　Flash CS3 简介

如今 Flash 动画在网络上被广泛地传播，其影响力势不可挡。作为 Flash 动画的创作工具，Flash CS3 自然而然地成为当今炙手可热的网络多媒体开发工具。Flash CS3 是 Adobe 公司出品的最新版本的动画制作软件。

Flash 之所以能如此风靡全球，是因为它具有许多优异的特点，下面以其中最重要的 5 个特点进行讲述。

#### 1. 文件占用空间小，传输速度快

Flash 动画的图形系统是基于矢量技术的，因此下载一个 Flash 动画文件很快。矢量技术只需存储少量数据就可以描述一个相对复杂的对象，与以往采用的位图相比数据量大大下降了，矢量图只有位图的几千分之一，因此适合在因特网中使用，它有效地解决了多媒体与大数据量之间的矛盾。

#### 2. 矢量绘图、传播广泛

Flash 最重要的特点之一便是能用矢量绘图，只需要少量的矢量数据就可以很好地描述一个复杂的对象；其次，由于位图图像是由像素组成的，所以其体积非常大。而矢量图像仅由线条和线条所封闭的填充区域组成，体积非常小。此外，Flash 动画采用"流式"播放技术，在观看动画时可以不必等到动画文件全部下载到本地后才能观看，而可以边观看边下载，从而减少了等待时间。

#### 3. 动画的输出格式

Flash 是一款优秀的图形动画文件的格式转换工具，它可以将动画以 GIF、QuickTime 和 AVI 的文件格式输出，也可以以帧的形式将动画插入到 Director 中去。

#### 4. 强大的交互功能

在 Flash 中，高级交互事件的行为控制使 Flash 动画的播放更加精确并容易控制。可以在动画中加入滚动条、复选框、下拉菜单和拖动物体等各种交互组件。Flash 动画甚至可以

与 Java 或其他类型的程序融合在一起，在不同的操作平台和浏览器中播放。Flash 还支持表单交互，使得包含 Flash 动画表单的网页可应用于流行的电子商务领域。

### 5．可扩展性

通过第三方开发的 Flash 插件程序，可以方便地实现一些以往需要非常繁琐的操作才能实现的动态效果，大大提高了 Flash 影片制作的工作效率。

 ## 11.2　Flash CS3 的工作界面

Flash CS3 的工作界面继承了以前版本的风格，而且界面更加美观，使用更加方便快捷了。新增的用户界面组件，使用新的、轻量的、可轻松设置外观的界面组件为 ActionScript 3.0 创建交互式内容。使用绘图工具以可视方式修改组件的外观，而不需要编码。

Flash CS3 的主界面如图 11-1 所示。这个界面操作起来比以前更为方便，简化了编辑过程，为用户提供了更大的自由发挥的空间，增强了 Flash CS3 的实用性和可操作性。

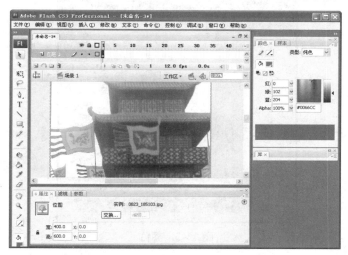

图 11-1　Flash CS3 的工作界面

### 11.2.1　菜单栏

菜单栏几乎提供了 Flash CS3 中所有的命令。可以根据不同的功能类型，在相应的菜单下找到需要的功能选项。

菜单栏是 Flash CS3 界面的重要组成部分，包括"文件"、"编辑"、"视图"、"插入"、"修改"、"文本"、"命令"、"控制"、"调试"、"窗口"和"帮助"11 个菜单，如图 11-2 所示。

| 文件(F)　编辑(E)　视图(V)　插入(I)　修改(M)　文本(T)　命令(C)　控制(O)　调试(D)　窗口(W)　帮助(H) |
| --- |

图 11-2　菜单栏

- "文件"：用于文件操作，如创建、打开和保存文件等。
- "编辑"：用于动画内容的编辑操作，如复制、剪切和粘贴等。
- "视图"：用于对开发环境进行外观和版式设置，包括放大、缩小、显示网格及辅助线等。

- "插入"：用于插入对象的操作，如插入元件、场景、图层和帧等。
- "修改"：用于修改动画中的对象、场景甚至动画本身的特性。
- "文本"：用于对文本的属性进行设置。
- "命令"：用于对命令进行管理。
- "控制"：用于对动画进行播放、控制和测试。
- "调试"：用于对初步完成的动画进行调试。
- "窗口"：用于打开、关闭、组织和切换各种窗口面板。
- "帮助"：用于快速获得帮助信息。

### 11.2.2　舞台

通常，在 Flash 动画中，为了设计的需要，也可以更换不同的场景，每个场景都有不同的名称。可以在整个场景内绘制和编辑图形，但是最终动画仅显示场景中白色区域中的内容，这个区域称为舞台，如图 11-3 所示。

图 11-3　舞台

### 11.2.3　工具箱

Flash CS3 具有功能强大的工具箱。在默认状态下工具箱位于左侧，可通过拖动将它放在桌面上的任何位置。通过工具箱上一系列按钮，可以完成对象选择、图形绘制、文本输入与编辑、对象控制与操作等工作。Flash CS3 的工具箱如图 11-4 所示。

- "选择"工具：用于进行选定对象、拖动对象等操作。
- "部分选取"工具：可以选取对象的部分区域。
- "任意变形"工具：对选取的对象进行变形。
- "套索"工具：用于选择一个不规则的图形区域，还可以处理位图图形。
- "钢笔"工具：可以使用此工具绘制曲线。
- "文本"工具：用于在舞台上添加文本，或编辑现有的文本。
- "线条"工具：使用此工具可以绘制各种形式的线条。
- "矩形"工具：用于绘制矩形，也可以绘制正方形。

- ⊙ "铅笔"工具🖉：用于绘制折线、直线等。
- ⊙ "刷子"工具🖌：用于绘制填充图形。
- ⊙ "墨水瓶"工具🖏：用于编辑线条的属性。
- ⊙ "颜料桶"工具🖴：用于编辑填充区域的颜色。
- ⊙ "滴管"工具🖊：用于将图形的填充颜色或线条属性复制到

别的图形线条上，还可以采集位图作为填充内容。
- ⊙ "橡皮擦"工具🖋：用于擦除舞台上的内容。
- ⊙ "手形"工具✋：当舞台上的内容较多时，可以用该工具平

移舞台以及各个部分的内容。
- ⊙ "缩放"工具🔍：用于缩放舞台中的图形。
- ⊙ "笔触颜色"工具🖉▋：用于设置线条的颜色。
- ⊙ "填充颜色"工具🖴▋：用于设置图形的填充区域。

图 11-4　工具箱

## 11.2.4　时间轴

"时间轴"面板由显示影片播放状况的帧和图层组成。"时间轴"面板主要用于组织动画中各帧的内容，并可以控制动画每帧的显示内容，还可以显示动画播放的速率等信息。影片中的图层位于"时间轴"面板的左边，动画播放头在"时间轴"面板的上方，它显示场景中的当前帧。帧频的单位是"帧/秒（fps）"，其默认值是 12 帧/秒，如图 11-5 所示。

图 11-5　"时间轴"面板

## 11.2.5　"属性"面板

"属性"面板又叫"属性"检查器。如果"属性"检查器没有打开，可以选择菜单中的"窗口"→"属性"→"属性"命令。使用"属性"面板可以很容易地访问舞台或"时间轴"面板上当前选定项的最常用属性，从而简化了文档的创建过程。"属性"面板如图 11-6 所示。

图 11-6　"属性"面板

## 11.2.6　面板组

使用其他面板可以帮助用户预览、组织和改变文档中的元素。例如，使用"影片浏览器"面板可以了解影片的层次结构，使用"对齐"面板可以设置文档中元素的对齐方式，使用"变形"面板可以将所选对象变形，使用"场景"面板可以管理场景等。面板的位置不是固定的，可以随意泊靠、移动、折叠或展开面板，或将多个面板组合在一起。这非常有利于管理和使用众多的面板。面板组如图 11-7 所示。

图 11-7　面板组

 ## 11.3　绘制图形工具

　　Flash 是制作动画的工具，制作动画首先要绘制图形，这需要用到 Flash 提供的绘图工具。

### 11.3.1　"线条"工具

　　利用"线条"工具 ╲ 可以绘制最基本的直线。可以在"属性"面板中设置线条的样式、宽度和颜色，然后在场景中单击并拖动鼠标绘制直线。

　　在工具箱中选择"线条"工具 ╲，打开"属性"面板，在"属性"面板中可设置线条的属性，如图 11-8 所示。

图 11-8　"线条"工具的"属性"面板

　　在"线条"工具的"属性"面板中单击"自定义"按钮，弹出"笔触样式"对话框，如图 11-9 所示。

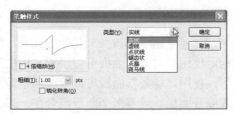

图 11-9　"笔触样式"对话框

在"笔触样式"对话框中可以设置以下参数。

○ "类型"：在其下拉列表框中选择笔触的类型，包括"实线"、"虚线"、"点状线"、"锯齿状"、"点描"和"斑马线"6 个选项。

○ "4 倍缩放"：选中此复选框，可以将自定义笔触样式以 4 倍的大小显示。

○ "粗细"：在其下拉列表框中输入数值来设置线形粗细。

○ "锐化转角"：用于设置在画出锐角笔触的地方，不使用预设的圆角呈现，而改用尖角。

使用"线条"工具 ＼ 的具体操作步骤如下。

STEP 1　在工具箱中选择"线条"工具 ＼，在"属性"面板中出现属性设置选项，如图 11-10 所示。

STEP 2　设置完属性后，将光标移动到图像上，按住鼠标左键在图像上进行拖动，即可绘制线条，如图 11-11 所示。

图 11-10　"属性"面板

图 11-11　绘制线条

## 11.3.2　"椭圆"工具

使用"椭圆"工具 ◯ 可以绘制圆和椭圆，直接拖动绘制椭圆，按下 Alt 键可以从中心进行绘制，而按下 Shift 键可画出圆。当"椭圆"工具 ◯ 的选项"贴紧至对象"被选中后，在绘制圆的时候留意鼠标指针上的小圆提示，如果它变大，松手后所绘制的就是一个标准的圆。

在绘制椭圆时，可以使用"颜色"面板来设置笔触颜色和填充颜色。如果希望椭圆只有轮廓，没有填充，就需要在"属性"面板单击"填充颜色"右边的颜色框的下拉按钮，在弹出的调色板中单击 ☑ 按钮。图 11-12 所示是"椭圆"工具的"属性"面板。

图 11-12　"椭圆"工具的"属性"面板

在面板中可以设置椭圆的"笔触"和"填充"颜色、"起始角度"、"结束角度"、"内径"、"笔触高度"、"笔触样式"、"自定义笔触样式"等相关属性。

下面通过一个小实例来讲述"椭圆"工具 ◯ 和"矩形"工具 ▢ 的使用方法，效果如图 11-13 所示，具体操作步骤如下。

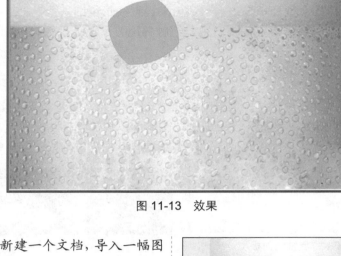

图 11-13　效果

**STEP 1**　新建一个文档，导入一幅图像，在图层 1 的第 35 帧按 F5 键插入普通帧，如图 11-14 所示。

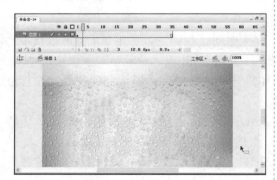

图 11-14　导入图像

**STEP 2**　在工具箱中选择"椭圆"工具○，在"属性"面板中设置各项参数，如图 11-15 所示。

图 11-15　"属性"面板

**STEP 3**　设置完毕后，在时间轴上新建一个图层，在图像上绘制一个椭圆，如图 11-16 所示。

图 11-16　绘制椭圆

**STEP 4**　在图层 2 的第 35 帧处按 F6帧插入关键帧，将椭圆删除，在舞台的另一端绘制矩形，如图 11-17 所示。

图 11-17　绘制矩形

**STEP 5**　在第 1～35 帧之间单击，在"属性"面板中的"补间"下拉列表框中选择"形状"选项，如图 11-18 所示。

图 11-18　"属性"面板

**STEP ⑥**　在第 1～35 帧之间创建形状补间动画，如图 11-19 所示。

**STEP ⑦**　选择菜单中的"测试"→"测试影片"命令，测试影片，效果如图 11-13 所示。

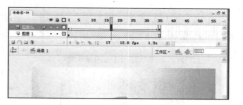

图 11-19　创建形状补间动画

## 11.3.3　"多角星形"工具

使用"多角星形"工具 ◯ 可以绘制出三角形和边数不超过 32 的多边形或星形。"多角星形"工具 ◯ 的用法与"矩形"工具基本一样，所不同的是在"属性"面板中多了一个多边形的附属工具设置按钮，如图 11-20 所示。

图 11-20　"多角星形"工具的"属性"面板

可以在多边形的"属性"面板中设置不同的颜色、"边框粗细"、"边框线型"和"填充颜色"等。单击"属性"面板中的"选项"按钮，弹出"工具设置"对话框，如图 11-22 所示。在对话框中可以自定义多边形的各种属性。

在"工具设置"对话框中主要有以下参数。

◯ "样式"：在下拉列表框中可以选择多边形或星形。

◯ "边数"：设置多边形的边数，其选取范围为 3～32。

◯ "星形顶点大小"：输入 0～1 之间的数字以指定星形顶点的深度。此数字越接近 0，创建的顶点就越深。

绘制多边形的具体操作步骤如下。

**STEP ①**　在工具箱中选择"多角星形"工具 ◯，在"属性"面板中进行相应的设置，如图 11-21 所示。

图 11-21　"属性"面板

**STEP ②**　单击"选项"按钮，弹出"工具设置"对话框，如图 11-22 所示。

图 11-22　"工具设置"对话框

**STEP ③**　在对话框中设置要绘制多边形的变形和星形定点大小，设置完毕，按住鼠标左键在舞台上进行拖动以绘制一个多边形，如图 11-23 所示。

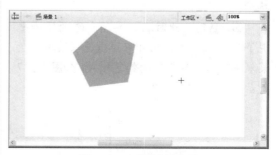

图 11-23　绘制多边形

**STEP ④**　如果要绘制星形，可以通过单击"属性"面板中的"选项"按钮,在弹出的"工具设置"对话框中将"样式"设置为"星形",如图 11-24 所示。

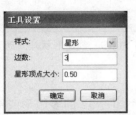

图 11-24 "工具设置"对话框

**STEP 5** 设置完毕,在图像上按住鼠标

左键在图像上进行拖动以绘制一个星形,如图 11-25 所示。

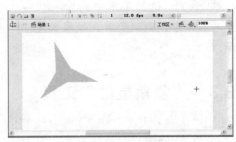

图 11-25 绘制星形

## 11.3.4 "铅笔"工具

"铅笔"工具✎是最基本的绘制工具,可以用来随意绘制线条或轮廓,比现实中的铅笔更加灵活好用。此工具除了简单的绘制功能以外,还可以自动修正一些粗糙的图形,使其更加平滑。另外,它还可以识别一些简单的形状,转换草图为标准的几何形状。

选择"铅笔"工具✎,在工具箱的下面会出现"铅笔模式"附属工具选项,通过它可以选择 Flash 修改所绘笔触的模式,有 3 种模式可供选择,分别是"直线化"、"平滑"和"墨水",如图 11-26 所示。

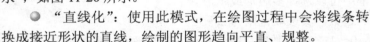

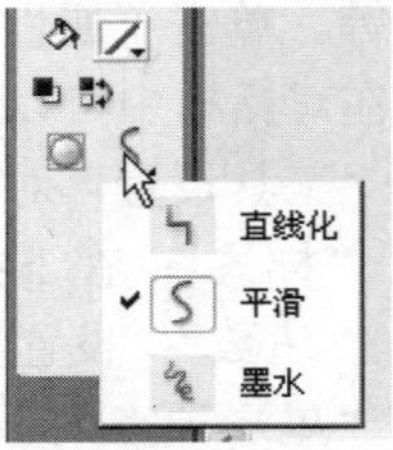

● "直线化":使用此模式,在绘图过程中会将线条转换成接近形状的直线,绘制的图形趋向平直、规整。

● "平滑":适用于绘制平滑图形,在绘制过程中会自动将所绘图形的棱角去掉,将图形棱角转换成接近形状的平滑曲线,使绘制的图形趋于平滑、流畅。

图 11-26 附属工具

● "墨水":可随意地绘制各类线条,这种模式不对笔触进行任何修改。

使用"铅笔"工具✎的具体操作步骤如下。

**STEP 1** 在工具箱中选择"铅笔"工具✎。

**STEP 2** 此时在工具箱中选项区域出现了↰按钮,单击它即可弹出选项菜单,在菜单中可以选择不同的铅笔模式,如图 11-27 所示。

图 11-27 选项菜单

**STEP 3** 在工具箱中的"选项"区域选择铅笔模式后,将光标移动到舞台上,按住鼠标左键进行拖动,即可使用"铅笔"工具在舞台上进行绘制,如图 11-28 是使用"铅笔"工具的各种模式绘制的图像。

图 11-28 使用"铅笔"工具的各种模式绘制的图像

## 11.3.5 "刷子"工具

使用"刷子"工具 能绘制出刷子般的笔触，就好像在涂色一样。可以在"刷子"工具 的选项列表中选择刷子的大小和形状，如图 11-29 所示。

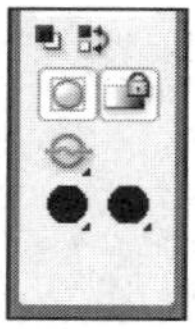

"刷子"工具 绘制出的是填充区域，它不具有边线，其封闭的线条可以使用"颜料桶"工具着色，可以通过工具箱中的"填充颜色"来改变刷子的颜色。

在改变刷子颜色时，不仅可以在"填充颜色"中改变，还可以在"属性"面板中改变刷子的颜色。选中"刷子"工具，在"属性"面板中将显示与刷子有关的属性，如图 11-30 所示。

图 11-29 刷子选项

使用"刷子"工具 绘制的是填充图形，纯色、渐变色或位图都可以作为填充。在"刷子"工具的模式中，可以选择在对象的前面或后面着色，可以对选定的填充区域或选择区域着色。"刷子"工具的模式有 5 种，分别为"标准绘画"、"颜料填充"、"后面绘画"、"颜料选择"和"内部绘画"，如图 11-31 所示。

图 11-30 "刷子"工具的"属性"面板

图 11-31 "刷子"工具的模式

使用"刷子"工具的具体操作步骤如下。

**STEP 1** 在工具箱中选择"刷子"工具 。

**STEP 2** 在"属性"面板中设置要填充的颜色，如图 11-32 所示。

图 11-32 "属性"面板

**STEP 3** 在"属性"面板中设置填充颜色后，在工具箱中的"选项"区域中设置刷子的模式，如图 11-33 所示。

图 11-33 刷子模式

**STEP 4** 在刷子的选项区域中也可以设置刷子的形状大小，如图 11-34 和图 11-35 所示。

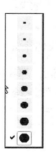

图 11-34 刷子的大小　图 11-35 刷子的形状

**STEP 5** 设置完毕后，将光标移动到舞台上，按住鼠标左键进行拖动，即可绘制图形。图 11-36 是利用"刷子"工具绘制的圣诞老人。

图 11-36　圣诞老人

### 11.3.6　"钢笔"工具

"钢笔"工具 用于徒手绘制路径，可以创建直线或曲线段，它是比较灵活的形状创建工具。

在工具箱中选择"钢笔"工具 ，这时鼠标指针在工作区中将变为一个钢笔形状。选择"钢笔"工具后，其"属性"面板如图 11-37 所示。

图 11-37　"钢笔"工具的"属性"面板

使用"属性"面板可以设置线条的颜色、宽度和笔触样式等内容。设置好"钢笔"工具 的笔触颜色、宽度和笔触样式等参数后，即可在舞台中绘制相应的线条。

**1. 绘制直线**

使用"钢笔"工具 绘制直线，需要先创建锚记点，也就是线条上确定每条线段长度的起点。

绘制直线的具体操作步骤如下。

**STEP 1**　在工具箱中选择"钢笔"工具 ，在舞台上单击鼠标左键，绘制一个线条的起点，如图 11-38 所示。

**STEP 2**　选择一个点作为直线的终点，单击鼠标左键即可完成直线的绘制，如图 11-39 所示。

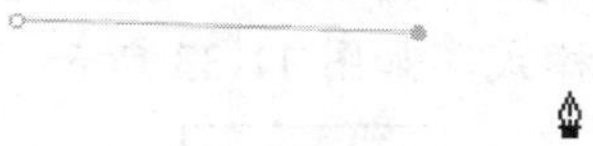

图 11-38　绘制一个线条的起点

图 11-39　直线的绘制

**2. 绘制曲线**

使用"钢笔"工具不仅能绘制曲线，还能比较精确地调整曲线。绘制曲线的具体操作步骤如下。

**STEP 1**　在工具箱中选择"钢笔"工具 。

**STEP 2**　在工作区域中要绘制曲线的地方，单击鼠标左键确定曲线的起点。

**STEP 3**　将光标移至另一个位置，按住鼠标左键不放向任意方向拖动鼠标即可绘制曲线，同时出现两个调节柄，如图 11-40 所示。

图 11-40　绘制曲线

**STEP 4**　将"钢笔"工具移动到曲线的起点位置，单击鼠标左键即可绘制封闭的图形，如图 11-41 所示。

图 11-41　绘制曲线

## 11.4　选择对象工具

在 Flash 中，在编辑图像的时候，需要先选择对象，在 Flash 中选择对象的工具包括"选择"工具、"部分选取"工具等。

### 11.4.1　"选择"工具

"选择"工具 用来抓取、选择、移动和改变形状，它是使用频率最多的工具。

选择"选择"工具 后，在工具箱的下面会出现 3 个附属工具选项，如图 11-42 所示。

● "贴紧至对象"：选择此选项，绘图、移动、旋转以及调整的对象将自动对齐。

● "平滑"：此功能用于平滑选中的线条以便消除线条中的一些多余棱角。

图 11-42　"选择"工具的附属工具

● "伸直"：此功能用于平滑选中的线条以便消除线条中的一些多余弧度。

Flash 提供了多种选取方法，选取对象主要使用工具箱中的"选择"工具 和"套索"工具 。选取线条和选取组、实例和字体的效果是不同的。使用"选择"工具选择单个对象的具体操作步骤如下。

> **提　示**
>
> 平滑和伸直工具只适用于形状对象，而对组合、文本、实例和位图不起作用。

**STEP 1**　单击工具箱中的"选择"工具 。

**STEP 2**　将光标移动到要选择的对象上，单击鼠标左键即可选中对象。

使用"选择"工具选择多个对象的具体操作步骤如下。

**STEP 1** 单击工具箱中的"选择"工具 。

**STEP 2** 将光标移动到要选择的对象

上，单击鼠标选择一个对象，同时按住 Shift 键移动到其他对象上单击鼠标，即可选中多个对象。

### 11.4.2 "部分选取"工具

"部分选取"工具 是用来移动和编辑路径上的锚点或控制柄的。使用"部分选取"工具 的具体操作步骤如下。

**STEP 1** 在工具箱中选择"部分选取"工具 。

**STEP 2** 在舞台上单击形状对象的边线，即可显示形状的路径，如图 11-43 所示。

图 11-43 显示形状的路径

**STEP 3** 选择其中一个节点，此时被选择的点变成空心小圆点，按 Del 键即可删除这个节点，如图 11-44 所示。

图 11-44 删除节点

**STEP 4** 用鼠标拖曳某节点，可以将选中的节点移动到新的位置，如图 11-45 所示。

图 11-45 移动节点

**STEP 5** 选中其中一个节点，用鼠标拖曳手柄，调整其控制线的弯曲度，如图 11-46 所示。

图 11-46 调整控制线的弯曲度

 ## 11.5 编辑图形工具

如果对绘制的对象不满意，可以在 Flash 中对其进行编辑，在 Flash 中用于编辑图形的工具包含"颜料桶"工具 、"墨水瓶"工具 、"滴管"工具 等。

### 11.5.1 "颜料桶"工具

"颜料桶"工具 用于将颜色、渐变、位图填充到封闭的区域中。它常常和"滴管"

工具一起使用。"颜料桶"工具🖌具有 3 种填充模式：单色填充、渐变填充和位图填充。通过选择不同的填充模式，可以用颜料桶制作出不同的视觉效果。

选择工具箱中的"颜料桶"工具🖌，在选项区中出现◉按钮，单击右下角的小三角按钮，在弹出的菜单中有 4 种填充模式可以选择，如图 11-47 所示。

使用"颜料桶"工具的附属工具可以对工作区内封闭或接近于封闭的图形区域填充颜色。

◉ "不封闭空隙"：只有在完全封闭的区域颜色才能被填充。

◉ "封闭小空隙"：当边线上存在小空隙时，允许被填充颜色。

◉ "封闭中等空隙"：当边线存在中等空隙时，允许填充颜色。

图 11-47　"颜料桶"工具的
附属工具

◉ "封闭大空隙"：当边线存在大空隙时，允许填充颜色。

## 11.5.2　"墨水瓶"工具

"墨水瓶"工具🖋用于创建形状边缘的轮廓，并可设定轮廓的颜色、宽度和样式，此工具仅影响形状对象。

要添加轮廓设置，可先在"铅笔"工具中设置笔触属性，再使用"墨水瓶"工具。

"墨水瓶"工具的属性设置和"线条"工具的属性设置基本相似，如图 11-48 所示，在"属性"面板中可以设置"笔触颜色"、"笔触高度"和"样式"等相关参数。

图 11-48　"墨水瓶"工具的"属性"面板

"墨水瓶"工具可以为图像添加或改变边框线，效果如图 11-49 所示。使用"墨水瓶"工具为文字填充边线的具体操作步骤如下。

图 11-49　"墨水瓶"工具的使用效果

**STEP 1** 新建一个空白文档，导入一幅图像 008.jpg，如图 11-50 所示。

图 11-50　导入图像

**STEP 2** 新建一个图层，使用工具箱中的"文本"工具在图像上输入文字，如图 11-51 所示。

图 11-51　输入文字

**STEP 3** 选中文字，两次选择菜单中的"修改"→"分离"命令，将文字分离为形状，如图 11-52 所示。

图 11-52　分离文字

**STEP 4** 在工具箱中选择"墨水瓶"工具，在"属性"面板中设置笔触大小和笔触颜色，如图 11-53 所示。

图 11-53　设置笔触大小和笔触颜色

**STEP 5** 设置完毕后，将光标移动到文字的边缘，按住鼠标进行单击，即可填充，效果如图 11-54 所示。

图 11-54　填充边缘

**STEP 6** 使用工具箱中的"选择"工具，选中文字的填充区域，按 Del 键将其删除。选择菜单中的"测试"→"测试影片"命令，测试影片，效果如图 11-49 所示。

## 11.5.3　"滴管"工具

"滴管"工具是关于颜色的工具，应用"滴管"工具可以获取需要的颜色，另外还可以对位图进行属性采样。

"滴管"工具在获得线条颜色的信息时，右下角会出现铅笔的形状，在对象上单击鼠标时，"滴管"工具自动转变为"墨水瓶"工具。

"滴管"工具在获得填充颜色的信息时，右下角会出现刷子的形状，在对象上单击鼠标时，"滴管"工具自动转变为"颜料桶"工具。

下面讲述"滴管"工具的使用，效果如图 11-55 所示，具体操作步骤如下。

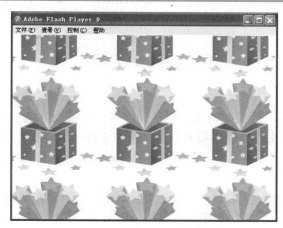

图 11-55　"滴管"工具的使用效果

STEP ① 　新建一个空白文档，导入相应的图像，如图 11-56 所示。

图 11-56　导入图像

STEP ② 　选中导入的图像，按 Ctrl+B 组合键分离图像，选择工具箱中的"滴管"工具 ，将光标移动到图像的上方，"滴管"工具的下方出现一个刷子，如图 11-57 所示。

图 11-57　采样填充元素

STEP ③ 　在图像上单击采样填充元素后，"滴管"工具将自动转换为"颜料桶"工具，选中分离的图像，将其删除。

STEP ④ 　选中工具箱中的"矩形"工具，在文档中绘制一个矩形，这时采取的图像将作为填充色填充整个矩形的内部区域，如图 11-58 所示。

图 11-58　绘制矩形

STEP ⑤ 　保存文档，按 Ctrl+Enter 组合键测试动画，效果如图 11-55 所示。

## 11.6 "文本"工具的基本使用

合理的文字和布局，可以使动画更加易读，增加动画的导航性并突出主题，而 Flash 特有的动态文本和输入文本使文字更具有可控性也更便于人机交互。

在 Flash 中可以使用多种文本，3 种主要的文本类型是"静态"、"动态"和"输入"。每种文本类型都有特殊的作用。

在 Flash 中可以创建 3 种文本，分别是"静态文本"、"动态文本"和"输入文本"。

- 静态文本：一般的文字，主要用于说明内容或制作电影影片标题。
- 动态文本：动态显示文字内容的范围，常用在互动电影中显示指定的信息。
- 输入文本：互动电影在播放时可以输入文字的范围，主要用于获取用户信息。

输入文本的具体操作步骤如下。

**STEP 1** 新建一个空白文档，导入一幅图像，如图 11-59 所示。

图 11-59 导入图像

**STEP 2** 在工具箱中选择"文本"工具，在"属性"面板中设置文本的各种属性，如图 11-60 所示。

图 11-60 "属性"面板

**STEP 3** 将光标移动到舞台上，在舞台上单击会出现一个文本输入框，如图 11-61 所示。

图 11-61 文本输入框

**STEP 4** 可以直接输入文字或从外部复制文本，然后粘贴到输入框，如图 11-62 所示。

图 11-62 输入文本

**STEP 5** 在"属性"面板中的"字体"下拉列表框中设置要更改的字体、字体大小和颜色，如图 11-63 所示。

图 11-63 "属性"面板

**STEP 6** 设置字母间距，可以通过调整"属性"面板中的 [AV 0] 调整字符之间的距离，让字符达到拥挤或者稀疏的效果，设置字母间距的效果如图 11-64 所示。

图 11-64 设置字母间距的效果

**STEP ⑦**　可以通过单击对齐按钮，设置文本的对齐方式，设置文本的对齐方式为左对齐的效果如图 11-65 所示。

图 11-66　"属性"面板

图 11-65　设置文本的对齐方式

**STEP ⑨**　可以将文本对象打散为形状对象，选中文字，选择菜单中的"修改"→"分离"命令两次，将文本打散为形状，如图 11-67 所示。

图 11-67　将文本打散为形状

**STEP ⑧**　选中文本，在"属性"面板中的"URL 链接"文本框中可以为文本添加链接，如图 11-66 所示。

##  11.7　课堂练习

### 课堂练习 1——制作立体文字

下面通过实例讲述立体文字的制作，效果如图 11-68 所示，具体操作步骤如下。

图 11-68　立体文字

**STEP ①**　新建一个空白文档，导入一幅图片，如图 11-69 所示。

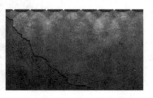

图 11-69　导入图像

01
02
03
04
05
06
07
08
09
10

Chapter
**11**

12
13
14
15
16
17
18
19
20
21
22

**STEP 2** 新建一个图层 2，使用工具箱中的"文本"工具在图像上输入文字"开心快乐"，如图 11-70 所示。

图 11-70　输入文字

**STEP 3** 选中文字，选择菜单中的"修改"→"分离"命令两次，将文字打散为形状，如图 11-71 所示。

图 11-71　分离文字

**STEP 4** 选择菜单中的"窗口"→"颜色"命令，打开"颜色"面板，在"颜色"面板中设置"放射状"渐变的颜色，如图 11-72 所示。

图 11-72　"颜色"面板

**STEP 5** 设置渐变后的文字效果如图 11-73 所示。

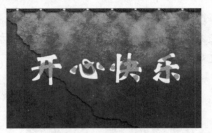

图 11-73　渐变颜色效果

**STEP 6** 选择菜单中的"编辑"→"复制"命令，再次选择菜单中的"编辑"→"粘贴"命令，复制文字，如图 11-74 所示。

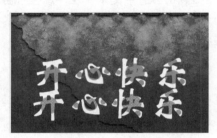

图 11-74　粘贴文字

**STEP 7** 选中粘贴的文字，在"颜色"面板中设置渐变颜色，如图 11-75 所示。

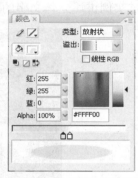

图 11-75　"颜色"面板

**STEP 8** 设置好渐变颜色后，效果如图 11-76 所示。

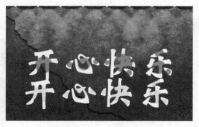

图 11-76　渐变效果

STEP 9　选中复制的文字,将其向文字下方移动 2～3 个像素,选择菜单中的"测试"→"测试影片"命令,测试影片,效果如图 11-68 所示。

## 课堂练习 2——制作变换文字

下面制作变换文字效果,如图 11-77 所示,具体操作步骤如下。

图 11-77　变换文字

STEP 1　新建一个文档,导入一幅图像,如图 11-78 所示。

图 11-78　导入图像

STEP 2　使用工具箱中的"文本"工具,在图像上输入文字,如图 11-79 所示。

图 11-79　输入文字

STEP 3　选择菜单中的"修改"→"分离"命令,将文本分离为单个的字符,如图 11-80 所示。

图 11-80　将文本分离为单个的字符

STEP 4　选择菜单中的"修改"→"时间轴"→"分散到图层"命令,将字符分散到各个字符,如图 11-81 所示。

图 11-81　将字符分散到各个字符

STEP 5　将图层 1 移动到所有图层的最下面,如图 11-82 所示。

图 11-82　移动图层

STEP 6　分别在每个图层的第 35 帧处按 F6 键插入关键帧,将文字移动方向,如图 11-83 所示。

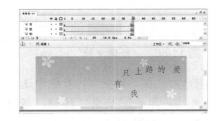

图 11-83　移动文字方向

**STEP ⑦** 分别在每个文字图层的第 1～35 帧之间创建运动补间动画，如图 11-84 所示。

**STEP ⑧** 选择菜单中的"测试"→"测试影片"命令，测试影片，效果如图 11-77 所示。

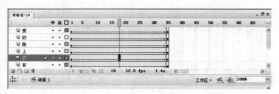

图 11-84　创建运动补间动画

## 课堂练习 3——创建简单的 Flash 动画

下面创建简单的 Flash 动画，效果如图 11-85 所示，具体操作步骤如下。

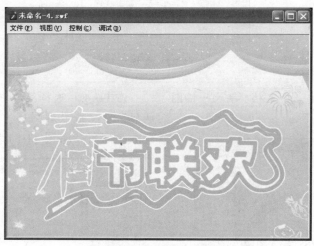

图 11-85　简单的 Flash 动画

**STEP ①** 选择菜单中的"文件"→"新建"命令，弹出"新建文档"对话框，如图 11-86 所示。

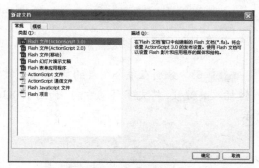

图 11-86　"新建文档"对话框

图 11-87　新建文档

**STEP ②** 在"类型"列表框中选择要创建的文档，单击"确定"按钮，新建一个空白文档，如图 11-87 所示。

**STEP ③** 选择菜单中的"文件"→"导入"→"导入到舞台"命令，弹出"导入"对话框，如图 11-88 所示。

图 11-88　"导入"对话框

**STEP 4**　在对话框中选择要导入的图像，单击"打开"按钮，即可导入图像，如图 11-89 所示。

图 11-89　导入图像

**STEP 5**　选择菜单中的"修改"→"文档"命令，弹出"文档属性"对话框，在对话框中设置文档的宽度和高度，如图 11-90 所示。

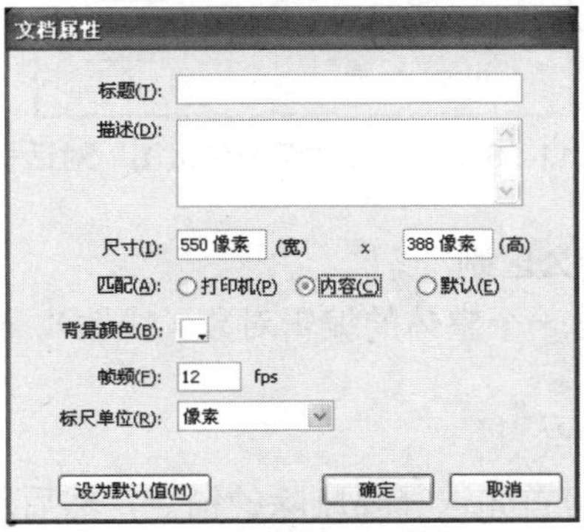

图 11-90　"文档属性"对话框

**STEP 6**　单击"确定"按钮，修改文档的属性，在图层 1 的第 30 帧处按 F6 键插入关键帧，如图 11-91 所示。

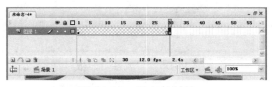

图 11-91　插入关键帧

**STEP 7**　在第 1～30 帧之间单击鼠标右键，在弹出的快捷菜单中选择"创建补间动画"命令，如图 11-92 所示。

图 11-92　选择"创建补间动画"命令

**STEP 8**　选择命令后，即可在第 1～30 帧之间创建补间动画，如图 11-93 所示。

图 11-93　创建补间动画

**STEP 9**　选中第 30 帧，在舞台上单击图像，在"属性"面板中的"颜色"下拉列表框中选择 Alpha 选项，如图 11-94 所示。

图 11-94　"属性"面板

**STEP 10**　选择选项后，在右边的下拉列表框中设置 Alpha 的数值，如图 11-95 所示。

01 02 03 04 05 06 07 08 09 10 Chapter 11 12 13 14 15 16 17 18 19 20 21 22

图 11-95　　"属性"面板

**STEP** 11　选择菜单中的"测试"→"测试影片"命令，测试影片，效果如图 11-85 所示。

 **11.8　高手支招**

**1. 使用"选择"工具有哪些操作技巧**

选取"选择"工具后，工具箱下面的选项区域中将出现 3 个按钮，分别是"贴紧至对象"、"平滑"和"伸直"。

利用这 3 个按钮，可以实现以下功能。

● "贴紧至对象"：可以启动自动捕捉功能，这样在绘制或移动线条时，一旦接近对象的边缘，就会像磁铁一样被自动吸引。

● "平滑"：可以改进图像边界的圆滑程度，使图像变得平滑，单击该按钮的次数越多，边缘就会变得越平滑。

● "伸直"：可以改变图像边缘的尖锐程度，使图像变得平直。

**2. 如何将一幅图变成 Flash 文件后任意缩放而不出现锯齿**

导入的如果是位图，必须转换为矢量图格式，矢量图容量小，放大后无失真，有很多软件都可以把位图转换为矢量图，但实际上 Flash 中已提供了把位图转换位矢量图的方法，简单有效。

**STEP** 1　新建一个空白文档，将图像导入到舞台中。

**STEP** 2　选中导入的图像，选择"修改"→"位图"→"转换位图为矢量图"命令，弹出"转换位图为矢量图"对话框，如图 11-96 所示。

**STEP** 3　单击"确定"按钮，即可将

位图转换为矢量图。

图 11-96　　"转换位图为矢量图"对话框

**3. 矢量线条和矢量色块在矢量图形制作中有什么区别**

矢量线条将宽度方向上的像素（矢量像素）作为一个整体的编辑对象（线性），而矢量色块是不分方向的平面特性。

**4. 怎样使用"部分选取"工具删除线条上的锚点**

要使用"部分选取"工具删除线条上的锚点，可首先选择要删除的锚点，然后选择菜单中的"编辑"→"清除"命令或按 Delete 键。

**5. 如何在 Flash 中设置透明的渐变**

选取填充的部分，打开"颜色"面板，在面板中选择填充类型，单击颜色滑块，在右边选择颜色，在"颜色"面板的右下角找到 Alpha，上下调节就可以设置透明度了。

**11.9　课后习题**

### 11.9.1　填空题

1. 帧频的单位是_____，其默认值是_____。

2. 可以在整个场景内绘制和编辑图形，但是最终动画仅显示场景中白色区域内的内容，这个区域称为_____。

### 11.9.2　操作题

制作如图 11-97 所示的边线文字效果。

图 11-97　边线字

关键提示：

**STEP 1**　选择菜单中的"文件"→"新建"命令，新建一个空白文档，导入图像，并调整图像大小及位置，如图 11-98 所示。

图 11-98　导入图像

**STEP 2**　选择工具箱中的"文本"工具，新建一个图层，在图像的上方输入文字，选中输入的文字，选择菜单中的"修改"→"分离"命令两次，分离文本，如图 11-99 所示。

图 11-99　输入并分离文字

**STEP 3**　选中工具箱中的"墨水瓶"工具，设置笔触颜色，选中分离后的所有文本，在文本的边上单击，设置描边效果，如图 11-100 所示。

图 11-100　描边效果

# 第 12 课　使用元件和实例

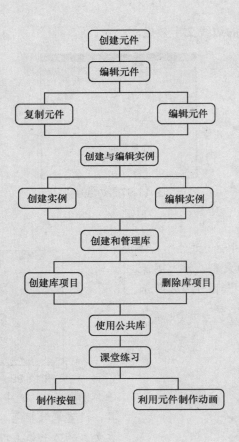

学习地图

创建元件

编辑元件

复制元件　　　编辑元件

创建与编辑实例

创建实例　　　编辑实例

创建和管理库

创建库项目　　　删除库项目

使用公共库

课堂练习

制作按钮　　　利用元件制作动画

### 课前导读

元件是 Flash 中最重要也是最基本的元素，它在 Flash 中对文件的大小和交互能力起着重要的作用。使用 Flash 制作动画的一般流程是先制作动画中所需的各种元件，然后在场景中引用元件实例，并对实例化的元件进行适当组织和编排，最终完成动画的制作。

### 重点与难点

- ☐ 掌握元件的创建。
- ☐ 掌握元件的编辑。
- ☐ 掌握创建与编辑实例。
- ☐ 掌握创建和管理库。
- ☐ 掌握公共库的使用。

## 12.1　创建元件

元件在 Flash 影片中是一种比较特殊的对象，它在 Flash 中只需创建一次，就可以在整部电影中反复使用而不会显著增加文件的大小。元件可以是任何静态的图形，也可以是连续动画。甚至还能将动作脚本添加到元件中，以便对元件进行更复杂的控制。当用户创建元件后，元件都会自动成为影片库中的一部分。通常应将元件作为主控对象存于库中，将元件放入影片中时使用的是主控对象的实例，而不是主控对象本身，所以修改元件的实例并不会影响元件本身。

在 Flash 中创建元件可以执行以下几种操作。

🔘 在舞台中选择要转换为元件的对象。选择菜单中的"修改"|"转换为元件"命令，弹出"转换为元件"对话框，如图 12-1 所示。单击"确定"按钮，即可将选中的元件转换为元件。

🔘 选中舞台上放置的对象，按住鼠标左键将对象拖动到"库"面板中，也可以弹出"转换为元件"对话框。

🔘 选择菜单中的"插入"|"新建元件"命令，弹出"创建新元件"对话框，如图 12-2 所示。在对话框中设置元件的名称和类型。

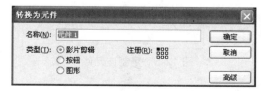

图 12-1　"转换为元件"对话框

图 12-2　"新建元件"对话框

在"转换为元件"对话框中主要有以下参数。

🔘 "名称"：在文本框中设置元件的名称。

🔘 "类型"：在右边的选项组中设置元件的类型。

## 12.2 编辑元件

　　无论元件是直接创建的，还是经过转换生成的，都有可能在创建了若干实例后需要修改。元件经过编辑后，Flash 将更新文档中该元件的所有实例。元件的编辑必须在元件编辑模式下进行。也可以在一个新的工作区中编辑元件，这时工作区中只有该元件；还可以在原工作区中编辑元件，这时其他对象保留在工作区中，以供参考，不能被选中或编辑。

### 12.2.1 复制元件

　　通过复制元件可以以一个现有的元件为基础创建新的元件，也可以使用实例创建各种版本的具有不同外观的元件。前者是使用"库"面板来复制元件，后者则是通过选择实例来复制元件。复制元件的具体操作步骤如下。

　　**STEP 1** 在"库"面板中选择要复制的元件，单击鼠标右键，在弹出的快捷菜单中选择"直接复制"命令，如图 12-3 所示。

图 12-3 选择"直接复制"命令

　　**STEP 2** 弹出"直接复制元件"对话框，如图 12-4 所示。在对话框中设置元件的名称和类型。

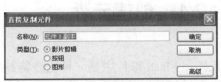

图 12-4 "直接复制元件"对话框

　　**STEP 3** 单击"确定"按钮，在"库"面板中复制该元件，如图 12-5 所示。

图 12-5 复制该元件

### 12.2.2 编辑元件

　　在原工作区中编辑元件可以执行以下几种操作。

　　● 双击"库"面板中的元件，在舞台中选择该元件的一个实例，然后单击鼠标右键，在弹出的快捷菜单中选择"编辑"命令，如图 12-6 所示。

● 在"库"面板中选择该元件，然后从"库"面板的快捷菜单中选择"编辑"命令，如图 12-7 所示。

图 12-6 选择"编辑"命令    图 12-7 "库"面板

● 在"库"面板中选择该元件，单击鼠标右键，在弹出的快捷菜单中选择"编辑"命令，如图 12-8 所示。

● 在舞台上选择元件的实例，选择菜单中的"编辑"|"编辑元件"命令，如图 12-9 所示。

图 12-8 选择"编辑"命令

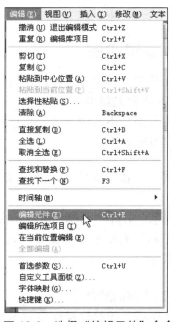

图 12-9 选择"编辑元件"命令

## 12.3　创建与编辑实例

　　创建元件之后，可以在文档中任何需要的地方（包括其他元件内）创建该元件的实例。创建影片和按钮实例时，Flash 将指定默认的实例名称。

### 12.3.1　创建实例

　　实例是库中的元件在影片中的应用。创建了元件之后，就可以在影片中的任何地方（包括其他元件中）创建它的实例。创建实例的具体操作步骤如下。

**STEP 1**　选择菜单中的"窗口"→"库"命令，打开"库"面板，如图 12-10 所示。

**STEP 2**　在"库"面板中选择要创建实例的元件，将其拖到舞台上，即可在舞台上创建该元件的实例，如图 12-11 所示。

图 12-10　"库"面板

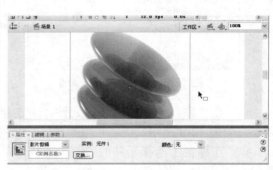

图 12-11　创建实例

### 12.3.2　编辑实例

　　利用元件的"属性"面板，还可以设置如何播放图形元件实例中的动画。

**1. 更改实例的类型**

　　实例的类型并不是固定的，可以根据需要在 3 种元件类型中进行选择。更改实例类型的具体操作步骤如下。

**STEP 1**　在舞台中选择要更改类型的实例。

**STEP 2**　打开"属性"面板，在"实例行为"下拉列表框中选择要更改的类型，如图 12-12 所示。

图 12-12　"属性"面板

**2. 更改实例的颜色**

　　更改实例颜色的具体操作步骤如下。

STEP ① 在舞台中选择要更改颜色的实例。

STEP ② 打开"属性"面板中，在"颜色"下拉列表框中选择所需的颜色选项，如图 12-13 所示。

图 12-13 "属性"面板

## 12.4 创建和管理库

"库"面板可以存放和组织在 Flash 中创建的各种元件，还可以存储和组织导入的文件，包括位图图形、声音文件和视频剪辑等。当需要元件时，直接从"库"面板中调用即可。

### 12.4.1 创建库项目

在操作过程中，库是使用频率最高的面板之一，用来存放各种元件和对元件进行查看、新建、删除、编辑、归类等操作。可以在"库"面板中创建库元件，具体操作步骤如下。

STEP ① 选择菜单中的"窗口"→"库"命令，打开"库"面板，如图 12-14 所示。

STEP ② 在"库"面板的底部单击"新建元件"按钮，弹出"创建新元件"对话框，如图 12-15 所示。

图 12-14 "库"面板

图 12-15 "创建新元件"对话框

### 12.4.2 删除库项目

在"库"面板中不需要使用的库项目，可以直接将其删除。删除库项目的具体操作步骤如下。

STEP 1 选择菜单中的"窗口"→"库"命令，打开"库"面板，如图 12-16 所示。

图 12-16 "库"面板

STEP 2 选中不需要使用的项目，单

击鼠标右键，在弹出的快捷菜单中选择"删除"命令，即可将不需要使用的项目删除，如图 12-17 所示。

图 12-17 选择"删除"命令

## 12.5 使用公用库

公用库是 Flash 自带的库，里面包含了多个已经制作好的元件，包括学习交互、按钮和类 3 种类型。

可以使用 Flash 附带的公用库向文档中添加按钮或声音，也可以创建自己的公用库，然后将它们用于创建的任何文档，还可以直接从中调用元件，从而大大地提高了工作效率。使用公用库的具体操作步骤如下。

STEP 1 选择菜单中的"窗口"→"公用库"命令，在弹出的子菜单中包括 3 种类型的公用库：学习交互、按钮和类，如图 12-18 所示。

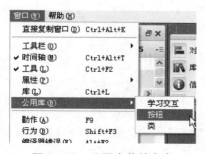

图 12-18 公用库菜单命令

STEP 2 选择其中一种菜单命令，即可打开"公用库"面板，如图 12-19 所示。

图 12-19 "公用库"面板

STEP ③　在打开的"库"面板中选择要调入舞台的元件，按住鼠标左键将其拖动到舞台中应用即可。

 ## 12.6　课堂练习

### 课堂练习 1——制作按钮

下面制作如图 12-20 所示的按钮效果。在该实例中，根据鼠标不同的动作能使按钮产生不同的效果，具体操作步骤如下。

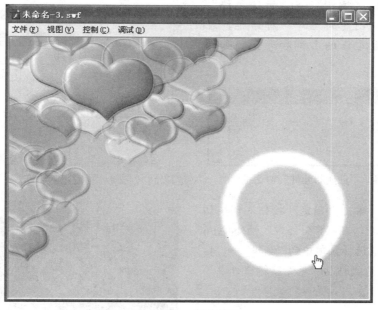

图 12-20　制作按钮

STEP ①　新建一个文档，导入一张图像，如图 12-21 所示。

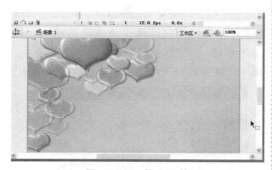

图 12-21　导入图像

STEP ②　新建一个图层，在"属性"面板中将画布的颜色设置为黑色，在工具箱中选择"椭圆"工具，在"属性"面板中设置椭圆的填充颜色为任意色，笔触颜色为白色，笔触大小为 10，如图 12-22 所示。

图 12-22　"属性"面板

STEP ③　设置完毕后，在舞台上绘制一个椭圆，如图 12-23 所示。

图 12-23　绘制椭圆

**STEP 4**　选中边线，选择菜单中的"编辑"→"剪切"命令，将边线剪切，选择菜单中的"插入"→"新建元件"命令，弹出"创建新元件"对话框，在对话框中设置元件的名称和类型，如图 12-24 所示。

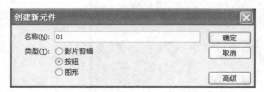

图 12-24　"创建新元件"对话框

**STEP 5**　单击"确定"按钮，切换到元件编辑窗口中，在"指针经过"帧处按 F6 键插入关键帧，选择菜单中的"编辑"→"粘贴"命令，将边线粘贴到元件编辑窗口中，如图 12-25 所示。

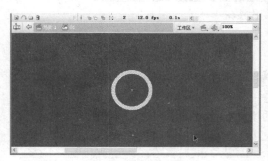

图 12-25　粘贴边线

**STEP 6**　选中边线，选择菜单中的"修改"→"形状"→"将线条转换为填充"命令，此时边线的效果如图 12-26 所示。

图 12-26　边线的效果

**STEP 7**　选中边线，选择菜单中的"修改"→"形状"→"柔化填充边缘"命令，弹出"柔化填充边缘"对话框，设置相关参数，如图 12-27 所示。

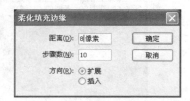

图 12-27　"柔化填充边缘"对话框

**STEP 8**　单击"确定"按钮，柔化填充边缘的效果如图 12-28 所示。

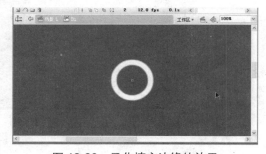

图 12-28　柔化填充边缘的效果

**STEP 9**　在元件编辑窗口中的"点击"帧处，按 F5 键插入帧。单击左上角的"场景 1"按钮，返回场景。选中场景中的椭圆，选择菜单中的"修改"→"转换为元件"命令，弹出"转换为元件"对话框，如图 12-29 所示。

图 12-29　"转换为元件"对话框

**STEP 10**　单击"确定"按钮，将椭圆个椭圆，如图 12-30 所示。

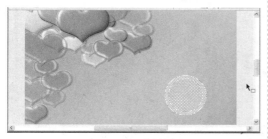

图 12-30　绘制椭圆

**STEP 11**　双击图像上的椭圆，在当前位置编辑该椭圆，在元件编辑窗口中的"指针经过"帧处，按 F6 键插入关键帧，在"属性"面板中更改椭圆的颜色，如图 12-31 所示。

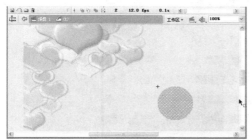

图 12-31　更改椭圆的颜色

**STEP 12**　在元件编辑窗口中的"按下"帧处，按 F6 键插入关键帧，在"属性"面板中更改椭圆的颜色。

**STEP 13**　在元件编辑窗口中的"点击"帧处，按 F5 键插入帧，将前面的内容延续到该帧中，如图 12-32 所示。

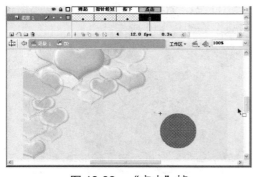

图 12-32　"点击"帧

**STEP 14**　单击文档左上角的"场景 1"按钮，返回舞台，打开"库"面板中，将 01 元件拖动到舞台上，如图 12-33 所示。

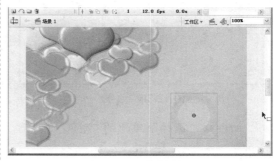

图 12-33　拖动元件

**STEP 15**　选中 01 元件，选择菜单中的"窗口"→"变形"命令，打开"变形"面板，在该面板中设置相应的参数，如图 12-34 所示。

图 12-34　"变形"面板

**STEP 16**　单击"变形"面板底部的"复制并应用变形"按钮 ，效果如图 12-35 所示。

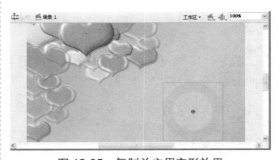

图 12-35　复制并应用变形效果

**STEP 17**　多次单击"变形"面板底部的"复制并应用变形"按钮 ，效果如图 12-36 所示。

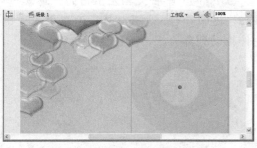

图 12-36　效果

**STEP18**　选择菜单中的"测试"→"测

试影片"命令，测试影片，效果如图 12-37 所示。

图 12-37　影片效果

## 课堂练习 2——利用元件制作动画

利用元件制作动画的效果如图 12-38 所示，具体操作步骤如下。

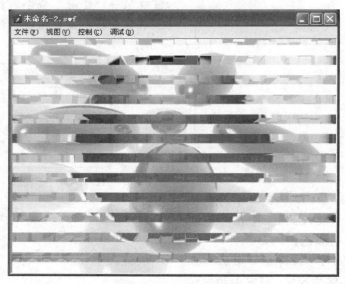

图 12-38　元件动画

**STEP 1**　新建一个文档，导入一幅图像 t0.jpg，如图 12-39 所示。

**STEP 2**　新建一个图层，导入一幅图像 088.jpg，如图 12-40 所示。

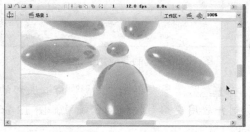

图 12-39　导入图像

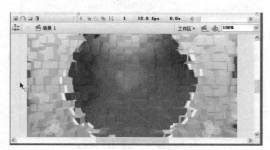

图 12-40　导入图像

**STEP 3** 选择菜单中的"插入"→"新建元件"命令，弹出"创建新元件"对话框，如图 12-41 所示。

图 12-41 "创建新元件"对话框

**STEP 4** 在对话框中设置元件的名称和类型，单击"确定"按钮，新建元件，使用工具箱中的"矩形"工具在图像上绘制矩形，如图 12-42 所示。

图 12-42 绘制矩形

**STEP 5** 在第 30 帧处按 F6 键插入关键帧，在"属性"面板中将"高"设置为 1，如图 12-43 所示。

图 12-43 "属性"面板

**STEP 6** 此时矩形的效果如图 12-44 所示。

图 12-44 矩形的效果

**STEP 7** 选中第 1～30 帧，在"属性"面板中的"补间"下拉列表框中选择"形状"选项，如图 12-45 所示。

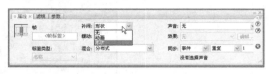

图 12-45 "属性"面板

**STEP 8** 在第 1～30 帧之间创建形状补间动画，如图 12-46 所示。

图 12-46 创建形状补间动画

**STEP 9** 选择菜单中的"插入"→"新建元件"命令，弹出"创建新元件"对话框，在对话框中设置文件的名称和类型，单击"确定"按钮，新建一个元件，在"库"面板中多次将 01 元件拖向 02 元件中，如图 12-47 所示。

图 12-47 拖动元件

**STEP 10** 单击文档左上角的"场景 1"按钮，返回场景，新建一个图层，将 02 元件拖动到图像上，如图 12-48 所示。

图 12-48 拖动元件

**STEP 11** 在图层 3 上单击鼠标右键，在弹出的快捷菜单中选择"遮罩层"命令，图像的遮罩效果如图 12-49 所示。

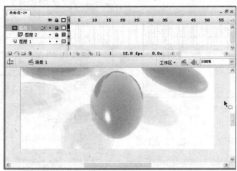

图 12-49 遮罩效果

**STEP 12** 选择菜单中的"测试"→"测试影片"命令，测试影片，效果如图 12-38 所示。

## 12.7 高手支招

**1. 制作按钮时，"点击"帧是用来做什么的**

"点击"帧是指定按钮的触发区域，该区域在播放时不会显示出来。

**2. 如何将舞台对象转换为新元件**

将舞台对象转换为新元件的操作如下。

**STEP 1** 选取舞台对象，选择菜单中的"修改"→"转换为元件"命令，弹出"转换为元件"对话框，如图 12-50 所示。

**STEP 2** 在"名称"文本框中输入元件的名称，在"类型"选项组中选择转换为元件的类型。

**STEP 3** 在"注册"设置区域中单击 周围或中心的方框，确定元件注册点的位置，作为元件缩放或旋转的中心。

**STEP 4** 单击"确定"按钮，所选对象即被转换为文件，并被增加到"库"面板中。

图 12-50 "转换为元件"对话框

**3. 如何对元件进行编辑**

对元件进行编辑有以下几种操作。

**STEP 1** 选中主场景中的元件，单击鼠标右键，在弹出的快捷菜单中选择"编辑"命令，进入元件的编辑模式中，如图 12-51 所示。

**STEP 2** 选中需要编辑的元件对象，单击鼠标右键，在弹出的快捷菜单中选择"在新窗口中编辑"命令，新建一个窗口，对元件进行编辑。

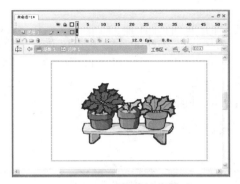

图 12-51　元件的编辑模式

**STEP 3**　选中需要编辑的元件对象，单击鼠标右键，在弹出的快捷菜单中选择"在当前位置编辑"命令，则在当前窗口中对元件进行编辑，此时其他对象变灰，则不可编辑。

**STEP 4**　选中需要编辑的元件对象，选择"编辑"→"编辑元件"命令，进入元件的编辑模式中。

**STEP 5**　单击元件编辑窗口左上角的  按钮，退出编辑并返回到主场景中。

**4. 制作的元件可能会超出屏幕范围，该怎么办**

先制作一个小的元件，然后在"变形"面板中按比例放大。

**5. 如何在鼠标接近的时候产生动作**

先制作一个按钮，然后在按钮的"指针经过"帧处，放一个影片剪辑元件，其他帧做成空帧，也就是做个隐型按钮。

## 12.8　课后习题

### 12.8.1　填空题

1. 在操作过程中，_____是使用频率最高的面板之一，用来存放各种元件和对元件进行查看、新建、删除、编辑、归类等操作。

2. 通过_____可以以一个现有的元件为基础创建新的元件，也可以使用实例创建各种版本的具有不同外观的元件。

3. 创建元件之后，可以在文档中任何需要的地方（括其他元件内）创建该元件的实例。创建影片和按钮实例时，Flash 将指定默认的_____。

### 12.8.2　操作题

制作如图 12-52 所示的元件动画。

图 12-52　元件动画

关键提示:

**STEP 1** 新建一个文档,导入一张图像,调整文档大小及图像位置,新建一个图层,导入另外一张图像,如图 12-53 所示。

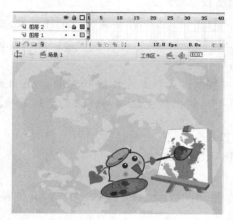

图 12-53 导入图像

**STEP 2** 选择菜单中的"插入"→"新建元件"命令,弹出"创建新元件"对话框,在对话框中设置元件的名称和类型,单击"确定"按钮,新建元件,使用工具箱中的"矩形"工具在图像上绘制矩形,如图 12-54 所示。

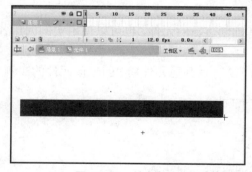

图 12-54 绘制矩形

**STEP 3** 在第 50 帧处按 F6 键插入关键帧,在"属性"面板中将"高"设置为 1,如图 12-55 所示。

图 12-55 设置图形高度

**STEP 4** 选中第 1~50 帧,在"属性"面板中的"补间"下拉列表框中选择"形状"选项,如图 12-56 所示。在第 1~50 帧之间创建形状补间动画。

图 12-56 设置补间

**STEP 5** 选择菜单中的"插入"→"新建元件"命令,弹出"创建新元件"对话框,在对话框中设置文件的名称和类型,单击"确定"按钮,新建一个元件,在"库"面板中多次将元件 1 拖向元件 2 中,如图 12-57 所示。

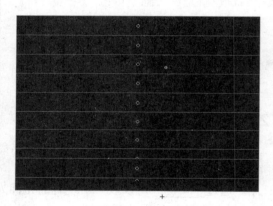

图 12-57 拖入元件

**STEP 6** 单击文档左上角的"场景 1"按钮,返回场景,新建一个图层,将元件 2 拖动到图像上,如图 12-58 所示。

图 12-58 拖入元件

**STEP ⑦**　在图层 3 上单击鼠标右键，在弹出的快捷菜单中选择"遮罩层"命令，图像的遮罩效果如图 12-59 所示。

图 12-59　创建遮罩效果

**STEP ⑧**　选择菜单中的"测试"→"测试影片"命令，测试影片，效果如图 12-52 所示。

# 第13课 使用时间轴与图层制作动画

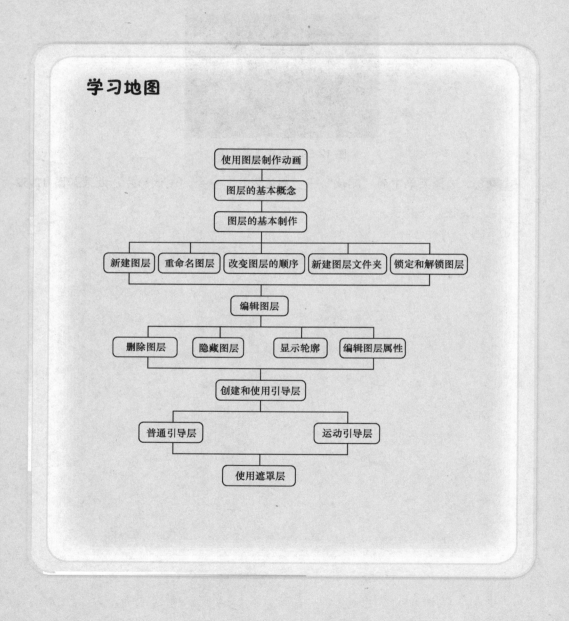

学习地图

使用图层制作动画

图层的基本概念

图层的基本制作

新建图层　重命名图层　改变图层的顺序　新建图层文件夹　锁定和解锁图层

编辑图层

删除图层　隐藏图层　显示轮廓　编辑图层属性

创建和使用引导层

普通引导层　　运动引导层

使用遮罩层

## 课前导读

在 Flash 中，图层是一个比较重要的概念。一般的 Flash 动画中都有多个图层，用来存放不同类型的对象。这样在某一个图层中创建或编辑对象时，就不会影响到其他图层中的对象。时间轴是 Flash 中非常重要的部分，它和动画的制作有着非常密切的关系，学会使用时间轴是进行动画制作的基础。本课将主要讲述时间轴与帧、时间轴特效、图层、使用引导层、遮罩层等内容。

## 重点与难点

- ☐ 掌握时间轴与帧的使用。
- ☐ 掌握时间轴特效的使用。
- ☐ 掌握图层的使用。
- ☐ 掌握引导层的使用。
- ☐ 掌握遮罩层的使用。

 # 13.1 　时间轴

时间轴用于组织和控制文档内容在一定时间内播放的层数和帧数。帧是组成动画的基本元素，任何复杂的动画都是由帧构成的，通过更改连续帧的内容，可以在 Flash 文档中创建动画，可以让一个对象移动经过舞台、增加或减小大小、旋转、改变颜色、淡入淡出或改变形状等。

## 13.1.1 　时间轴

默认情况下，时间轴显示在 Flash 界面的上部，位于编辑区的上方，如图 13-1 所示。时间轴的显示位置是可以改变的。可以将其放在主窗口的下部和两边，或者作为一个窗口单独显示，也可以隐藏起来。既可以改变时间轴的大小，又可以改变时间轴中的可见层数和帧数，当时间轴窗口不能显示所有的层时，则可以使用时间轴右边的滚动条查看其余的层。

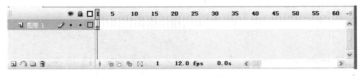

图 13-1 　时间轴

## 13.1.2 　帧

Flash 动画将播放时间分解为帧，用来设置动画的方式、播放的顺序及时间等，默认是每秒播放 12 帧。帧是创建动画的基础，也是构成动画的最基本元素之一。在时间轴中可以很明显地看出帧和图层是一一对应的。帧代表着时刻，不同的帧记为不同的时刻，画面会随着时间的推移逐个显示。

在时间轴中，帧分为 3 种类型，分别是帧、关键帧和空白关键帧。

● 关键帧

关键帧定义了动画的变化环节。逐帧动画的每一帧都是关键帧，而补间动画在动画的重要点上创建关键帧，再由 Flash 自己创建关键帧之间的内容。

● 帧

帧一般都是延续前面的动画。

● 空白关键帧

在一个关键帧中什么对象都没有添加，这种关键帧被称为空白关键帧，空白关键帧以空心圆点表示。

##  13.2 使用时间轴特效

时间轴特效是预建的动画，可以对舞台上的任何对象应用时间轴特效，以便快速添加过渡特效和动画，如淡入、飞入、模糊和旋转等。

### 13.2.1 添加时间轴特效

添加时间轴特效的对象可以是元件，也可以是普通形状、成组对象、位图和文字。时间轴特效同样可以应用于影片剪辑，它将被嵌套在该影片剪辑中。下面利用时间轴制作复制到网格效果动画，如图 13-2 所示，具体操作步骤如下。

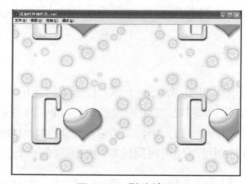

图 13-2 影片效果

**STEP 1** 新建一个空白文档，导入一幅图像，如图 13-3 所示。

**STEP 2** 选择导入的图像文件，选择菜单中的"插入"→"时间轴特效"命令，在弹出的子菜单中选择要插入的时间轴特效，如图 13-4 所示。

图 13-3 导入图像

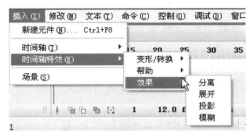

图 13-4　选择菜单中的命令

**STEP 3**　在弹出的子菜单中选择其中一种命令，例如选择"复制到网格"命令，选择命令后，弹出"复制到网格"对话框，如图 13-5 所示。

**STEP 4**　在对话框中设置复制到网

格的各种选项参数，设置完毕后，单击"确定"按钮，返回到舞台，选择菜单中的"测试"→"测试影片"命令，测试影片，效果如图 13-2 所示。

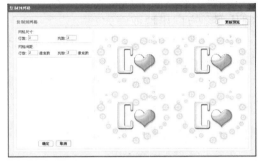

图 13-5　"复制到网格"对话框

## 13.2.2　设置时间轴特效

使用时间轴内置的帧处理功能可以轻松地制作出复杂的动画效果。时间轴特效应用的对象有文本、图形、位图和按钮元件等。

### 1. 变形

"变形"命令可以变化对象的位移、锁定、旋转、颜色和透明度，甚至还能控制动画的加速和减速。选择菜单中的"插入"→"时间轴特效"→"变形/转换"→"变形"命令，打开"变形"对话框，如图 13-6 所示。

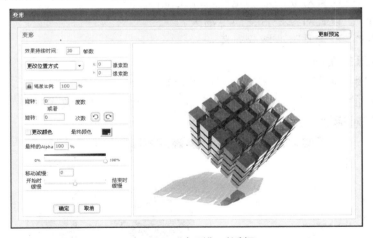

图 13-6　"变形"对话框

在"变形"对话框中主要有以下参数。

◉　"效果持续时间"：确定时间轴动画的帧数。

◉　"更改位置方式"：改变对象 X 轴和 Y 轴的偏移量，也就是移动对象的位置并产生动画，以像素为单位。

◉　"缩放比例"：缩小或放大对象的比例以产生动画，前面的小锁可以锁定长宽比例。

- "旋转度数/次数"：设置对象旋转的度数，后者是设置对象旋转的次数。
- "最终 Alpha"：设置对象最后有没有变为透明，也就是是否产生淡入/淡出效果。
- "移动减慢"：设置对象产生加速和减速的效果。

### 2. 转换

"转换"命令用于擦除类或淡入/淡出类动画，控制从无到有，或从有到无，甚至可以控制从哪个方向出现或消失。

选择菜单中的"插入"→"时间轴特效"→"变形/转换"→"转换"命令，打开"转换"对话框，如图 13-7 所示。

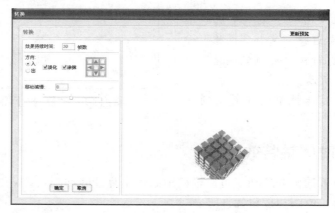

图 13-7    "转换"对话框

在"转换"对话框中主要有以下参数。

- "效果持续时间"：确定时间轴动画的帧数。
- "方向"：设置对象的运动是渐入还是渐出。
- "淡化"：设置对象是否变淡至消失。
- "涂抹"：设置是否要擦除对象。

### 3. 分散式直接复制

"分散式直接复制"命令是根据设置的次数复制选定的对象。

选择菜单中的"插入"→"时间轴特效"→"帮助"→"分散式复制"命令，打开"分散式直接复制"对话框，如图 13-8 所示。

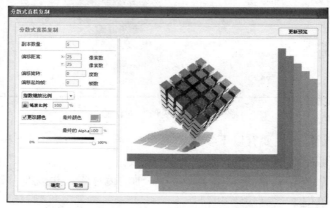

图 13-8    "分散式直接复制"对话框

"分散式直接复制"对话框中主要有以下参数。

- "副本数量"：设置要复制对象的个数。
- "偏移距离"

"X"：X 轴方向的偏移量（以像素为单位）。

"Y"：Y 轴方向的偏移量（以像素为单位）。

- "偏移起始帧"：设置对象偏移开始的帧编号。
- "缩放比例"：设置缩放的方式和百分数。
- "更改颜色"：选中该复选框可以更改副本的颜色；取消选中此复选框，则不改变副本的颜色。

#### 4．复制到网格

选择菜单中的"插入"→"时间轴特效"→"帮助"→"复制到网格"命令，可以打开"复制到网格"对话框，如图 13-9 所示。

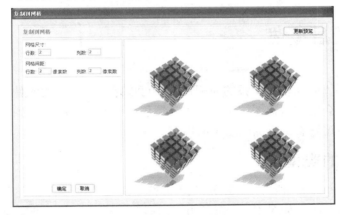

图 13-9　"复制到网格"对话框

在"复制到网格"对话框中主要有以下参数。

- "网格尺寸"

"行数"：设置要复制对象的网格行数。

"列数"：设置要复制对象的网格列数。

- "网格间距"

"行数"：设置要复制对象的行间距。

"列数"：设置要复制对象的列间距。

#### 5．分离

选择菜单中的"插入"→"时间轴特效"→"效果"→"分离"命令，可以打开"分离"对话框，如图 13-10 所示。

在"分离"对话框中主要有以下参数。

- "分离方向"：设置产生爆炸的方向，允许的方向分别是左上、上、右上、左下、下、右下。
- "弧线大小"：设置爆炸后的碎片沿多大的弧度被抛出。
- "碎片旋转量"：碎片本身在被抛出的过程中自身旋转的度数。
- "碎片大小更改量"：设置所产生碎片的大小变化。

图 13-10　"分离"对话框

 ## 13.3　图层概述

图层列表位于"时间轴"面板的左侧，图层可以组织舞台上的元件。在一个图层上绘制和编辑对象，不会影响其他图层上的对象。图层好像透明的胶片，如果一个图层上没有内容，那么可以透过它看到下面图层中的内容。

### 13.3.1　图层的类型

图层的种类有"普通图层"、"遮罩层"、"被遮罩层"、"引导层"、"被引导层"等。如图 13-11 所示为"图层"面板。

- "一般"：默认的普通图层。
- "引导"：为该图层创建引导图层。
- "被引导"：设置图层成被引导层。
- "遮罩层"：为该图层建立了一遮罩图层。
- "被遮罩"：该图层已经建立遮罩图层。

图 13-11　"图层"面板

### 13.3.2　创建图层和图层文件夹

#### 1. 创建图层

在新创建的影片中一般都只有一个图层。根据需要可以增加多个图层，并利用图层组织和布局影片的文字、图像、声音和动画，使它们处于不同的层中。创建图层的具体操作方法有以下几种。

- 单击"时间轴"面板底部的"插入图层"按钮 ，插入一个新图层，如图 13-12 所示。

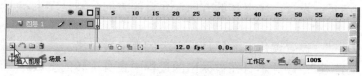

图 13-12　创建图层

　　● 选择菜单中的"插入"→"时间轴"→"图层"命令，创建一个图层。

　　● 在图层列表的名称上，单击鼠标右键，在弹出的快捷菜单中选择"插入图层"命令，如图 13-13 所示，也可以插入图层。

### 2. 创建图层文件夹

　　图层文件夹可以使得"时间轴"面板中图层的组织更加有序，在图层文件夹中可以嵌套其他图层文件夹。图层文件夹可以包含任意图层。在图层文件夹中包含的图层或图层文件夹将缩进显示。

　　创建图层文件夹有以下几种操作方法。

　　● 单击"时间轴"面板底部的"插入文件夹"按钮，新文件夹将出现在所选图层的上面，如图 13-14 所示。

　　● 在图层的上方，单击鼠标右键，在弹出的快捷菜单中选择"插入文件夹"命令，如图 13-15 所示。

图 13-13　选择"插入图层"命令

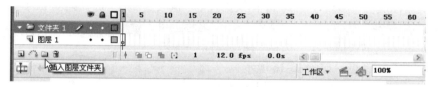

图 13-14　创建图层文件夹

图 13-15　选择"插入文件夹"命令

　　● 选择菜单中的"插入"→"时间轴"→"图层文件夹"命令，创建图层文件夹。

## 13.3.3　编辑图层

　　对图层的编辑操作主要包括以下几项。

　　● "调整图层位置"：上下拖动图层，可以调整图层的位置，从而控制舞台上元件的上下排列关系。

● "更改图层名称"：默认的图层名称是"图层 1"、"图层 2"等，双击"图层名称"可更改图层的名称。根据图层或元件的作用来更改图层的名称，有利于明了图层中的内容，从而快速编辑元件和动画。

● "显示/隐藏图层"：单击"图层"面板上的 按钮，可显示或隐藏全部图层，单击某一图层上 按钮列下面的黑点 ·，可显示或隐藏此图层，隐藏后图层中的对象仍存在于舞台上，在 SWF 文档播放时仍能显示出来。

● "锁定/解除锁定所有图层"：单击"图层"面板上的"锁定"按钮，可锁定或解除锁定全部图层，单击某一图层的"锁定"列下面的黑点，可锁定或解除锁定此图层。图层锁定后，该图层中的对象不能编辑。

● "删除图层"：选中某一图层后，单击"删除图层"按钮，可将此图层删除。

● "图层的菜单"：在图层上单击鼠标右键，弹出一个快捷菜单，可选择"插入图层"、"引导层"、"遮罩层"和"插入文件夹"等命令，使用这些命令可快速完成对图层的操作。

### 13.3.4 修改图层属性

在 Flash 中图层有许多属性，每一个图层都有惟一的一组属性。选择菜单中的"修改"→"时间轴"→"图层属性"命令，或在任意一个图层名称上单击鼠标右键，在弹出的快捷菜单中选择"图层属性"命令，弹出"图层属性"对话框，如图 13-16 所示。

在"图层属性"对话框中主要有以下参数。

● "名称"：在文本框中设置图层的名称。

● "显示"：选择该项，将显示该图层，否则隐藏该图层。

● "锁定"：选择该项，将锁定图层，取消选择则解锁该图层。

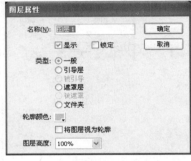

图 13-16　"图层属性"
对话框

● "类型"：设置图层的种类。

● "将图层视为轮廓"：选择该项，表示将图层的内容显示为轮廓状态。

##  13.4　使用引导层

将一个或多个图层链接到一个运动引导层，使对象沿着一条路径运动的动画，称为引导层动画。

引导层动画可以用于表现曲线和不规则运动。运动引导层中的路径不会显示在动画的播放中。

### 13.4.1 引导层动画的创建方法和技巧

最少需要两个图层才能创建引导层动画，即"运动引导层"和"被引导层"。创建运动引导层动画的具体操作步骤如下。

**STEP 1**　选中要被引导的图层，单击"时间轴"面板中的"添加运动引导层"按钮，在当前图层的上面生成"运动引导层"。

**STEP 2**　在"运动引导层"中绘制一条运动路径。

**STEP 3**　在"被引导层"中创建两个关键帧，在第 1 个关键帧中把要被引导的对象的"中心点"对齐到引导路径的开始处，在第 2 个关键帧中把"中心点"对齐到引导路径的终点。

创建引导层动画有以下技巧。

- 单击工具箱中的"紧贴至对象"按钮 ，有助于把对象对齐到路径。
- 将对象对齐到路径时要把元件"中心点"的位置对准到路径的两端，对不规则的图形可以用"任意变形"工具找出"中心点"位置。
- 引导路径不可画得过于陡峻，因为只有平滑的线条才有助于引导成功。
- 在"属性"面板上选中"调整到路径"选项，补间元素的基线就会调整到运动路径。
- 一个"运动引导层"可同时引导多个图层中的元件沿同一路径运动。如图 13-17 所示的运动引导层即引导了两个图层。

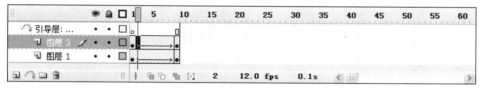

图 13-17　引导多个图层

## 13.4.2　创建引导层动画实例

运动引导层是将人们绘制的路径、补间实例、组或者文本沿着特定的路径运动，在制作动画时起到引导路径的作用。运动引导层的效果如图 13-18 所示，具体操作步骤如下。

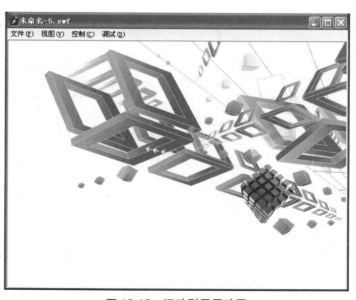

图 13-18　运动引导层动画

**STEP 1** 新建一个文档，导入一幅图像，如图 13-19 所示。

图 13-19　导入图像

**STEP 2** 新建一个图层，导入一幅图像，如图 13-20 所示。

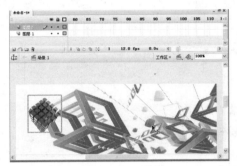

图 13-20　导入图像

**STEP 3** 选中导入的图像，选择菜单中的"修改"→"转换为元件"命令，弹出"转换为元件"对话框，如图 13-21 所示。

图 13-21　"转换为元件"对话框

**STEP 4** 在对话框中设置元件的名称和类型，单击"确定"按钮，将图像转换为元件，如图 13-22 所示。

图 13-22　将图像转换为元件

**STEP 5** 单击时间轴底部的"添加运动引导层"按钮，添加运动引导层，如图 13-23 所示。

图 13-23　添加运动引导层

**STEP 6** 使用工具箱中的"铅笔"工具，在图像上绘制路径，如图 13-24 所示。

图 13-24　绘制路径

**STEP 7** 选中图层 2 的第 1 帧，将元件的中心点对准路径的顶端，如图 13-25 所示。

图 13-25　将元件对准路径的顶端

**STEP 8** 在图层 2 的第 30 帧处按 F6 键插入关键帧，并在引导层的第 30 帧处按 F6 键插入关键帧，将元件的中心点对准路径的底端，如图 13-26 所示。

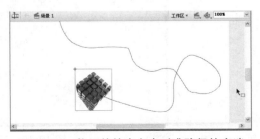

图 13-26　将元件的中心点对准路径的底端

STEP 9　在图层 1 的第 30 帧处按 F5
键插入帧，在图层 2 的第 1～30 帧之间创
建动画，如图 13-27 所示。

STEP 10　选择菜单中的"测试"→"测
试影片"命令，测试影片，效果如图 13-18
所示。

图 13-27　创建动画

> **提　示**
>
> 在制作 Flash 沿轨迹运动效果时，对象总是沿直线运动，为什么不行？
>
> 因为首尾两帧的中心位置没有对准在轨迹上，而导致对象不能沿轨迹运动。解决办法：用鼠标
> 按住对象，检查出现的圆圈是否对准了运动轨迹。

## 　13.5　使用遮罩层

　　遮罩就是使浏览者透过某个遮罩项目才能看到下面图层中元件的方法。在 Flash 中，
可以用两种方法实现遮罩效果，一种是用 ActionScript 语句编写程序实现遮罩效果，另一
种是直接在"时间轴"面板中创建遮罩层实现遮罩效果。

### 13.5.1　遮罩层动画的创建方法和技巧

　　实现遮罩效果最少需要创建两个图层才能完成，即"遮罩层"和"被遮罩层"。播放动
画时，"被遮罩层"中的对象通过"遮罩层"中的遮罩项目显示出来。

　　下面讲述遮罩层的创建方法。

　　选择要被遮罩的图层，单击"插入图层"按钮，在这一层上创建一个新图层，这
时，两个图层都是普通层，要使上面的图层成为"被遮罩层"，可以使用以下两种
方法。

　　● 　利用"图层"面板的菜单创建"遮罩层"。

　　在图层上单击鼠标右键，在弹出的快捷菜单中选择"遮罩层"命令，Flash 会自动把此
层转换为"遮罩层"。

　　● 　利用"图层属性"对话框创建"遮罩层"。

　　选择上面的图层，双击"图层名称"前面的图标，弹
出"图层属性"对话框，在对话框中的"类型"选项组中
选择"遮罩层"选项，如图 13-28 所示，单击"确定"按
钮，即可创建遮罩层。

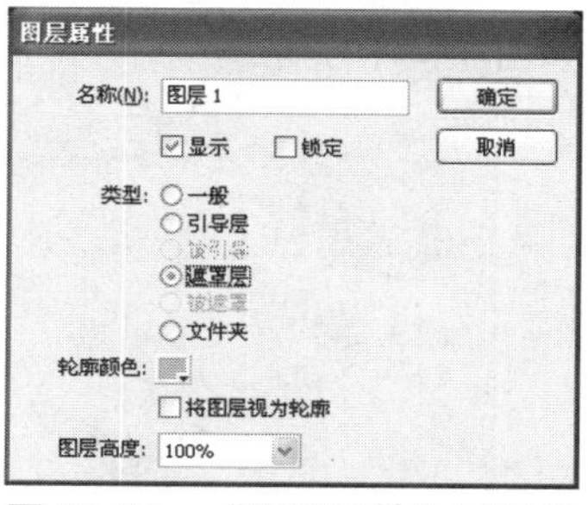

　　下面的技巧有助于成功地创建遮罩动画。

　　● 　线条不能直接用做遮罩项目，必须转化为填充后
才行。

　　● 　拖动其他图层到"遮罩层"下，可使一个"遮罩层"遮住下面若干个"被遮罩层"。

图 13-28　"图层属性"对话框

- "遮罩层"和"被遮罩层"中都可以创建补间动画，以加强遮罩效果。
- 锁定"遮罩层"和"被遮罩层"，可以在舞台上直接显示遮罩后的效果。
- 在"遮罩层"中的任何填充区域都是完全透明的，而任何非填充区域都是不透明的。

### 13.5.2　遮罩动画制作实例

遮罩动画应用实例的效果如图 13-29 所示，具体操作步骤如下。

图 13-29　遮罩动画效果

**STEP 1**　新建一个文档，导入一幅图像，如图 13-30 所示。

图 13-30　导入图像

**STEP 2**　新建一个图层，导入图像，如图 13-31 所示。

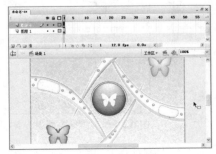

图 13-31　导入图像

**STEP 3**　选择菜单中的"插入"→"新建元件"命令，弹出"创建新元件"对话框，如图 13-32 所示。

图 13-32　"创建新元件"对话框

**STEP 4**　单击"确定"按钮，切换到元件编辑窗口，在窗口中绘制一个矩形，如图 13-33 所示。

图 13-33　绘制矩形

**STEP 5** 在图层 1 的第 40 帧处按 F6 键插入关键帧，将矩形移动到舞台的另一端，如图 13-34 所示。

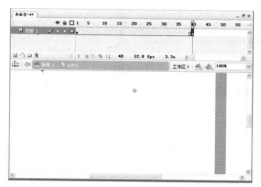

图 13-34　将矩形移动到舞台的另一端

**STEP 6** 在第 1～40 帧之间创建补间动画，如图 13-35 所示。

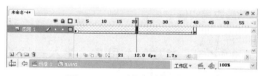

图 13-35　创建补间动画

**STEP 7** 单击文档左上角的"场景 1"按钮，返回舞台，新建一个图层，将矩形移动到图像上，如图 13-36 所示。

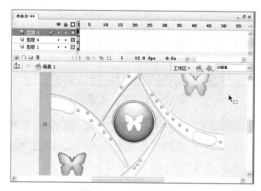

图 13-36　返回场景

**STEP 8** 多次向图像上拖入矩形元件，使其覆盖图像，如图 13-37 所示。

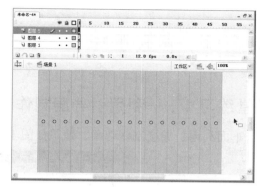

图 13-37　拖动矩形元件

**STEP 9** 按住 shift 键选中全部的矩形元件，选择菜单中的"修改"→"组合"命令，组合元件，如图 13-38 所示。

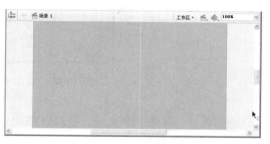

图 13-38　组合元件

**STEP 10** 在图层 5 上单击鼠标右键，在弹出的快捷菜单中选择"遮罩层"命令，创建遮罩层，如图 13-39 所示。

图 13-39　创建遮罩层

**STEP 11** 选择菜单中的"测试"→"测试影片"命令，测试影片，效果如图 13-29 所示。

### 13.6　课堂练习

#### 课堂练习 1——利用引导层制作动画

下面利用引导层制作动画，效果如图 13-40 所示，具体操作步骤如下。

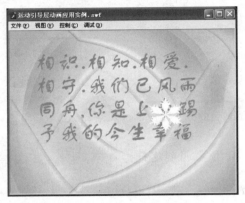

图 13-40　运动引导层动画应用实例

**STEP 1**　新建一个文档，导入一幅图像，如图 13-41 所示。

图 13-41　导入图像

**STEP 2**　使用"文本"工具在图像上输入文字，如图 13-42 所示。

图 13-42　输入文字

**STEP 3**　新建一个图层，导入一幅图像，如图 13-43 所示。

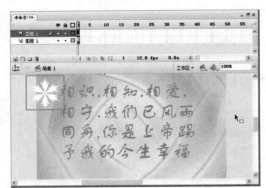

图 13-43　导入图像

**STEP 4**　选中导入的图像，选择菜单中的"修改"→"转换为元件"命令，弹出"转换为元件"对话框，如图 13-44 所示。

图 13-44　"转换为元件"对话框

**STEP 5**　在对话框中设置元件的名称和类型，单击"确定"按钮，将图像转换为元件，如图 13-45 所示。

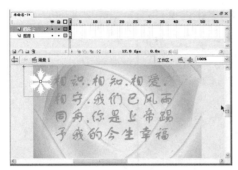

图 13-45　将图像转换为元件

**STEP 6**　单击时间轴底部的"添加运动引导层"按钮，添加运动引导层，使用"铅笔"工具，在图像上绘制路径，如图 13-46 所示。

图 13-46　绘制路径

**STEP 7**　分别在 3 个图层的第 30 帧处按 F5 键插入关键帧，选中图层 2 的第 1 帧，将元件的中心点对准路径的顶端，如图 13-47 所示。

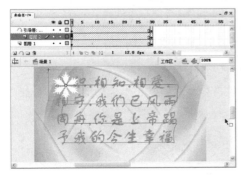

图 13-47　将元件对准路径的顶端

**STEP 8**　在图层 2 的第 30 帧处按 F6 键插入关键帧，在引导层的第 30 帧处按 F6 键插入关键帧，将元件的中心点对准路径的底端，如图 13-48 所示。

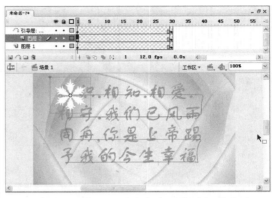

图 13-48　将元件的中心点对准路径的底端

**STEP 9**　在图层 1 的第 30 帧处按 F5 键插入帧，在图层 2 的第 1～30 帧之间创建动画，如图 13-49 所示。

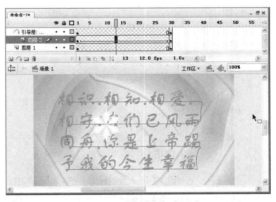

图 13-49　创建动画

**STEP 10**　选择菜单中的"测试"→"测试影片"命令，测试影片，效果如图 13-40 所示。

## 课堂练习 2——利用分离制作爆炸效果

下面利用分离时间轴特效制作爆炸效果，如图 13-50 所示，具体操作步骤如下。

图 13-50　爆炸效果

**STEP 1**　新建一个空白文档，选择菜单中的"文件"→"导入"→"导入到舞台"命令，导入图像，并调整图像位置及大小，如图 13-51 所示。

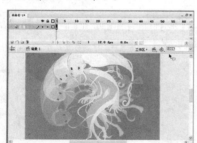

图 13-51　导入图像

**STEP 2**　选中导入的图像，选择菜单中的"插入"→"时间轴特效"→"效果"→"分离"命令，弹出"分离"对话框，如图 13-52 所示。

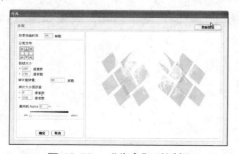

图 13-52　"分离"对话框

**STEP 3**　单击"确定"按钮，创建爆炸效果，如图 13-53 所示。

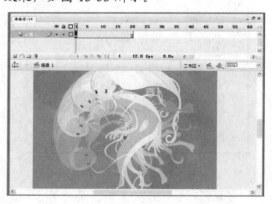

图 13-53　创建爆炸效果

**STEP 4**　保存文档，按 Ctrl+Enter 组合键测试动画，效果如图 13-50 所示。

## 13.7　高手支招

#### 1．如何进行多帧选取

按住 Ctrl+Shift+Alt 组合键可以选取多帧，可以在要选的第一帧处按住 Ctrl 键，然后按住 Shift 键单击结束帧，也可以按住 Ctrl 键单击以选中多帧。

#### 2．什么是时间轴特效

Flash 将动画中一些经常用到的效果制作成简单的命令，使人们只需选中动画的对象再执行相关命令即可。从而省去了大量重复、机械的操作，提高了动画开发的速率。

#### 3．如何使层靠得紧一些

单击时间轴最右方的下三角按钮，在菜单中选择"较短"命令，如图 13-54 所示。另外菜单里还有可以调节帧的显示比例的选项命令。

图 13-54　选择"较短"命令

#### 4．什么是遮罩层，遮罩层有何功能

遮罩层是 Flash 中一种特殊的图层，可用于实现一些特殊的动画效果。当在某一个图层上建立遮罩时，其下面的一个图层将自动变为被遮罩层，遮罩的最终结果是被遮罩层上的对象被遮罩层中的对象挡住的部分可以显示出来，而没有被挡住的部分会被隐藏。

可以将遮罩理解为一个孔，通过这个孔可以看到下面的图层。遮罩对象可以是填充的形状、文字对象、图形元件的实例或影片剪辑。可以将多个图层组织在一个遮罩层之下来创建复杂的效果。

要创建动态效果，可以让遮罩层动起来。对于用做遮罩的填充形状，可以使用补间形状；对于文字对象、图形实例或影片剪辑，可以使用补间动画。当使用影片剪辑实例作为遮罩时，可以让遮罩沿着运动路径运动。

#### 5．做"沿轨迹运动"动画的时候，物件为什么总是沿直线运动

这是因为首帧或尾帧物件的中心位置没有放在轨迹上。有一个简单的检查办法，即把屏幕大小设定为 500%或更大，查看图形中间出现的圆圈是否对准了运动轨迹。

 ## 13.8　课后习题

### 13.8.1　填空题

1．_____用于组织和控制文档内容在一定时间内播放的层数和帧数。_____是组成动画的基本元素。

2．Flash 动画将播放时间分解为帧，用来设置动画的方式、播放的顺序及时间等，默认是每秒播放_____帧。

3. _____用于擦除类或淡入/淡出类动画，控制从无到有，或从有到无，甚至可以控制从哪个方向出现或消失。

4. 实现遮罩效果最少需要创建两个图层才能完成，即_____和_____。

## 13.8.2 操作题

利用复制到网格时间轴特效制作复制到网格效果，如图 13-55 所示。

图 13-55 复制到网格效果

关键提示：

**STEP 1** 新建一个空白文档，选择菜单中的"文件"→"导入"→"导入到舞台"命令，导入图像 hd2.jpg，并调整其位置及文档大小，如图 13-56 所示。

中的"插入"→"时间轴特效"→"帮助"→"复制到网格"命令，弹出"复制到网格"对话框，设置相应参数，如图 13-57 所示。

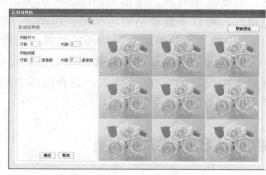

图 13-57 "复制到网格"对话框

**STEP 3** 单击"确定"按钮，创建爆炸效果。保存文档，按 Ctrl+Enter 组合键测试动画，效果如图 13-55 所示。

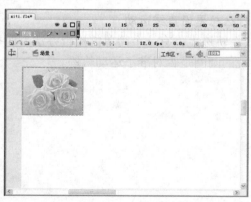

图 13-56 导入图像

**STEP 2** 选中导入的图像，选择菜单

# 第14课 设计动感的音频与视频动画

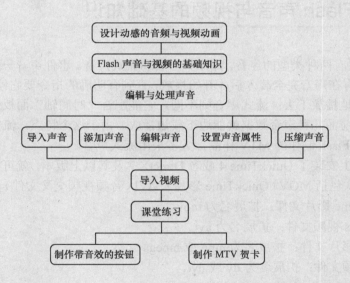

## 学习地图

```
设计动感的音频与视频动画
        │
Flash 声音与视频的基础知识
        │
    编辑与处理声音
        │
┌──────┬──────┬──────┬──────────┬──────┐
导入声音 添加声音 编辑声音 设置声音属性 压缩声音
        │
     导入视频
        │
     课堂练习
        │
┌───────────────┴───────────────┐
制作带音效的按钮              制作 MTV 贺卡
```

### 课前导读

在 Flash 作品中使用声音能增加作品的表现力和真实感，还能表达单纯用图形无法表达的意思，丰富作品的内涵。导入视频使 Flash 的创作手段更加丰富，表现能力更强，在电化教学、远程教育、作品演示和课件制作等领域中应用得非常广泛，导入视频大大地拓展了 Flash 的应用领域。本课将主要讲述 Flash 声音与视频的基础知识、编辑与处理声音和导入视频等内容。

### 重点与难点

- ☐ 掌握声音的编辑与处理。
- ☐ 掌握视频的导入。
- ☐ 掌握带音效按钮的制作。

##  14.1　Flash 声音与视频的基础知识

Flash 中主要有两种类型的声音，即事件声音和流式声音。事件声音一般用在按钮或固定的动作上，只有在声音完全载入后才开始播放，直到有明确的指令要它停止时才会停止，否则会永不停止地播放下去；流式声音则不同，它能配合"时间轴"面板上动画的播放而播放，只要载入前面几种声音数据就能边下载边播放。由于这个特点，流式声音在互联网上非常流行，用 Flash 制作的 MTV 作品，大多采用流式声音。

只要在系统上安装了 QuickTime 4 或者 DirectX 7 及其以上版本，就可以导入各种文件格式的视频剪辑，包括 MOV（QuickTime 影片）、AVI（音频视频交叉文件）和 MPG/MPEG。

- ◯ QuickTime 影片文件：扩展名为.mov。
- ◯ Windows 视频文件：扩展名为.avi。
- ◯ MPEG 影片文件：扩展名为.mpg 或.mpeg。
- ◯ 数字视频文件：扩展名为.dv 或.dvi。
- ◯ Windows Media 文件：扩展名为.asf 或.wmv。
- ◯ Flash 视频文件：扩展名为.flv。

##  14.2　编辑与处理声音

下面讲述声音的导入、编辑和属性设置。

### 14.2.1　导入声音

通过将声音文件导入到当前文档的库中，可以把声音添加到 Flash 中，具体操作步骤如下。

STEP 1　创建一个空白文档。选择菜单中的"文件"→"导入"→"导入到库"命令，弹出"导入到库"对话框，如图 14-1 所示。

图 14-1　"导入到库"对话框

STEP 2　在对话框中选择要导入的声音文件，单击"打开"按钮，即可将声音文件导入"库"面板中，如图 14-2 所示。

图 14-2　导入声音

**提　示**

在导入声音时，无论是选择菜单中的"文件"→"导入"→"导入到舞台"命令还是选择菜单中的"文件"→"导入"→"导入到库"命令，导入的结果都是一样的，声音元素都存放在"库"面板中，不会直接导入到舞台。

## 14.2.2　添加声音

可以把声音置入时间轴中，一般建议放在一个新图层中，这样便于管理。

### 1. 将声音添加到时间轴上

将声音添加到时间轴上的具体操作步骤如下。

STEP 1　打开要添加声音的动画文件。

STEP 2　新建一个要添加声音的图层，并为图层命名。

STEP 3　选中"库"面板中的声音，将其拖曳到舞台中，在时间轴中添加了声音的帧中只能看到一条横线，这是声音的波形，如图 14-3 所示。因为只有一帧，所以没有办法看到所有的波形。只要在添加声音图层的帧的层面再添加一个关键帧即

可以看到声音的所有波形了。

图 14-3　添加声音

STEP 4　如果在声音播放的整个过程中播放动画，就要设置声音所需的最大帧。1 分钟需要占用 60 秒 × 12 帧/秒 = 720 帧。

STEP 5　按 Ctrl+Enter 组合键测试动画效果。

### 2. 为按钮添加声音

为按钮添加声音的具体操作步骤如下。

**STEP 1** 新建一个空白文档。

**STEP 2** 选择菜单中的"窗口"→"公用库"→"按钮"命令，打开"公用库"面板，如图 14-4 所示。

图 14-4 "公用库"面板

**STEP 3** 在面板中选择一个按钮，将其拖曳到舞台中，如图 14-5 所示。

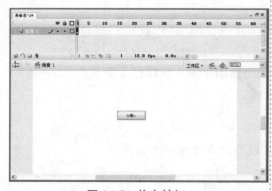

图 14-5 拖曳按钮

**STEP 4** 双击按钮元件，切换到元件编辑窗口，新建一个图层，将其重命名为 shengyin，如图 14-6 所示。

图 14-6 元件编辑窗口

**STEP 5** 选中 shengyin 图层的"指针经过"帧，按 F7 键插入空白关键帧。将"库"面板中的声音文件拖曳到舞台中，鼠标滑过按钮时就会产生声音效果，如图 14-7 所示。

图 14-7 添加声音

**STEP 6** 按 Ctrl+Enter 组合键测试动画效果。

## 14.2.3 编辑声音

Flash 提供了编辑声音的功能，可以对导入的声音进行编辑、剪裁、改变音量等操作，还可以使用 Flash 预置的多种声效对声音进行设置。

当把声音的一个实例放到时间轴上时，还可以选择它的播放效果及声音类型，并能对它进行编辑以产生更多的变化。

因为 Flash 处理的主要对象不是声音，因而在声音编辑方面的功能比那些专业软件要欠缺一些。如果仅仅是为了给动画配音，其功能还是强大的。Flash 可以改变声音播放和停止的位置，而且可以删除其中不必要的部分，这有利于缩小声音甚至整个动画文件的大小。

在本小节中将介绍如何使用"编辑封套"对话框来对声音进行处理。在声音对应的"属性"面板中单击"设置"按钮,即可弹出"编辑封套"对话框,如图14-8所示。

在"编辑封套"对话框中分为上下两个编辑区,上方代表左声道波形编辑区,下方代表右声道编辑区,在每一个编辑区的上方都有一条左侧带有小方块的控制线,可以通过控制线调节声音的大小、淡出与淡入等。

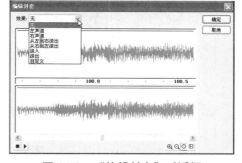

图14-8　"编辑封套"对话框

在"编辑封套"对话框中主要有以下参数。

- "停止声音"按钮■:停止当前播放的声音。
- "播放声音"按钮▶:对"编辑封套"对话框中设置的声音文件进行播放。
- "放大"按钮⊕:对声道编辑区中的波形进行放大显示。
- "缩小"按钮⊖:对声道编辑区中的波形进行缩小显示。
- "秒"按钮◎:以秒为单位设置声道编辑区中的声音。
- "帧"按钮⊞:以帧为单位设置声道编辑区中的声音。

在对话框中可以设置声音的起始播放点和控制播放时声音的音量。Flash可以改变声音的起始点和结束点,这对删去不需要的部分、使声音占据更小的存储空间有很大的帮助。定义声音的起点和终点的具体操作步骤如下。

**STEP 1** 向某帧中添加一段声音或者选择一个包含声音的帧。

**STEP 2** 在"属性"面板中单击"设置"按钮,弹出"编辑封套"对话框。

**STEP 3** 拖动分隔线左侧中部的声音"开始时间"小方块,确定声音的开始点,如图14-9所示。

**STEP 4** 拖动分隔线右侧中部的声音"结束时间"小方块,确定声音的终点,如图14-10所示。

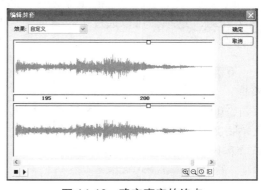

图14-10　确定声音的终点

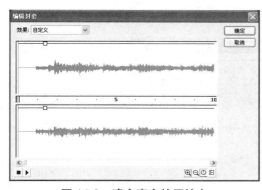

图14-9　确定声音的开始点

## 14.2.4　设置声音属性

在声音的"属性"面板中可以设置声音的属性,包括选择声音文件、改变播放效果和播放类型等,如图14-11所示。

图 14-11　声音的"属性"面板

- "声音"：在下拉列表框中选择要播放的声音文件。
- "效果"：在下拉列表框中选择一种播放效果。
  - "无"：没有声音效果。
  - "左声道/右声道"：只在左声道或者右声道播放声音。
  - "从左到右淡出/从右到左淡出"：将一个声音从一个声道转到另一个声道，产生声音从一个喇叭转到另一个喇叭并逐渐减弱的效果。
  - "淡入"：在声音播放过程中逐渐减小它的音量。
- "同步"：可从下拉列表框中选择一个同步类型。
- "事件"：声音会和某一个事件同步发生。
- "开始"：如果选择的声音实例已在时间轴上的其他地方播放过了，Flash 将不会再播放这个实例。
- "停止"：使指定的声音停止。
- "数据流"：用于网站播放的声音同步。

## 14.2.5　压缩声音

可以选择单个事件声音的压缩选项，然后利用这些设置导出声音。也可以给单个音频选择"压缩"选项。可以通过"声音属性"对话框进行声音压缩。压缩 Flash 声音的具体操作步骤如下。

**STEP 1**　打开一个需要压缩声音的文档。

**STEP 2**　在"库"面板中的声音文件上单击鼠标右键，在弹出的快捷菜单中选择"属性"命令，如图 14-12 所示。

**STEP 3**　弹出"声音属性"对话框，如图 14-13 所示。

图 14-12　选择"属性"命令

图 14-13　"声音属性"对话框

**STEP 4** 在对话框中的"压缩"下拉列表框中设置压缩的格式，如图 14-14 所示。

图 14-14　"压缩"下拉列表框

## 14.3　导入视频

Flash CS3 的视频功能较以前版本有了很大的改进，不仅可支持更多的视频格式，而且比以前更加强大。在 Flash CS3 提供的视频导入向导的帮助下，可以快速导入视频。导入视频的效果如图 14-15 所示，具体操作步骤如下。

图 14-15　导入视频的效果

**STEP 1** 打开一个需要添加视频的文档，如图 14-16 所示。

**STEP 2** 新建一个图层，选择菜单中的"文件"→"导入"→"导入视频"命令，弹出"导入视频"对话框，如图 14-17 所示。

图 14-16　打开文档

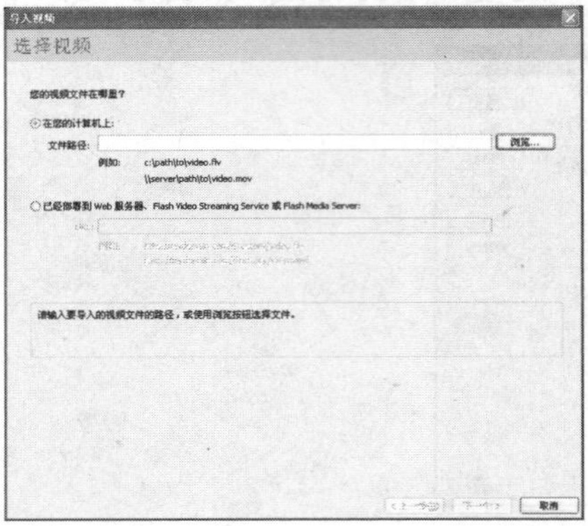

图 14-17　"导入视频"对话框

**STEP 3**　在对话框中单击"浏览"按钮，弹出"打开"对话框，如图 14-18 所示。

图 14-18　"打开"对话框

**STEP 4**　在对话框中选择要导入的视频，单击"打开"按钮，返回选择视频界面，单击"下一个"按钮，进入到"部署"界面，如图 14-19 所示。

图 14-19　"部署"界面

**STEP 5**　在对话框中进行相应的设置，单击"下一个"按钮，进入到"外观"界面，如图 14-20 所示。

图 14-20　"外观"界面

**STEP 6**　在对话框中进行相应的设置，单击"下一个"按钮，进入到"完成视频导入"界面，如图 14-21 所示。

图 14-21　"完成视频导入"界面

**STEP 7**　在对话框中显示视频的位置等信息，单击"完成"按钮，即可将视频导入到文档中，如图 14-22 所示。

STEP 8　选择菜单中的"测试"→"测试影片"命令，测试影片，效果如图 14-15 所示。

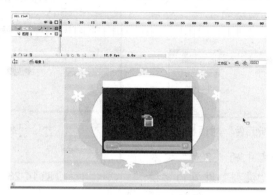

图 14-22　导入视频

 ## 14.4　课堂练习

## 课堂练习 1——制作带音效的按钮

下面利用新建按钮元件和选择菜单中的"文件"→"导入"→"导入到库"命令制作带音效的按钮，效果如图 14-23 所示，具体操作步骤如下。

图 20-23　带音效的按钮效果

STEP 1　新建一个空白文档，选择"文件"→"导入"→"导入到舞台"命令，导入图像，并调整其位置及文档大小，如图 14-24 所示。

图 14-24　导入图像

**STEP 2** 选择菜单中的"插入"→"新建元件"命令，弹出"创建新元件"对话框，如图 14-25 所示。

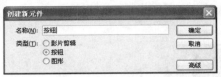

图 14-25 "创建新元件"对话框

**STEP 3** 在对话框中的"名称"文本框中输入"按钮"，将"类型"设置为"按钮"，单击"确定"按钮，进入元件的编辑模式，如图 14-26 所示。

图 14-26 按钮元件的编辑模式

**STEP 4** 选择工具箱中的"椭圆"工具，在"属性"面板中将"笔触颜色"和"填充颜色"设置为#006600，单击"自定义"按钮，弹出"笔触样式"对话框，如图 14-27 所示。

图 14-27 "笔触样式"对话框

**STEP 5** 在对话框中将"类型"设置为"斑马线"，"粗细"设置为"极细"，"间隔"设置为"远"，"微动"设置为"无"，"旋转"设置为"无"，"曲线"设置为"直线"，"长度"设置为"等于"，单击"确定"按钮，在文档中绘制图形，如图 14-28 所示。

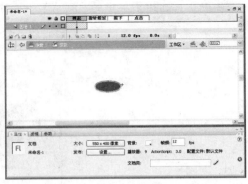

图 14-28 绘制图形

**STEP 6** 选择工具箱中的"文本"工具，在文档中输入相应的文字，如图 14-29 所示。

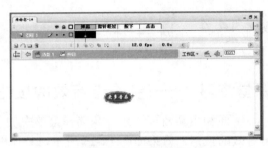

图 14-29 输入文字

**STEP 7** 选中"指针经过"帧，按 F6 键插入关键帧，分别选中文档中的图形和文字，将其改变颜色，如图 14-30 所示。

图 14-30 插入关键帧

**STEP 8** 新建一个图层，选中"指针经过"帧，按 F7 键插入空白关键帧，选择菜单中的"文件"→"导入"→"导入到库"命令，弹出"导入到库"对话框，如图 14-31

所示。

图 14-31 "导入到库"对话框

**STEP 9** 单击"打开"按钮，将声音导入到"库"面板中，选中图层 2 的"指针经过"帧，将导入的声音文件拖入到文档中，如图 14-32 所示。

图 14-32 拖入声音文件

**STEP 10** 单击"场景 1"按钮返回主场景中，将按钮元件拖入到文档中，如图 14-33 所示。

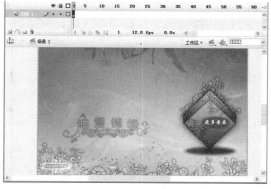

图 14-33 拖入按钮元件

**STEP 11** 保存文档，按 Ctrl+Enter 组合键测试影片，效果如图 14-23 所示。

## 课堂练习 2——制作 MTV 贺卡

制作 MTV 贺卡的效果如图 14-34 所示，具体操作步骤如下。

图 14-34 MTV 贺卡的效果

STEP 1  新建一个空白文档，选择菜单中的"文件"→"导入"→"导入到库"命令，弹出"导入到库"对话框，在对话框中选择相应的图像，如图 14-35 所示。

图 14-35  "导入到库"对话框

STEP 2  单击"打开"按钮，将图像导入到"库"面板中。选择菜单中的"插入"→"新建元件"命令，弹出"创建新元件"对话框，在对话框中的"名称"文本框中输入"图像"，将"类型"设置为"图形"，如图 14-36 所示。

图 14-36  "创建新元件"对话框

STEP 3  单击"确定"按钮，进入元件的编辑模式，将"库"面板中的图像 yangnian.jpg 拖入到文档中，如图 14-37 所示。

图 14-37  拖入图像

STEP 4  按照步骤 2～3 的方法，创建"图像 1"和"文字"图形元件，如图 14-38 所示。

图 14-38  创建图形元件

STEP 5  单击"场景 1"按钮返回主场景，将"图像"图形元件拖入到文档中，如图 14-39 所示。

图 14-39  拖入元件

STEP 6  选中第 50 帧，按 F6 键插入关键帧，选择工具箱中的"任意变形"工具，将图形元件缩小，如图 14-40 所示。

图 14-40  缩小图形

01
02
03
04
05
06
07
08
09
10
11
12
13
Chapter
**14**
15
16
17
18
19
20
21
22

**STEP 7** 选中第 80 帧，按 F6 键插入关键帧，在"属性"面板中的"颜色"下拉列表框中选择"Alpha"，将 Alpha 值设置为 20%，并将图形元件缩小，如图 14-41 所示。

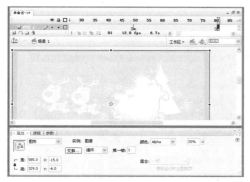

图 14-41　设置属性并缩小图形

**STEP 8** 分别在各关键帧之间创建补间动画，如图 14-42 所示。

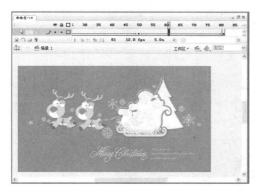

图 14-42　创建补间动画

**STEP 9** 新建一个图层，选中第 65 帧，按 F6 键插入关键帧，将"图像 1"图形元件拖入到文档中，并将其缩小，如图 14-43 所示。

图 14-43　拖入元件

**STEP 10** 选中第 110 帧，按 F6 键插入关键帧，并将元件放大，如图 14-44 所示。

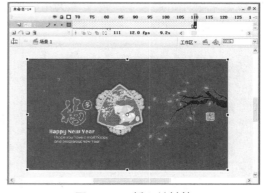

图 14-44　插入关键帧

**STEP 11** 将光标放置在第 65～110 帧之间的任意一帧，创建补间动画，如图 14-45 所示。

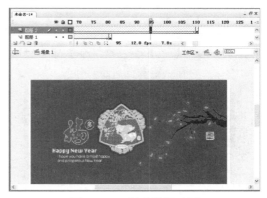

图 14-45　创建补间动画

**STEP 12** 新建一个图层，选中第 95 帧，按 F7 键插入空白关键帧，将图像 niunian.jpg 拖入到文档中，如图 14-46 所示。

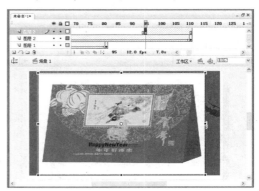

图 14-46　拖入图像

**STEP 13** 新建一个图层，选中第95帧，按F7键插入空白关键帧，将"文字"图形元件拖入到文档中，设置其大小，将Alpha值设置为20%，如图14-47所示。

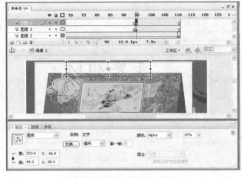

图 14-47　拖入元件

**STEP 14** 选中第110帧，按F6键插入关键帧，在"颜色"下拉列表框中选择"无"，如图14-48所示。

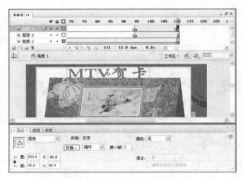

图 14-48　插入关键帧

**STEP 15** 选中第130帧，按F6键插入关键帧，将"文字"图形元件进行缩放，并创建补间动画，如图14-49所示。

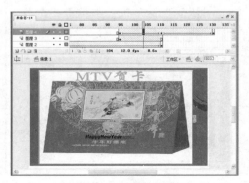

图 14-49　创建补间动画

**STEP 16** 选中所有图层的第140帧，按F5键插入帧，延迟帧。在图层4的上方单击鼠标右键，在弹出的快捷菜单中选择"遮罩层"命令，创建遮罩效果，如图14-50所示。

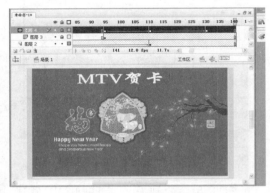

图 14-50　创建遮罩效果

**STEP 17** 在遮罩层的上方新建一个图层，将声音文件导入到"库"面板中，并将声音文件拖入到文档中，如图14-51所示。

图 14-51　拖入声音文件

**STEP 18** 保存文档，按Ctrl+Enter组合键测试动画，效果如图14-34所示。

## 14.5　高手支招

**1．Flash Player 和 Shockwave Player 之间有何不同**

Flash Player 和 Shockwave Player 都是源自 Adobe 的免费 Web 播放器。它们的用途截然不同。Flash Player 显示使用 Adobe Flash Professional 创建的内容，如 Web 应用程序前端、效果出众的网站用户界面、交互式在线广告，以及短篇到长篇动画。Shockwave Player 显示使用 Director 创建的内容，如高性能多用户游戏、交互式三维产品仿真、在线娱乐和培训应用程序。通过使用扩展模块，开发人员可以将 Shockwave Player 的功能进行扩展，以便能够播放自定义构建的应用程序。

**2．如何运用 Flash CS3 提供的音乐功能，实现单击一个按钮就能随意控制音乐的效果**

其实方法很简单。先制作一个"音乐控制开关"的"影片剪辑"，将两个同样的按钮放置在不同的影帧里，然后利用按钮的 Action 来切换这两个影帧，一个影帧放置背景音乐，并设定音乐为"Start"，另一个影帧里也放置背景音乐，但设定音乐为"Stop"。

**3．输出 GIF、AVI 和 MOV 的问题**

有的爱好者喜欢用 Flash 制作 GIF 动画，或因其他用处，需转换为 AVI 或 MOV 格式。但有时发现许多动画信息都无故丢失，究其原因是 Flash 动画中应用了 Movie Clip。准确地讲，这不算一个技巧，但往往会让一些初学者感到困惑。根本的解决办法只有一个，那就是在动画中不要用 Movie Clip。当然这时生成的 GIF、AVI 或 MOV 动画将不再支持 SWF 文件的交互了。

**4．在制作 Flash 动画时，有时动画播放完了，音乐还不停，但有时动画还没有播放完，音乐却停了，声音和画面总不能同步，请问如何使它们准确同步呢**

首先需要弄清楚它们为什么不同步。Flash 是以元素为单位来下载播放的，当在声音属性中设置了"事件"，那么声音会作为一个单独的元素进行下载，但它并不按照帧来播放，而是下载完成后就开始播放。而在这个时候，图像因为是由很多元素组成的，所以还没有下载完，而声音却已经下载完，在播放时就会出现不同步的现象。解决的办法是：先把声音文件设置成为"流式"，这个是最重要的。这样声音会按照帧来播放，就可以很好地控制它了。还有就是最好给整个动画做个 Loading 预载入。

**5．制作好的 Flash MTV 在自己的计算机上播放时歌词和音乐是同步的，但是将它上传到网上和在别人的计算机上播放时就不同步了，请问这个问题如何解决**

这个问题的原因和上一个问题差不多，还是要把声音设置为"流式"。因为声音已经被分配到动画的每一帧上了，所以这时不论按下 Enter 键还是用鼠标在帧上拖动，都可以听到声音了，这在"事件"中是实现不了的。这样，就可以根据音乐的波形变化直观地安排歌词了。但有一点需要说明，设置成"流式"会对音质有一些影响。

## 14.6    课后习题

### 14.6.1    填空题

1. Flash 中主要有两种类型的声音，即_____和_____。

2. 只要在系统上安装了 QuickTime 4 或者 DirectX 7 及其以上版本，就可以导入各种文件格式的视频剪辑，包括_____、_____和_____。

3. 在"编辑封套"对话框中分为上下两个编辑区，上方代表_____波形编辑区，下方代表_____编辑区。

4. 可以选择单个事件声音的压缩选项，然后利用这些设置导出声音。也可以给单个音频选择"压缩"选项。可以通过_____对话框进行声音压缩。

### 14.6.2    操作题

为图 14-52 所示的文档添加声音。

图 14-52　添加声音

关键提示：

**STEP 1**　新建一个文档，导入图像。选择菜单中的"文件"→"导入"→"导入到库"命令，弹出"导入到库"对话框，如图 14-53 所示。

图 14-53　"导入到库"对话框

**STEP 2**　在对话框中选择要导入的声音文件，单击"打开"按钮，即可将声音文件导入到"库"面板中，在要添加声音文件的文档中添加一个图层，将"库"面板中的声音文件拖动到该图层中，如图 14-54 所示。

**STEP 3**　选择菜单中的"测试"→"测试影片"命令，测试影片，效果如图 14-52 所示。

图 14-54　新建图层

# 第 15 课　创建基本 Flash 动画

## 学习地图

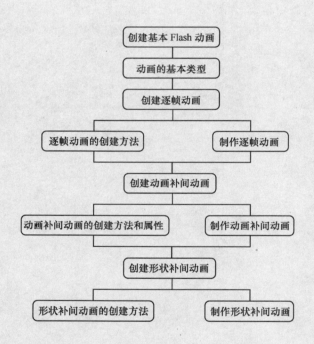

### 课前导读

　　动画通过迅速而连续地呈现一系列图像来获得，由于这些图像在相邻帧之间有较小的间隔，所以会形成动态效果，实际上，在舞台上看到的帧都是静止的，只有在播放头以一定速度沿各帧移动时，才能从舞台上看到动画。Flash 包含两种基本的动画方式，即补间动画和逐帧动画。本课主要讲述了动画的基本类型、创建逐帧动画、创建动画补间动画和创建形状补间动画等。

### 重点与难点

☐　掌握动画的基本类型。
☐　掌握逐帧动画的创建。
☐　掌握动画补间动画的创建。
☐　掌握形状补间动画的创建。

##  15.1　动画的基本类型

　　逐帧动画也叫"帧帧动画"，它需要具体定义每一帧的内容，以完成动画的创建。补间动画包含了动画补间动画和形状补间动画两大类动画效果，也包含了引导动画和遮罩动画这两种特殊的动画效果。在补间动画中，只需要创建起始帧和结束帧的内容，而让 Flash 自动创建中间帧的内容。Flash 甚至可以通过更改起始帧和结束帧之间的对象大小、旋转方式、颜色和其他属性来设置运动的效果。

##  15.2　创建逐帧动画

　　由于逐帧动画是一帧一帧逐渐播放，因此逐帧动画具有非常大的灵活性，几乎可以表现任何想表现的内容。

### 15.2.1　逐帧动画的创建方法

　　逐帧动画的制作和关键帧有很大的关系，它采用的是一种比较原始的制作动画的方法。其制作原理实际上就是传统的动画片制作原理，先把动画中的分解动作一帧一帧地制作出来，然后再把它们连续播放并利用视觉停留效果，就会形成连续播放的动画。

### 15.2.2　课堂练习 1——制作逐帧动画

　　逐帧动画是一种常见的动画形式，它的原理是在"连续的关键帧"中分解动画动作，也就是每一帧中的内容不同，连续播放而形成动画。

　　利用帧帧动画制作打字效果，如图 15-1 所示，具体操作步骤如下。

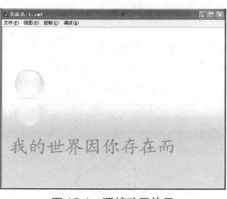

图 15-1  逐帧动画效果

**STEP 1**  新建一个空白文档,导入一幅图像,如图 15-2 所示。

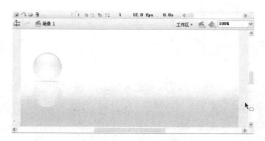

图 15-2  导入图像

**STEP 2**  选择菜单中的"修改"→"文档"命令,弹出"文档属性"对话框,如图 15-3 所示。

图 15-3  "文档属性"对话框

**STEP 3**  在对话框中将文档的宽度和高度设置为导入的图像大小,设置完毕,单击"确定"按钮。在工具箱中选择"文本"工具,在"属性"面板中设置文本的字体、大小等,如图 15-4 所示。

图 15-4  "属性"面板

**STEP 4**  设置完毕后,新建一个图层,在图像上输入文字,如图 15-5 所示。

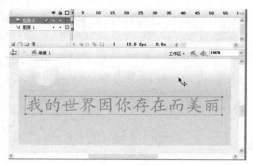

图 15-5  输入文字

**STEP 5**  选中文字,选择菜单中的"修改"→"分离"命令,将文字打散,如图 15-6 所示。

图 15-6  打散文字

**STEP 6**  分别在图层 1 的第 15 帧处按

01
02
03
04
05
06
07
08
09
10
11
12
13
14
Chapter
**15**
16
17
18
19
20
21
22

F5 键插入普通帧，选中图层 2 的第 1～11 帧，按 F6 插入关键帧，如图 15-7 所示。

图 15-7 插入帧

**STEP 7** 在图层 2 的第 15 帧处按 F6 键插入关键帧，选中第 1 帧，将"我"字保留，其他字删除，如图 15-8 所示。

图 15-8 删除字

**STEP 8** 选中第 2 帧，将第 1 个和第 2 个字保留，其他字删除，效果如图 15-9 所示。

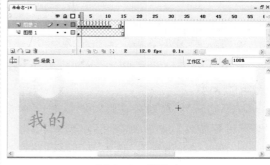

图 15-9 删除字

**STEP 9** 按照步骤 7～8 的方法，制作其他删除文字，选择菜单中的"测试"→"测试影片"，命令，测试影片，效果如图 15-1 所示。

##  15.3 创建动画补间动画

由于逐帧动画需要详细制作每一帧的内容，因此既费时又费力。而且在逐帧动画中，Flash 需要保存每一帧的数据，而在补间动画中，Flash 只需保存帧之间不同的数据，使用补间动画还能尽量减小文件的大小。因此在制作动画时，应用最多的是补间动画。补间动画是一种比较有效的产生动画效果的方式。

Flash 能生成两种类型的补间动画，一种是动画补间，另一种是形状补间。

### 15.3.1 动画补间动画的创建方法和属性

动画补间动画需要在一个点定义实例的位置、大小及旋转角度等属性，然后才可以在其他位置改变这些属性，从而由这些变化产生动画。

创建动画补间动画的具体操作步骤如下。

**STEP 1** 创建第 1 个关键帧并设置此帧中元件的位置和各种属性。

**STEP 2** 创建第 2 个关键帧并改变此帧中元件的位置和其属性的参数。

**STEP 3** 在关键帧之间单击鼠标右键，在弹出的快捷菜单中选择"创建补间动画"命令，或者在"属性"面板中的"补间"下拉列表框中选择"动画"选项，此时，时间轴的背景变为淡紫色，并有一根细长的箭头指向第 2 个关键帧，表明创建动画补间动画成功。

动画补间动画的"属性"面板如图 15-10 所示。

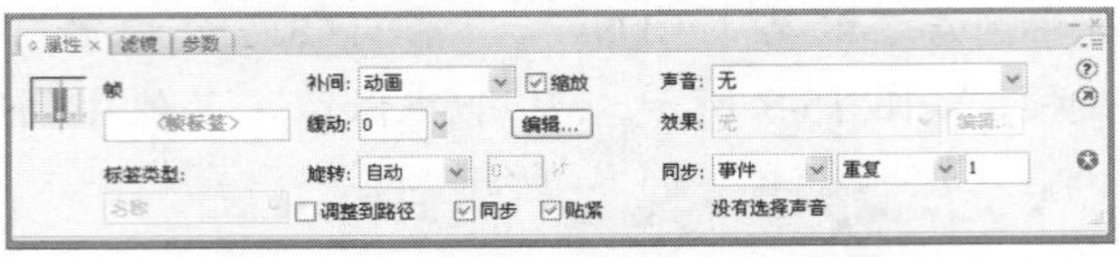

图 15-10　动画补间动画的"属性"面板

在动画补间动画的"属性"面板中主要有以下参数。

○ "帧"：给选中的帧加上标签名。

○ "补间"：包括"无"、"动画"、"形状" 3 个选项，选中"缩放"复选框，可以改变对象的大小。

○ "旋转"：使对象在运动时同时产生旋转。在后面的文本框中可以设置旋转的次数。如果不设置旋转次数，对象将不会旋转。

○ "调整到路径"：选中"调整到路径"复选框，可以让动画元素沿路径改变方向。

○ "同步"：对实例进行同步校准，以确保实例中的影片片段能够在主影片中正确循环。选中"对齐"复选框，可将对象自动对齐到路径上。

## 15.3.2　课堂练习 2——制作动画补间动画

制作动作补间动画时，可以先为一个关键帧定义属性，如对象的大小、位置、角度等，然后为另一个关键帧定义属性，再在两个关键帧之间创建运动补间动画，效果如图 15-11 所示，具体操作步骤如下。

图 15-11　动画补间动画效果

**STEP 1** 新建一个文件，导入一幅图像，如图 15-12 所示。

**STEP 2** 新建一个图层，在图像上输入文字，如图 15-13 所示。

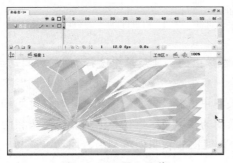

图 15-12　导入图像

图 15-13　输入文字

**STEP 3**　选中文字，选择菜单中的"修改"→"转换为元件"命令，弹出"转换为元件"对话框，如图 15-14 所示。

图 15-14　"转换为元件"对话框

**STEP 4**　在对话框中设置元件的名称和类型，单击"确定"按钮，将文字转换为元件，如图 15-15 所示。

图 15-15　将文字转换为元件

**STEP 5**　分别在图层 1 和图层 2 的第 30 帧处按 F6 键插入关键帧，如图 15-16 所示。

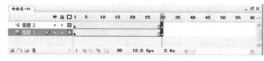

图 15-16　插入关键帧

**STEP 6**　选中图层 2 的第 1 帧，选择菜单中的"窗口"→"变形"命令，打开"变形"面板，在面板中将缩放比例设置为 300％，如图 15-17 所示。

图 15-17　插入关键帧

**STEP 7**　设置完毕后，此时文字的变形效果如图 15-18 所示。

图 15-18　设置变形的效果

**STEP 8**　选中放大的文字，在"属性"面板中将 Alpha 值设置为 0％，如图 15-19 所示。

图 15-19　"属性"面板

**STEP 9**　在第 1 帧～30 帧之间单击鼠标右键，在弹出的快捷菜单中选择"创建补间动画"命令，如图 15-20 所示。

图 15-20　选择"创建补间动画"命令

**STEP 10**　在第 1～30 帧之间创建动画补间动画，如图 15-21 所示。

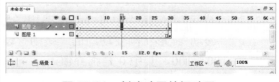

图 15-21　创建动画补间动画

**STEP 11**　选择菜单中的"测试"→"测试影片"命令，测试影片，效果如图 15-11 所示。

# 15.4 创建形状补间动画

形状补间动画是指在一个关键帧绘制一个形状。然后在另一个关键帧更改该形状或绘制另一个形状，再利用帧之间的形状差异来创建动画。

形状补间动画在创建动态的形状变化方面有独到之处，常用在文字和形状之间、形状和形状之间的转化过渡等。形状补间动画常常会变换出用鼠绘无法完成的奇妙效果，令人赞叹不已。

## 15.4.1 形状补间动画的创建方法

形状补间动画只能用于绘制对象和形状，要对文字、组、位图、实例等应用形状补间动画时，必须先把它们分离成形状才能创建动画。

创建形状补间动画的具体操作步骤如下。

**STEP 1** 创建形状补间动画的第 1 个关键帧，并在此帧中创建"绘制对象"、"形状"或已分离的元件。

**STEP 2** 创建形状补间动画的第 2 个关键帧，修改此帧中图形对象的位置、属性或创建新的对象。

**STEP 3** 在关键帧之间单击鼠标右键，在弹出的快捷菜单中选择"创建补间形状"命令，或者在"属性"面板中的"补间"下拉列表框中选择"形状"选项，此时，时间轴的背景变为淡绿色，并有一根细长的箭头从第 1 个关键帧指向最后 1 个关键帧，表明这两帧之间已成功地创建了形状补间动画，如图 15-22 所示。

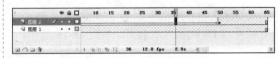

图 15-22 创建形状补间动画

形状补间动画的属性主要是指对"混合"属性的设置，如图 15-23 所示。

图 15-23 "属性"面板

在形状补间动画的"属性"面板中主要有以下参数。

- "帧"：可以为选中的帧添加标签名。
- "补间"：包括"无"、"动作"和"形状"3 个选项。
- "缓动"：形状渐变动画的"缓动"设置是指形状对象的快慢趋势，"缓动"的取值范围是-100～100，其中 0 是临界值。

若"缓动"的取值为 0，则表示形状渐变动画的形变是匀速的；若"缓动"的取值小于 0，则表示形状动画的形变对象的速度越来越块，值越小快慢趋势越明显；若"缓动"的取值大于 0，则表示形状动画的形变对象变形的速度越来越慢，值越大快慢趋势越明显。

- 混合：指形状动画形状对象的变形形式。混合的形式有两种：一种是分布式，另一种是角形式。其中分布式表示对象的变形过程是平滑和不规则的，角形式表示对象的变形过程是棱角比较分明的。

形状动画的"变形基点"是指初始帧和结束帧所在对象的相应形变位置，形状动画默认的形变方式是有"变形基点"的。

设置形状渐变动画"变形基点"的目的是为了使变形的过程更趋于流畅和合理。其操作方法是选择菜单中的"修改"→"形状"→"添加形状提示"命令，或者按 Ctrl+Shift + H 组合键。若要删除所有的"变形基点"，则可以选择菜单中的"修改"→"形状"→"删除所有提示"命令。添加所有的"变形基点"的原则是应使形状动画中的初始帧所在对象与结束帧所在对象的相应位置尽量重合。

## 15.4.2  课堂练习 3——制作形状补间动画

下面创建形状补间动画，效果如图 15-24 所示，具体操作步骤如下。

图 15-24  形状补间动画效果

**STEP 1**  新建一个文件，导入一幅图像，如图 15-25 所示。

图 15-25  导入图像

**STEP 2**  在图层 1 的第 30 帧处按 F6 键插入关键帧，新建一个图层，使用工具箱中的"文本"工具，在图像上输入文字，如图 15-26 所示。

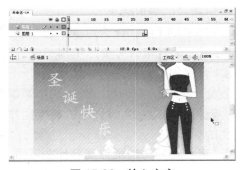

图 15-26  输入文字

**STEP 3**  选择菜单中的"修改"→"分离"命令，将文字分离，效果如图 15-27 所示。

图 15-27　将文字分离

**STEP 4**　在图层 2 的第 30 帧处按 F6 键插入关键帧，将文本删除，使用工具箱中的"椭圆"工具，在图像上绘制 4 个椭圆，如图 15-28 所示。

图 15-28　绘制椭圆

**STEP 5**　在图层 2 的第 40 帧处按 F5 键插入普通帧，单击第 1 ~ 30 帧之间，在"属性"面板中的"补间"下拉列表框中选择"形状"选项，如图 15-29 所示。

图 15-29　"属性"面板

**STEP 6**　选择菜单中的"测试"→"测试影片"命令，测试影片，效果如图 15-24 所示。

 ## 15.5　高手支招

**1. 如何精确控制变形**

在两个对象间做"形状"变形时，有时感觉变化很乱，不柔和。这时需要小心地处理一下：选取"形状"变形的第一帧，按 Ctrl+H 组合键就可加上一个变形关键帧，同时在变形的最后一帧也会同步出现相应的关键帧。适当地选择关键帧的数量，调整关键帧的位置，就可实现精确的变形效果。

**2. 在 Flash 中，什么对象不能创建形状补间动画**

Flash 不能对组合对象、实例对象、文本块和位图创建形状补间动画。

**3. 什么样的动画适合逐帧动画**

逐帧动画最适合于每一帧中的图像都在更改，而不仅仅是简单地在舞台中移动的复杂动画。逐帧动画增加文件大小的速度比补间动画快得多，所以逐帧动画的体积一般会比普通动画的体积大。

**4. 形状补间与动画补间有什么不同**

形状补间动画不但可以改变图形形状，也可以改变它的位置和颜色。这同动画补间动画中改变对象的颜色或位置是不一样的。

**5. 怎么让一条线一点点延伸出来**

在一个关键帧中插入一根短的线段，在另一个关键帧中插入一根长的线段，在关键帧之间做形变动画。

## 15.6　课后习题

### 15.6.1　填空题

1．Flash 动画的基本类型包括_____和_____。

2．动画补间动画需要在一个点定义实例的_____、_____及旋转角度等属性，然后才可以在其他位置改变这些属性，从而由这些变化产生动画。

3．形状补间动画在创建动态的形状变化方面有独到之处，常用在_____、_____之间的转化过渡等。

4．Flash 能生成两种类型的补间动画，一种是_____，另一种是_____。

### 15.6.2　操作题

制作如图 15-30 所示的帧帧动画。

图 15-30　帧帧动画

关键提示：

STEP 1　新建一个空白文档，导入一幅图像，调整其大小及位置，在工具箱中选择"文本"工具，在"属性"面板中设置文本的字体、大小等，新建一个图层，在图像上输入文字，如图 15-31 所示。

图 15-31　导入图像并输入文字

STEP 2　选中文字，选择菜单中的"修改"→"分离"命令，将文字打散，如图 15-32 所示。

图 15-32　分离文本

STEP 3　分别在图层 1 的第 15 帧处按 F5 键插入普通帧，选中图层 2 的第 1～9 帧，按 F6 键插入关键帧，如图 15-33 所示。

图 15-33　插入帧和关键帧

01
02
03
04
05
06
07
08
09
10
11
12
13
14

Chapter
**15**

16
17
18
19
20
21
22

**STEP 4** 在图层 2 中，选中第 1 帧，将第 1 个字保留，其他字删除，如图 15-34 所示。

图 15-34　删除文字

**STEP 5** 选中第 2 帧，将第 1 个和第 2 个字保留，其他字删除，效果如图 15-35 所示。

图 15-35　删除文字

**STEP 6** 按照 **STEP 4** ~ **STEP 5** 的方法，制作其他删除文字，选择菜单中的"测试"→"测试影片"命令，测试影片，效果如图 15-30 所示。

# 第16课　使用 ActionScript 制作交互动画

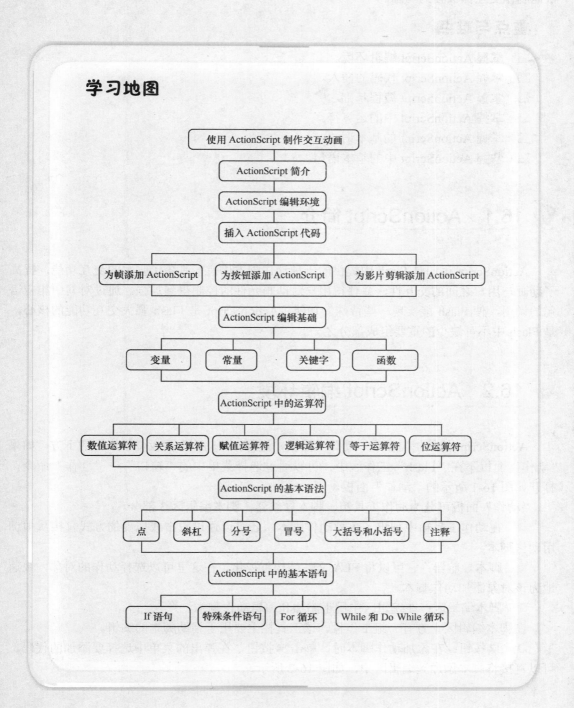

**学习地图**

使用 ActionScript 制作交互动画

ActionScript 简介

ActionScript 编辑环境

插入 ActionScript 代码

为帧添加 ActionScript　　为按钮添加 ActionScript　　为影片剪辑添加 ActionScript

ActionScript 编辑基础

变量　　常量　　关键字　　函数

ActionScript 中的运算符

数值运算符　关系运算符　赋值运算符　逻辑运算符　等于运算符　位运算符

ActionScript 的基本语法

点　　斜杠　　分号　　冒号　　大括号和小括号　　注释

ActionScript 中的基本语句

If 语句　　特殊条件语句　　For 循环　　While 和 Do While 循环

### 课前导读

ActionScript 用来向 Flash 动画添加交互性的脚本语言。应用 ActionScript 脚本语言，可以通过对键盘、鼠标的操作来触发特定的事件，还可以根据选择来控制动画播放的顺序，从而加强动画的娱乐性和交互性。Flash 的 Action 功能非常强大，灵活地应用它们可以轻松地制作交互性极强的动画。

### 重点与难点

- ☐ 掌握 ActionScript 编辑环境。
- ☐ 掌握 ActionScript 代码的插入。
- ☐ 掌握 ActionScript 编程基础。
- ☐ 掌握 ActionScript 中的运算符。
- ☐ 掌握 ActionScript 的基本语法。
- ☐ 掌握 ActionScript 中的基本语句。

##  16.1 ActionScript 简介

ActionScript 语句是 Flash 中提供的一种动作脚本语言，具备了强大的交互功能，提高了动画与用户之间的交互性，并使得用户对动画元件的控制得到加强。通过对其中相应语句的调用，使 Flash 能实现一些特殊的功能。ActionScript 是 Flash 强大交互功能的核心，是 Flash 中不可缺少的重要组成部分之一。

##  16.2 ActionScript 编辑环境

ActionScript 的编辑需要在"动作"面板中进行，"动作"面板位于舞台的下方，如果"动作"面板不在"Flash"工作区中，可以通过选择菜单中的"窗口"→"动作"命令，打开如图 16-1 所示的"动作"面板。

"动作"面板可分为动作工具箱、脚本导航器、脚本编辑区 3 部分。

● 在动作工具箱中列出了各种动作脚本，还可以通过双击或拖曳的方式直接从中调用动作脚本。

● 脚本导航器：它可以将 FLA 文件结构可视化，在这里可以选择动作的对象，快速地为该对象添加动作脚本。

● 脚本编辑区：在编辑区中用于添加和编辑动作脚本。

在脚本编辑区上方有一组工作栏，该工具栏主要用于辅助脚本的编辑。

● ⊕ 按钮：在添加动作脚本时，单击 ⊕ 按钮，在弹出的菜单中选择要添加的代码，可以直接将脚本添加到编辑区中，如图 16-2 所示。

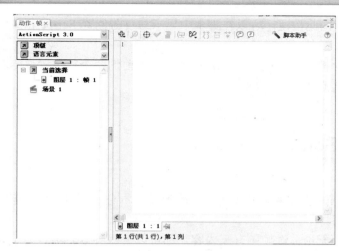

图 16-1　"动作"面板

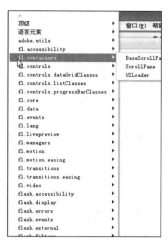

图 16-2　添加动作脚本

● 按钮 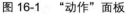：单击此按钮，弹出"查找和替换"对话框，如图 16-3 所示，在对话框中可对脚本编辑区中的脚本进行查找。

● 插入目标路径按钮 ⊕：单击此按钮，弹出"插入目标路径"对话框，在对话框中可以选择需要添加动作脚本的对象，如图 16-4 所示。

图 16-3　"查找和替换"对话框

图 16-4　"插入目标路径"对话框

● 语法检查按钮 ✔：单击此按钮，可以对当前脚本编辑窗口中的脚本进行语法检查。

● 自动套用格式按钮 ▤：通常在常规模式下是手工编辑代码的，因此代码往往不够规整，不易识别。自动套用格式功能就是把手写的代码照标准格式进行排版，使代码的可读性更强。需要注意的是，如果代码中有错误是不能被格式化的，因此该功能也有检查错误的作用，如图 16-5 和图 16-6 所示。

图 16-5　自动套用格式前的效果

图 16-6　自动套用格式后的效果

● 显示代码提示按钮：单击此按钮，可以在脚本中显示与目前位置 Script 相关的提示说明。

● 调试选项按钮：单击此按钮，可以在脚本编辑窗口中目前的命令行位置设定断点，将该命令以上的脚本作为调试范围。

## 16.3  插入 ActionScript 代码

ActionScript 只能添加在关键帧、按钮和影片剪辑上。图形元件本身是不可用的，但它的内部时间轴也可以用于脚本编写。

如果是在关键帧上添加脚本，无论关键帧中有无内容，都可以编写脚本。不过为了动画和程序之间互不干扰，并且源文档更加易读，建议新建一个放置脚本的单独图层，这样整个文档会变得比较整洁、清晰，有脚本的帧上会用字母"a"来表示。

如果在按钮或影片剪辑上添加脚本，一定要事先选中该按钮或影片剪辑，否则就会离开当前对象的脚本编写，而转入当前关键帧的编写状态。因此，编写代码时，当前所在的位置要特别注意，不然很容易造成不必要的麻烦。

### 16.3.1  为帧添加 ActionScript

如果需要给帧添加动作，帧的类型必须是关键帧。为关键帧添加一个新动作，可以使影片达到帧需要的效果，具体操作步骤如下。

**STEP 1**  在时间轴中选中要添加动作的关键帧。

**STEP 2**  选择菜单中的"窗口"→"动作"命令，打开"动作"面板，如图 16-7 所示。

**STEP 3**  在面板中插入 ActionScript 代码，可以注意到，这时关键帧上出现了一个小的"a"标记，标志着在该帧处有 ActionScript 代码，如图 16-8 所示。

图 16-8  插入 ActionScript

> **提  示**
>
> 在编写 ActionScript 代码时，最好将代码放在一个特定的图层中，这样可以使图层结构更加清楚。

图 16-7  "动作"面板

### 16.3.2  为按钮添加 ActionScript

为按钮添加 ActionScript 是最为普通的一种做法，如按钮按下或放开等。按钮中的 ActionScript 代码一般都包含在 on 事件之内。为按钮添加 ActionScript 的具体操作步骤如下。

**STEP 1** 选中要添加 ActionScript 代码的按钮。

**STEP 2** 打开"动作"面板,在"动作编辑区"中输入 ActionScript 代码即可。

**STEP 3** 在设置按钮的动作时,必须要明确其鼠标事件的类型。在"动作"面板中输入 on 时,在代码提示下拉列表中即可显示按钮的相关鼠标事件,如图 16-9 所示。

图 16-9 为按钮添加 ActionScript

按钮各类鼠标事件有以下几种。

- press:鼠标左键按下。
- release:鼠标左键按下后放开。
- releaseOutside:鼠标左键按下后在按钮外部放开。
- rollOver:鼠标滑过。
- rollOut:鼠标滑出。
- keyPress:响应键盘按键。
- dragOver:鼠标滑过按钮的触发区。
- dragOut:鼠标拖动滑过按钮触发区。

### 16.3.3 为影片剪辑添加 ActionScript

Flash 动画中的影片剪辑元件拥有独立的时间轴,每个影片剪辑元件都有自己惟一的名称。为影片剪辑元件添加语句并指定触发事件后,当事件发生时就会执行设置的语句动作。为影片剪辑元件添加语句的方法与为按钮添加语句的方法基本相同,具体操作步骤如下。

**STEP 1** 选中要添加语句的影片剪辑元件。

**STEP 2** 在"动作"面板中单击 ➕ 按钮,在弹出的菜单中选择要添加的动作,如图 16-10 所示。

图 16-10 为影片剪辑添加 ActionScript

##  16.4 ActionScript 编程基础

ActionScript 是在 Flash 中开发应用程序时所使用的语言,下面详细介绍 ActionScript 的基本知识,为创建交互式动画打下基础。

### 16.4.1 变量

变量是用来存储信息的容器,不过变量中的信息不是固定不变的,在一个脚本中,可以任意地更改变量的值。变量必须是以字母开头的字符串，并且不能是系统关键字和布尔值，在其作用域中，变量名是惟一的。

变量名可以是一个字母，也可以是由一个单词或几个单词构成的字符串。

**1. 命名变量**

为变量命名应遵循以下规则。

- 每个变量名应以英文字母开头。变量名不区分大小写。
- 变量名应有一定的意义，通过一个或多个单词组成有意义的变量名可以使变量的意义明确。
- 可根据需要混合使用大小写字母和数字。
- 不能使用 ActionScript 中的关键字、对象或属性作为变量名。
- 变量名不能包含空格或句点，但可以使用下划线。
- 对于动态文本框和输入要采用不同的赋值方式为其分配变量名。
- 应保证变量在特定区域内必须惟一。
- 在 ActionScript 中使用变量时应遵循先定义后使用的原则，即在脚本中必须先定义一个变量，然后才能在表达式中使用这个变量。

**2. 变量的赋值**

在 Flash 中，当把一个数据赋给一个变量时，这个变量的数据类型就已经确定下来了。例如：

```
Name="zz";
Age=18;
```

变量 Age 的赋值为 18，所以变量 Age 是 Number 类型的变量，而变量 Name 的类型则是 String。但如果声明一个变量，该变量又没有被赋值，那么这个变量不属于任何类型。

**3. 变量的类型**

通常在使用变量之前，首先应指定其存储数据的数据类型，该类型值将对变量的值产生影响，变量中主要有以下 4 种类型。

- 逻辑变量：逻辑变量用于判定指定的条件是否成立，其值有两种，即 true 和 false。true 表示条件成立，false 表示条件不成立。
- 字符串变量：字符串变量主要用于保存特定的文本信息。
- 数值型变量：数值型变量一般用于存储一些特定的数值。
- 对象型变量：用于存储对象型的数据。

**4. 变量的作用**

变量的作用范围是指该变量能够被识别和应用的区域。在 ActionScript 中变量可分为全局变量和局部变量两种。全局变量可以在所有引用到该变量的位置使用，而局部变量则只能在其所在的代码块中使用。

要使用变量，首先就应对其声明，在 ActionScript 中使用 set Variables 命令声明全局变量，使用 Var 语句在脚本内部声明局部变量，局部变量的值只能在代码段内部被改变。如果使用了全部变量，一些外部的函数将有可能通过函数改变变量的值，其语法格式如下。

```
Var 变量名;
Var 变量名=表达式;
```

例如：

```
Var dog;
Var dog ="doudou";
```

使用 set Variables 语句或者直接使用 "=" 运算符来声明一个全局变量，两者的效果是一样的。全局变量的作用范围是这个变量所在的主场景或元件的时间轴，是在当前的时间轴。如果需要调用其他元件的变量，则可以使用点运算符，其语法格式如下。

```
变量名＝表达式;
Set(变量名,表达式);
```

举例说明如下：

```
doudou =1;
Set("doudou",1);
```

可以在定义变量时给变量赋值。在上例中，在定义变量 doudou 时给它赋值 "1"。Set 语句中的变量名要用引号括起来。

## 16.4.2　常量

常量就是在程序中保持不变的值，与变量的区别是，变量可以放置任何数值，而常量是不变的。

常量值有 3 种类型：数值型、字符串型和逻辑型。

● 　数值型：由具体的数值来表示的参数，例如，"setProperty("/nube2", _y, "100");" 语句中的 "100" 就是一个典型的数值型常量。

● 　字符串型：字符串型常量是一个字符序列，要在 ActionScript 语句中输入字符串，应用英文单引号或双引号括住。

● 　逻辑型：又称为布尔型，它用于表明一个条件是否成立，如果成立则为 "真"，在脚本语言中用 1 或 True 来表示，如果不成立则为 "假"，在脚本语言中用 0 或 False 来表示。

## 16.4.3　关键字

关键字是 ActionScript 中用于执行特定操作的单词，不能用作标识符，如变量、函数。下面列出的是 ActionScript 的关键字，如表 16-1 所示。

表 16-1　　　　　　　　　　　　　　　　　关键字

| break | for | new | var |
|---|---|---|---|
| continue | function | return | void |
| delete | if | this | while |
| else | in | Typeof | with |

## 16.4.4　函数

函数其实就是一种子程序，它能方便代码在多个事件处理器中重复使用。在 ActionScript 中，函数使用 function 动作来创建。调用函数可以仅使用一行代码就可以代替某个可执行的代码块。函数可以执行多个动作，并可以传递参数。为了能够正确调用函数，它必须要有一个惟一的名称，以避免混淆。

在 Flash 中，可以通过函数传递参数，也可以通过函数实现程序模块和模块之间的通信。Flash 中的函数分为自定义函数和系统函数。

● 自定义函数：在 Flash 中可以自定义函数，对传递的值执行一系列的语句。一旦定义了函数，就可以从任意时间轴中调用它。

● 系统函数：系统函数是 ActionScript 内部集成的函数，它已经完成了被定义函数的过程，可以直接调用它们。

## 16.5 ActionScript 中的运算符

ActionScript 中的运算符包括数值运算符、关系运算符、赋值运算符、逻辑运算符、等于运算符和位运算符 6 种类型。

### 16.5.1 数值运算符

数值运算符可以执行加、减、乘、除以及其他的数学运算。增量运算符最常见的用法是 i++，可以在操作数前后使用增量运算符。数值运算符如表 16-2 所示，其优先级别与一般的数学公式中的优先级别相同。

表 16-2 数值运算符

| 运　算　符 | 执行的运算 |
| --- | --- |
| + | 加法 |
| * | 乘法 |
| / | 除法 |
| % | 求模（除后的余数） |
| − | 减法 |
| ++ | 递增 |
| − | 递减 |

### 16.5.2 关系运算符

使用关系运算符可以对两个表达式进行比较，根据比较结果，得到一个 true 或 false 值。如 a<b 返回的值为 true，c>b 返回的值为 false。关系运算符如表 16-3 所示，该表内的所有运算符的优先级别相同。

表 16-3 关系运算符

| 运　算　符 | 执行的运算 |
| --- | --- |
| < | 小于 |
| > | 大于 |
| <= | 小于或等于 |
| >= | 大于或等于 |

## 16.5.3 赋值运算符

赋值运算符主要用来将数值或表达式的计算结果赋给变量。在 Flash 中大量应用赋值运算符可以使设计的动作脚本更为简洁。赋值运算符如表 16-4 所示。

表 16-4　　　　　　　　　　　　　赋值运算符

| 运　算　符 | 执行的运算 |
| --- | --- |
| = | 赋值 |
| += | 相加并赋值 |
| − = | 相减并赋值 |
| *= | 相乘并赋值 |
| %= | 求模并赋值 |
| /= | 相除并赋值 |
| <<= | 按位左移位并赋值 |
| >>= | 按位右移位并赋值 |
| >>>= | 右移位填零并赋值 |
| ^= | 按位"异或"并赋值 |
| →= | 按位"或"并赋值 |
| &= | 按位"与"并赋值 |

## 16.5.4 逻辑运算符

逻辑运算符对布尔值（true 或 false）进行比较，然后返回第 3 个布尔值。

如果两个操作数都为 true，则使用逻辑"与"运算符（&&）返回 true，除此以外的情况都返回 false。如（a>b）&&（b>c）两边的操作数均为 true，那么返回的值也为 true。又如将该表达式改为（a<b）&&（b>c），第 1 个操作数为 false，那么即使第 2 个操作数为 true，最终返回的值仍然为 false。

如果其中一个或两个操作数都为 true，则逻辑"或"运算符（‖）将返回 true。

逻辑运算符如表 16-5 所示，该表按优先级递减的顺序列出了逻辑运算符。

表 16-5　　　　　　　　　　　　　逻辑运算符

| 运　算　符 | 执行的运算 |
| --- | --- |
| && | 逻辑"与" |
| →→ | 逻辑"或" |
| ! | 逻辑"非" |

## 16.5.5 等于运算符

可以使用等于运算符确定两个操作数的值或标识是否相等。这种比较的结果是返回一个布尔值（true 或 false）。如果操作数是字符串、数字或布尔值，它们将通过值来比较；如果操作数是对象或数组，它们将通过引用来比较。全等运算符与等于运算符相似，但是有一个很重要的差异，即全等运算符不执行类型转换。如果两个操作数属于不同的类型，全等运算符会返回 false，不全等"!=="运算符会返回全等运算符的相反值。用赋值运算符检查等式是常见的错误。

等于运算符如表 16-6 所示，此表中的所有运算符都具有相同的优先级。

表 16-6　　　　　　　　　　　　　等于运算符

| 运　算　符 | 执行的运算 |
| --- | --- |
| = | 等于 |
| == | 全等 |
| != | 不等于 |
| !== | 不全等 |

## 16.5.6　位运算符

位运算符是对一个浮点数的每一位进行计算并产生一个新值。位运算符又可以分为按移位运算符以及按位逻辑运算符。按位移位运算符有两个操作数，将第一个操作数的各位按第二个操作数指定的长度移位。按位逻辑运算符有两个操作数，执行位级别的逻辑运算。位运算符如表 16-7 所示。

表 16-7　　　　　　　　　　　　　位运算符

| 运　算　符 | 执行的运算 |
| --- | --- |
| & | 按位"与" |
| → | 按位"或" |
| ^ | 按位"异或" |
| ~ | 按位"非" |
| << | 左移位 |
| >> | 右移位 |
| >>> | 右移位填零 |

#  16.6　ActionScript 的基本语法

ActionScript 语句有一套自己的语法规则，只有掌握好了这些语法规则，才能编写正确的语句。

## 16.6.1　点

点语法是 ActionScript 最基本的语法之一，点语法表达式以对象或影片剪辑的名称开头，后面跟着一个点（.），最后以要指定的元素结尾，用来指向对象或影片剪辑的属性和方法，或者是指向一个影片剪辑或变量的目标路径。

如果要使 Rainmc 影片剪辑开始播放，可以使用以下语句：

```
Rainmc.start ()
```

点语法使用两个比较特殊的别名-root 和-parent，如果使用的是-root，那采用的将是绝对路径，如果使用的是-parent，那采用的将是相对路径。

如根目录下的 Rainmc 影片剪辑开始播放，可以使用以下语句：

```
-root.Rainmc.start ()
```

## 16.6.2　斜杠

斜杠（/）语法应用于早期的 Flash 3 和 Flash 4 中，在 ActionScript 中的作用与点语法较为相似，也是用来指向一个影片剪辑或变量的目标路径。在最新的 ActionScript 2.0 和 Flash Player 7/Flash Player 8 中，已经不支持斜杠语法，所以在编写 ActionScript 时，还是推荐使用点语法。除非要为 Flash Player 4 或更低的版本创建内容，这时必须使用斜杠语法。

## 16.6.3　分号

ActionScript 语句以分号（;）结束。在编程过程中也可以省略分号字符，ActionScript 编译器会认为每行代码表示单个语句。但是为了代码的可读性，最好还是使用分号。也可以使用"自动套用格式"按钮，自动为每句代码的结尾添加分号。

例如，以下语句都带有分号。

```
curveTo(p, p, 0, radius);
curveTo(-p, p, -radius, 0);
curveTo(-p, -p, 0, -radius);
endFill();
```

## 16.6.4　冒号

在代码中使用冒号（:）为变量指定数据类型。要为某个项目指定特定的数据类型，需要使用 var 关键字和后冒号语法，如下例所示。

```
// 严格指定变量或对象的类型
var myNum:Number = 7;
var myDate:Date = new Date();
// 严格指定参数的类型
function welcome(firstName:String, myAge:Number) {
}
// 严格指定参数和返回值的类型
function square(num:Number):Number {
    var squared:Number = num * num;
    return squared;
}
```

## 16.6.5　大括号和小括号

在 ActionScript 中，使用"{ }"把程序分成一块一块的模块。在由多个动作状态组成的语句中，使用大括号可以有效地区分各菜单项的层级和从属关系。小括号"（）"用来放置参数。例如：

```
on (release) {
    play();
}
```

### 16.6.6　注释

注释用来帮助其他开发人员更好地理解和阅读自己编写的程序代码，增加程序的易读性。注释使用双斜杠"//"标记开头，该行后面所输入的内容只会起到提示作用，在运行代码时将自动被忽略。

 ## 16.7　ActionScript 中的基本语句

在 Flash 中经常用到的语句是条件语句和循环语句。条件语句包括 If 语句和特殊条件语句，循环语句包括 While 循环和 For 循环语句。

### 16.7.1　If 语句

用条件语句 If 能够建立一个执行条件，只有当 If 语句设置的条件成立时，才能继续执行后面的动作。If 条件语句主要应用于一些需要对条件进行判定的场合，其作用是当 If 中的条件成立时执行 If 和 else If 之间的语句。

最简单的条件语句如下：

```
If（条件 1）{
语句 1；
}
```

当满足 If 括号内的条件 1 时，执行大括号内的语句 1。

一般，else 都与 If 一起使用，表示较为复杂的条件判断：

```
If(条件 x){
语句 a；
}else{
语句 b；
}
```

当满足 If 括号内的条件 x 时，执行大括号的语句 a；否则执行语句 b。

以下是括号"else if"的条件判断的完整语句：

```
If(条件 1){
语句 a；
}else if（条件 2）{
语句 b；
} else{
语句 c；
}
```

当满足 If 括号内的条件 1 时，执行大括号的语句 a；否则判断是否满足条件 2，如果满足条件 2 就执行大括号里的语句 b；如果都不满足，就执行语句 c。

### 16.7.2　特殊条件语句

特殊条件判断语句一般用于赋值，本质是一种计算形式，语法格式为：

变量 a=判断条件? 表达式 1: 表达式 2;

如果判断条件成立, 那么 a 就取表达式 1 的值, 如果不成立就取表达式 2 的值。例如:

```
Var a: Number=1;
Var b: Number=2;
Var max: Number=a>ab: b;
```

执行以后, max 就为 a 和 b 中较大的值, 即值为 2。

### 16.7.3　For 循环

通过 For 语句创建的循环, 可在其中预先定义好决定循环次数的变量。

For 语句创建循环的语法格式如下:

```
For(初始化 条件 改变变量){
语句;
}
```

在 "初始化" 中定义循环变量的 "初始值", "条件" 是确定什么时候退出循环, "改变变量" 是指循环变量每次改变的值。例如:

```
trace=0
for(var i=1 i<=30 i++ {
trace = trace +i;
}
```

以上实例中, 初始化循环变量 i 为 1, 每循环一次, i 就加 1, 并且执行一次 "trace = trace +i", 直到 i 等于 30, 才停止增加 trace。

### 16.7.4　While 和 Do While 循环

While 语句可以重复执行某条语句或某段程序, 使用 While 语句时, 系统会先计算一个表达式, 如果表达式的值为 true, 就执行循环的代码, 在执行完循环的每一个语句之后, While 语句会再次对该表达式进行计算, 当表达式的值仍为 true, 会再次执行循环体中的语句, 一直到表达式的值为 false。

Do While 语句与 While 语句一样可以创建相同的循环, 这里要注意的是, Do While 语句对表达式的判定是在其循环结束处, 因而使用 Do While 语句至少会执行一次循环。

For 语句的特点是有确定的循环次数, 而 While 和 Do While 语句没有确定的循环次数, 具体使用格式如下。

```
While（条件){
语句;
}
```

或者:

```
Do{
语句;
}While（条件）
```

以上代码只要满足 "条件", 就一直执行 "语句" 的内容。

---

◈◁ 提　示 ▷◈

　　Break 是用来强行退出循环语句的, 这个语句对 While、Do While、For、For...In 等语句都是有作用的。

---

## 16.8 课堂练习

### 课堂练习 1——利用 getURL 制作发送电子邮件动画

利用 geturl 制作发送电子邮件动画的效果如图 16-11 所示，具体操作步骤如下。

图 16-11 发送电子邮件动画

**STEP 1** 新建一个文档，导入一幅图像，如图 16-12 所示。

图 16-12 导入图像

**STEP 2** 选择菜单中的"窗口"→"公用库"→"按钮"命令，打开按钮的"库"面板，如图 16-13 所示。

图 16-13 按钮的"库"面板

**STEP 3** 在面板中选择其中一个按钮，将其拖动到图像上，如图 16-14 所示。

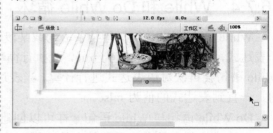

图 16-14 拖动按钮

**STEP 4** 双击在图像上的按钮元件，切换到元件编辑窗口，在元件编辑窗口中更改文字，如图 16-15 所示。

图 16-15 更改文字

**STEP 5** 单击"场景 1"按钮，切换到舞台中，选中按钮元件，打开"动作"面板，在面板中输入代码

```
on (release) {
    getURL("mailto:00@163.com");
},
```

如图 16-16 所示。

**STEP 6** 选择菜单中的"测试"→"测试影片"命令，测试影片，效果如图 16-11 所示。

图 16-16　输入代码

## 课堂练习 2——利用 stop 和 play 语句控制动画的播放

利用 stop 和 play 语句可以制作控制动画播放的效果，如图 16-17 所示，具体操作步骤如下。

图 16-17　利用 stop 和 play 语句控制动画的播放

**STEP 1** 新建一个空白文档，导入一幅图像，如图 16-18 所示。

图 16-18　导入图像

**STEP 2** 新建一个图层，使用工具箱中的"文本"工具，在图像上输入文字，如图 16-19 所示。

图 16-19　输入文字

**STEP 3** 选中输入的文字，按 F8 键，弹出"转换为元件"对话框，在对话框中的"名称"文本框中输入元件的名称，"类型"

选择"图形",如图 16-20 所示。单击"确定"按钮,将文字转换为元件,如图 16-21 所示。

图 16-20 "转换为元件"对话框

图 16-21 文字转换为元件

**STEP 4** 选择工具箱中的"选择"工具,选中第 1 帧,将文字元件移动到图像的下方,如图 16-22 所示。

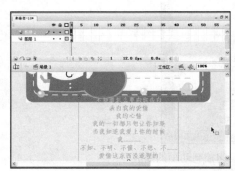

图 16-22 将文字元件移动到图像的下方

**STEP 5** 选中图层 1 的第 65 帧,按 F5 键插入帧。选中图层 2 的第 35 帧,按 F6 键插入关键帧,将文字移动到图像的上方,如图 16-23 所示。

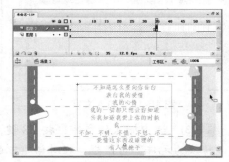

图 16-23 将文字元件移动到图像的上方

**STEP 6** 选中图层 2 的第 55 帧,按 F6 键插入关键帧,将文字元件拖动到图像的上方,如图 16-24 所示。

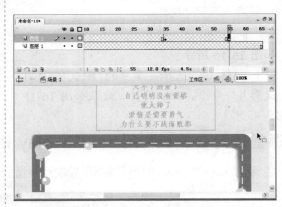

图 16-24 将文字元件移动到图像的上方

**STEP 7** 选中图层 2 的第 55 帧中的文字元件,打开"属性"面板,在面板中的"颜色"下拉列表框中选择 Alpha,将值设置为 30%,如图 16-25 所示。

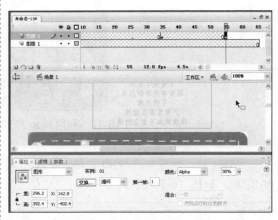

图 16-25 设置 Alpha 值

**STEP 8** 将光标置于第 40～55 帧之间的任意一帧,创建补间动画,如图 16-26 所示。

图 16-26 创建补间动画

**STEP 9** 选中图层 2 的第 25 帧,按 F6 键插入关键帧,执行"窗口"→"动作"命令,打开"动作"面板,在面板中输入"stop();",如图 16-27 所示。

图 16-27 "动作"面板

**STEP 10** 选择菜单中的"窗口"→"公用库"→"按钮"命令,打开按钮的"库"面板,在面板中选择要导入的按钮,如图 16-28 所示。

图 16-28 "库"面板

**STEP 11** 新建一个图层,将其拖动到图像上,如图 16-29 所示。

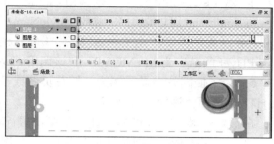

图 16-29 拖动按钮

**STEP 12** 选中按钮元件,在"动作"面板中输入以下代码,如图 16-30 所示。

```
on (release) {
play();
}
```

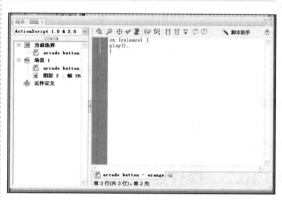

图 16-30 输入代码

**STEP 13** 选择菜单中的"测试"→"测试影片"命令,测试影片,效果如图 16-17 所示。

 **16.9 高手支招**

**1. 在 Flash 中如何打开 Word 文档**

Flash 不支持调用 Word 文件,但浏览器可以直接打开.doc 文档,因此用 getURL 来解决即可,路径用绝对地址。

**2. 做好的 Flash 放在网页上面以后,它老是循环,怎么能够让它不进行循环**

只要将最后一个 Frame 的 Action 设置为 Stop 即可。

**3. 在 Action 中，/:与/有什么区别，各在什么时候用**

/:是表示某一路径下的变量，如/:a 就表示根路径下的变量 a，而/表示的是绝对路径。

**4. 在 FsCommand 中可以调用 JavaScript 吗**

FsCommand 可以调用 JS 函数 MovieName_DofsCommand 装入 Flash 动画。Movie Name 是 Flash 动画的名字，由 Embed 标签的 Name 属性或是 Object 标签的 ID 属性指定，如果 FlashPlayer 的名字为 MYMOVIE，应该调用 JS 函数名字为 MYMOVIE_ DOFSCOMMAND。

**5. 为了使网站更具震撼力，把首页做成了 Flash，想使浏览者观看完 Flash 后自动转入 HTML 页面，请问如何实现**

在最后一帧插入关键帧，在其上单击鼠标右键，在弹出的快捷菜单中选择"动作"命令，输入"GetURL (" 网站地址");"就可以实现了。

 ## 16.10 课后习题

### 16.10.1 填空题

1. _____是 Flash 强大交互功能的核心，是 Flash 中不可缺少的重要组成部分之一。

2. "动作"面板可分为_____、_____、_____三部分。

3. 为了动画和程序之间互不干扰，并且源文档更加易读，建议新建一个放置脚本的单独图层，这样整个文档会变得比较整洁、清晰，有脚本的帧上会用字母_____来表示。

4. 为按钮添加 ActionScript 是最为普通的一种做法，如按钮按下或放开等。按钮中的 ActionScript 代码一般都包含在_____事件之内。

### 16.10.2 操作题

利用 fullScreen 效果将图像动画设置全屏显示效果，如图 16-31 所示。

图 16-31 全屏效果

关键提示：

STEP 1　新建一个空白文档，导入图像到舞台，并调整图像的位置，如图 16-32 所示。

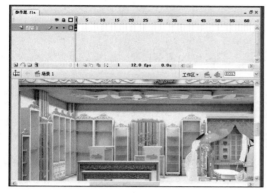

图 16-32　导入图像

STEP 2　单击"时间轴"面板左下角的"插入图层"按钮，选中第 1 帧，打开"动作"面板，在面板中输入以下代码，如图 16-33 所示。

图 16-33　输入代码

STEP 3　保存文档，按 Ctrl+Enter 组合键测试动画，效果如图 16-31 所示。

# 第 17 课　Photoshop CS3 快速入门

**学习地图**

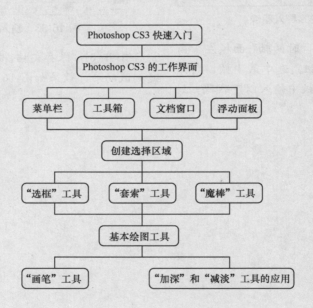

### 课前导读

Photoshop 是 Adobe 公司推出的图像处理软件，被人们称作图像处理大师。Photoshop 是目前应用最为广泛的图形图像软件之一。Photoshop CS3 是 Photoshop 的最新版本，它新增的许多创造性的功能，在很大程度上提升了工作效率。

### 重点与难点

- ☐ 熟悉 Photoshop CS3 的工作界面。
- ☐ 掌握选择区域的创建。
- ☐ 掌握基本绘图工具的使用。

 ## 17.1　Photoshop CS3 的工作界面

Photoshop CS3 的工作界面包括标题栏、菜单栏、选项栏、工具箱、文档窗口和浮动面板，如图 17-1 所示，下面将分别进行介绍。

图 17-1　Photoshop CS3 的工作界面

### 17.1.1　菜单栏

Photoshop CS3 的菜单栏包括"文件"、"编辑"、"图像"、"图层"、"选择"、"滤镜"、"分析"、"视图"、"窗口"和"帮助"10 个菜单，如图 17-2 所示。

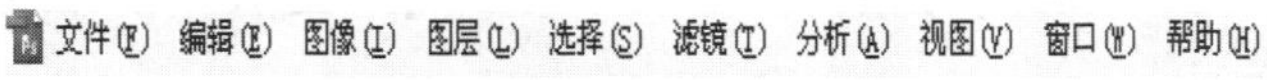

🔲 文件(F)　编辑(E)　图像(I)　图层(L)　选择(S)　滤镜(T)　分析(A)　视图(V)　窗口(W)　帮助(H)

图 17-2　菜单栏

● "文件"菜单：对所修改的图像进行打开、关闭、存储、输出和打印等操作，如图 17-3 所示。

图 17-3 "文件"菜单

● "编辑"菜单：为编辑图像过程中所用到的各种操作，如复制和粘贴等，如图 17-4 所示。

● "图像"菜单：用来修改图像的各种属性，包括图像和画布的大小、图像颜色的调整、修正图像等，如图 17-5 所示。

图 17-4 "编辑"菜单          图 17-5 "图像"菜单

● "图层"菜单：图层的基本操作命令，如图 17-6 所示。

● "选择"菜单：可以对选区中的图像添加各种效果或进行各种变化而不改变选区外的图像，还提供了各种控制和变换选区的命令，如图 17-7 所示。

| 新建(N) | ▶ |
| 复制图层(D)... | |
| 删除 | ▶ |
| 图层属性(P)... | |
| 图层样式(Y) | ▶ |
| 智能滤镜 | ▶ |
| 新建填充图层(W) | ▶ |
| 新建调整图层(J) | ▶ |
| 更改图层内容(U) | ▶ |
| 图层内容选项(O)... | |
| 图层蒙版(M) | ▶ |
| 矢量蒙版(V) | ▶ |
| 创建剪贴蒙版(C) | Alt+Ctrl+G |
| 智能对象 | ▶ |
| 视频图层 | ▶ |
| 3D 图层 | ▶ |
| 文字 | ▶ |
| 栅格化(Z) | ▶ |
| 新建基于图层的切片(B) | |
| 图层编组(G) | Ctrl+G |
| 取消图层编组(U) | Shift+Ctrl+G |
| 隐藏图层(R) | |
| 排列(A) | ▶ |
| 将图层与选区对齐(I) | ▶ |
| 分布(T) | ▶ |
| 锁定组内的所有图层(X)... | |
| 链接图层(K) | |
| 选择链接图层(S) | |
| 向下合并(E) | Ctrl+E |
| 合并可见图层 | Shift+Ctrl+E |
| 拼合图像(F) | |
| 修边 | ▶ |

图 17-6 "图层"菜单

| 全部(A) | Ctrl+A |
| 取消选择(D) | Ctrl+D |
| 重新选择(E) | Shift+Ctrl+D |
| 反向(I) | Shift+Ctrl+I |
| 所有图层(L) | Alt+Ctrl+A |
| 取消选择图层(S) | |
| 相似图层(Y) | |
| 色彩范围(C)... | |
| 调整边缘(F)... | Alt+Ctrl+R |
| 修改(M) | ▶ |
| 扩大选取(G) | |
| 选取相似(R) | |
| 变换选区(T) | |
| 载入选区(O)... | |
| 存储选区(V)... | |

图 17-7 "选择"菜单

● "滤镜"菜单：用来添加各种特殊效果，如图 17-8 所示。

● "分析"菜单：提供多种度量工具，是为设计师准备的。

● "视图"菜单：用来调整图像在显示方面的属性，如图 17-9 所示。

| 上次滤镜操作(F) | Ctrl+F |
| 转换为智能滤镜 | |
| 抽出(X)... | Alt+Ctrl+X |
| 滤镜库(G)... | |
| 液化(L)... | Shift+Ctrl+X |
| 图案生成器(P)... | Alt+Shift+Ctrl+X |
| 消失点(V)... | Alt+Ctrl+V |
| 风格化 | ▶ |
| 画笔描边 | ▶ |
| 模糊 | ▶ |
| 扭曲 | ▶ |
| 锐化 | ▶ |
| 视频 | ▶ |
| 素描 | ▶ |
| 纹理 | ▶ |
| 像素化 | ▶ |
| 渲染 | ▶ |
| 艺术效果 | ▶ |
| 杂色 | ▶ |
| 其它 | ▶ |
| Digimarc | ▶ |

图 17-8 "滤镜"菜单

| 校样设置(U) | ▶ |
| 校样颜色(L) | Ctrl+Y |
| 色域警告(W) | Shift+Ctrl+Y |
| 像素长宽比校正(P) | |
| 32 位预览选项 | |
| 放大(I) | Ctrl++ |
| 缩小(O) | Ctrl+- |
| 按屏幕大小缩放(F) | Ctrl+0 |
| 实际像素(A) | Alt+Ctrl+0 |
| 打印尺寸(Z) | |
| 屏幕模式(M) | ▶ |
| ✔ 显示额外内容(X) | Ctrl+H |
| 显示(H) | ▶ |
| 标尺(R) | Ctrl+R |
| ✔ 对齐(N) | Shift+Ctrl+; |
| 对齐到(T) | ▶ |
| 锁定参考线(G) | Alt+Ctrl+; |
| 清除参考线(S) | |
| 新建参考线(E)... | |
| 锁定切片(K) | |
| 清除切片(C) | |

图 17-9 "视图"菜单

● "窗口"菜单：用于管理工作环境，控制各种窗口，如图17-10所示。

● "帮助"菜单：用于查找帮助信息，如图17-11所示。

图17-10 "窗口"菜单

图17-11 "帮助"菜单

## 17.1.2 工具箱

Photoshop的工具箱包含了多种工具。要选择使用这些工具，只要单击工具箱中的工具按钮即可，如图17-12所示。

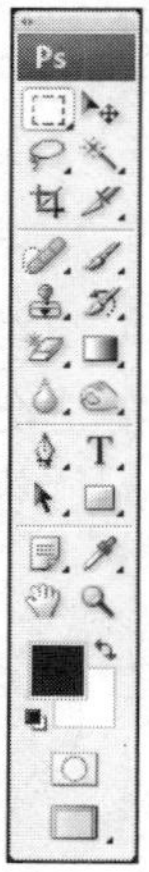

● "选框"工具 (M)：可选择矩形、椭圆、单行和单列选区，用来在图像中选择区域。

● "移动"工具 (V)：用来移动当前图层或当前图层中选定的区域。

● "套索"工具 (L)：用来选择不规则的选区，包括"自由套索"、"多边形套索"和"磁性套索"工具。"自由套索"工具适合建立简单选区；"多边形套索"工具适合建立棱角比较分明但不规则的选区，如多边形、建筑楼房等；而"磁性套索"工具是用于选择图形颜色反差较大的图像，颜色反差越大选取的图形越准确。

● "魔棒"工具 (W)：以点取的颜色为起点选取跟它颜色相近或相同的颜色，图像颜色反差或容差越大选取的范围越广。

图17-12 工具箱

● "裁剪"工具 (C)：可以通过拖动选框，选取要保留的范围并进行裁切，选取后可以按Enter键完成操作，取消则按Esc键。

● "切片"工具 (K)：用来制作网页的热区。

● "画笔"工具 (B)：用于柔边、描边的绘制。

● "仿制图章"工具 (S)：可以把其他区域的图像纹理轻易地复制到选定的区域。

● "历史记录画笔"工具 (Y)：用于恢复图像的操作，可以一步一步地恢复，也可以直接按F12键全部恢复。

● "橡皮擦"工具 (E)：可以清除像素或者恢复背景色。

- "渐变"工具▢（G）：填充渐变颜色。
- "模糊"工具◊（R）：模糊图像。
- "减淡"工具✎（O）：使图像变亮。
- "路径选择"工具▸（A）：选择整个路径。
- "横排文字"工具 T（T）：在图像上创建文字。
- "钢笔"工具♤（P）：绘制路径。
- "矩形"工具▢（U）：绘制矩形。
- "注释"工具▤（N）：添加文字注释。
- "吸管"工具✐（I）：选取颜色。
- "抓手"工具✋（H）：在图像窗口内移动图像。
- "缩放"工具🔍（Z）：可放大和缩小图像的视图。

## 17.1.3　文档窗口

　　文档窗口是显示图像的区域，也是编辑和处理图像的区域。在文档窗口中可以实现 Photoshop 中所有的功能。可以对文档窗口进行多种操作，如改变窗口大小和位置，对窗口进行缩放等。文档窗口如图 17-13 所示。

- 标题栏：显示图像文件名、显示比例大小及颜色模式等。
- 最大化、最小化和关闭按钮：单击这几个按钮可以分别将图像最大化、最小化及关闭图像窗口。
- 图像显示区域：用于编辑图像和显示图像。
- 控制窗口图标：单击此按钮可以打开一个菜单，选择其中的命令可以用来移动、最小化、最大化和关闭窗口，如图 17-14 所示。

图 17-13　文档窗口

图 17-14　菜单命令

## 17.1.4　浮动面板

　　默认情况下，浮动面板以组合的方式堆叠在一起，如图 17-15 所示。

图 17-15　控制面板

## 17.2　创建选择区域

如果要在图像上创建选择区域，可以通过使用工具箱中的"矩形选框"工具、"椭圆选框"工具、"单行选框"工具和"单列选框"工具等。

### 17.2.1　"选框"工具

Photoshop CS3 的"选框"工具包括"矩形选框"工具、"椭圆选框"工具、"单行选框"工具和"单列选框"工具，如图 17-16 所示。

"选框"工具用来选取规则的选区，如矩形、圆形、单行、单列等。下面通过实例讲述"选框"工具的使用。

图 17-16　"选框"工具

**1．"矩形选框"工具**

使用"矩形选框"工具的具体操作步骤如下。

**STEP 1**　打开一个图像文件，如图 17-17 所示。

**STEP 2**　在工具箱中选择"矩形选框"工具，在图像上按住鼠标左键并拖动，到适当的位置释放鼠标即可创建矩形选区，如图 17-18 所示。

图 17-17　打开图像文件

图 17-18　选取区域

**STEP 3**　在创建选区的同时按住 Shift 键，可以绘制正方形的选取框，如果在选取范围之后，再按住 Shift 键，可以加选其他的区域，如图 17-19 所示。

区域，如图 17-20 所示。

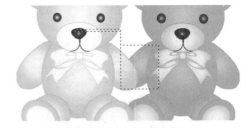

图 17-20　缩减选区

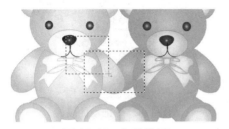

图 17-19　加选选区

**STEP 4**　按住 Alt 键，可以绘制以起点为中心的矩形选取框。如果在选取范围之后，再按住 Alt 键，可以缩减已选取的

**STEP 5**　在矩形选取框中设置不同的选项，会有不同的复制功能，如图 17-21 所示。

图 17-21　"选框"工具选项栏

### 2. "椭圆选框"工具

使用"椭圆选框"工具的具体操作步骤如下。

**STEP 1**　在工具箱中选择"椭圆选框"工具 ○，在图像上按住鼠标左键并拖动到适当的位置释放鼠标即可创建椭圆选区，如图 17-22 所示。

**STEP 2**　在选取的同时按住 Shift 键，就会绘制一个圆形的选取框，如图 17-23 所示。

图 17-22　选取区域

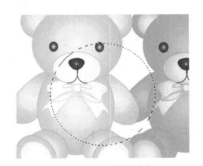

图 17-23　圆形选框

## 17.2.2　"套索"工具

世界上的物体不一定都是方形或圆形的，也有很多不规则的，这时就可以利用"套索"工具。在 Photoshop 中"套索"工具包含 3 种，分别是"套索"工具 、"多边形套索"工具 、"磁性套索"工具 ，如图 17-24 所示。

### 1. 使用"套索"工具

使用"套索"工具 的具体操作步骤如下。

图 17-24　"套索"工具

STEP ① 打开一个图像文件，如图 17-25 所示。

图 17-25 打开图像文件

STEP ② 选择工具箱中的"套索"工具，如图 17-26 所示。

图 17-26 选择工具

STEP ③ 将光标移动到图像上，按住鼠标左键并拖动，拖动的路径即绘制的曲线，如图 17-27 所示。

图 17-27 拖动的路径

STEP ④ 回到起点释放鼠标，如果重合点没有回到起始点，Photoshop CS3 会自动关闭未完成的选取区域，勾选出套索选区范围，如图 17-28 所示。

图 17-28 勾选选区

### 2. 使用"多边形套索"工具

利用"多边形套索"工具可以在图像中选取不规则的多边形选取区域。使用"多边形套索"工具的具体操作步骤如下。

STEP ① 打开一个图像文件，如图 17-29 所示。

图 17-29 打开图像

STEP ② 选择工具箱中的"多边形套索"工具，如图 17-30 所示。

图 17-30 选择"多边形套索"工具

STEP ③ 将光标移动到图像上，按住鼠标左键并拖动，拖动的路径即绘制的曲线，如图 17-31 所示。

图 17-31　绘制路径

自动将单击的两点连接成直线，如图 17-32 所示。

图 17-32　绘制曲线

**STEP ④**　将光标移动到起点处，在指针旁出现小圆圈后单击，Photoshop CS3 会

### 3."磁性套索"工具

"磁性套索"工具 是 Photoshop 提供具有选取复杂功能的套索工具。此工具常用于图像与背景反差较大、形状较复杂的图像选取工具。使用"磁性套索"工具 的具体操作步骤如下。

**STEP ①**　打开一个图像文件，如图 17-33 所示。

图 17-33　打开图像文件

**STEP ②**　在工具箱中选择"磁性套索"工具 ，如图 17-34 所示。

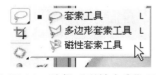

图 17-34　选择"磁性套索"工具

**STEP ③**　在图像上单击起点，顺着需要选取的图形边缘移动鼠标，与"多边形套索"工具相似，回到起点，指针右下角

出现一个小圆圈，如图 17-35 所示。

图 17-35　移动鼠标

**STEP ④**　双击鼠标封闭选择区域，即可创建选区，如图 17-36 所示。

图 17-36　封闭区域

Chapter
**17**

01
02
03
04
05
06
07
08
09
10
11
12
13
14
15
16
18
19
20
21
22

**321**

### 17.2.3　"魔棒"工具

"魔棒"工具✎主要用于颜色相同或相近区域的选取，无需跟踪图形的轮廓。"魔棒"工具✎的具体使用方法如下。

**STEP 1**　打开一个图像文件，如图17-37所示。

图17-38　"魔棒"工具的选项栏

**STEP 3**　将光标放置在图像上单击鼠标左键即可建立选区，如图17-39所示。

图17-37　打开图像文件

**STEP 2**　在工具箱中选择"魔棒"工具✎，显示魔棒的选项栏，如图17-38所示。

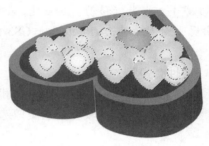

图17-39　选取选区

## 🎈 17.3　基本绘图工具

为了便于对图像进行描绘处理，Photoshop提供了多种绘图工具。下面分别进行介绍。

### 17.3.1　"画笔"工具

使用"画笔"工具✎不仅可创建比较柔和的艺术笔触效果，也可以自行定义画笔。下面利用"画笔"工具✎给图添加装饰，效果如图17-40所示，具体操作步骤如下。

图17-40　装饰

**STEP 1**　打开一个图像文件，如图 17-41 所示。

图 17-41　打开图像

**STEP 2**　在工具箱中选择"画笔"工具

具，在选项栏中进行设置，如图 17-42 所示。

图 17-42　设置"画笔"工具

**STEP 3**　设置完毕后，将光标移动到图像上，按住鼠标左键拖动进行绘制即可，效果如图 17-40 所示。

## 17.3.2　"加深"和"减淡"工具的应用

"加深"工具和"减淡"工具可分别用于加深或减淡图像颜色。当选择一种工具的同时会打开相应的工具栏。使用"加深"工具效果刚好和减淡效果相反，会加深阴影或使已有的明亮区域变得暗一些，可使用深化阴影并通过加深照片的某一个区域找回由于曝光过度引起的细节损失。

使用"加深"工具和"减淡"工具的具体操作步骤如下。

**STEP 1**　打开一个图像文件，如图 17-43 所示。

图 17-43　打开图像文件

**STEP 2**　在工具箱中选择"加深"工具，在选项栏中进行设置，如图 17-44

所示。

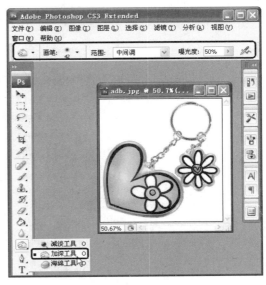

图 17-44　"加深"工具

**STEP 3** 将光标移动到图像上，按住鼠标左键进行拖动，如图 17-45 所示。

图 17-45 加深图像

**STEP 4** 在工具箱中选择"减淡"工具 ，在选项栏中进行设置，如图 17-46 所示。

图 17-46 "减淡"工具选项栏

**STEP 5** 将光标移动到图像上，按住鼠标左键进行拖动，如图 17-47 所示。

图 17-47 减淡图像

## 17.4 课堂练习

### 课堂练习 1——绘制信纸

下面利用"画笔"工具、通道、"直线"工具和"横排文字"工具制作如图 17-48 所示的信纸效果。

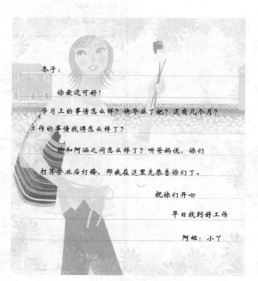

图 17-48 信纸

**STEP 1** 选择菜单中的"文件"→"新建"命令,新建一个空白文档。在"通道"面板中新建一个通道,如图 17-49 所示。

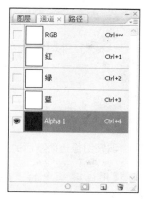

图 17-49 "通道"面板

**STEP 2** 使用工具箱中的"画笔"工具 ✐,在图像上绘制图像,如图 17-50 所示。

图 17-50 绘制图像

**STEP 3** 按住 Ctrl 键单击"通道"面板,调出选区,如图 17-51 所示。

图 17-51 调出选区

**STEP 4** 新建一个图层,单击图层 1,设置好前景色,按 Alt+Delete 组合键填充选区,如图 17-52 所示。

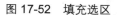

图 17-52 填充选区

**STEP 5** 打开一个图像文件,如图 17-53 所示。

图 17-53 打开图像文件

**STEP 6** 双击该图像的背景图层,弹出"新建图层"对话框,在对话框中进行相应的设置,如图 17-54 所示。

图 17-54 "新建图层"对话框

**STEP 7** 单击"确定"按钮,将该图层转换为普通图层,如图 17-55 所示。

图 17-55 "图层"面板

**STEP 8** 使用工具箱中的"移动"工具►+，选中背景图层的图像，将其移动到另一个文档上，如图 17-56 所示。

图 17-56 移动图像

**STEP 9** 在"图层"面板中调整图像的透明度，如图 17-57 所示。

图 17-57 调整图像的透明度

**STEP 10** 调整图像的透明度后的效果如图 17-58 所示。

图 17-58 调整图像透明度后的效果

**STEP 11** 使用工具箱中的"直线"工具\在图像上绘制线条，并在"图层"面板中调整线条的透明度，如图 17-59 所示。

图 17-59 绘制线条

**STEP 12** 使用工具箱中的"横排文字"工具T，在图像上输入文字，效果如图 17-48 所示。

## 课堂练习 2——羽化网页图像

本例讲述的是羽化网页图像。将如图 17-60 所示的图像羽化为如图 17-61 所示的效果，具体操作步骤如下。

图 17-60 原始图像

图 17-61 羽化图像

STEP 1　打开起始文件图像，选择工具箱中的"椭圆"工具 ◯，在图像上绘制一个椭圆选区，如图 17-62 所示。

图 17-62　绘制选区

STEP 2　选择菜单中的"修改"→"羽化"命令，弹出"羽化选区"对话框，在对话框中将"羽化半径"设置为 20 像素，如图 17-63 所示。

图 17-63　"羽化选区"对话框

STEP 3　单击"确定"按钮，选择菜单中的"编辑"→"拷贝"命令。选择菜单中的"文件"→"新建"命令，新建一个空白文档，选择菜单中的"编辑"→"粘贴"命令，粘贴图像，如图 17-64 所示。

图 17-64　羽化图像

 ## 17.5　高手支招

### 1．如何显示/隐藏控制面板

按 Tab 键可切换显示或隐藏所有的控制面板（包括工具箱），如果按 Shift+Tab 组合键则工具箱不受影响，只显示或隐藏其他的控制面板。

### 2．如何快速恢复默认值

单击选项栏上的工具图标，然后从上下文菜单中选取"复位工具"或者"复位所有工具"命令即可。

### 3．如何自由控制大小

缩放工具的快捷键为 Z，此外按 Ctrl+空格组合键为放大工具，按 Alt+空格组合键为缩小工具，但是要配合鼠标才可以缩放；相同按 Ctrl+"+"组合键以及按 Ctrl+"－"组合键也可以分别放大和缩小图像；按 Ctrl+Alt+"+"和 Ctrl+Alt+"－"可以自动调整窗口以满屏缩放显示，使用此工具就可以无论图片以多少百分比来显示的情况下都能全屏浏览。如果想要在使用缩放工具时按图片的大小自动调整窗口，可以在缩放工具的属性栏中选择"满画布显示"选项。

### 4．黑白图扫描成何种格式文件

如果是图表就用.gif 格式，如果是照片就扫描成.jpg 格式。黑白图片建议先转换成灰度，然后保存为.gif 格式；如果颜色在 256 色以下，用.gif 格式最好——文件尺寸小，也不损失质量；如果是真彩色，就一定要用.jpg 格式。

### 5. 如何随意更换画布颜色

选择"油漆桶"工具并按住 Shift 键单击画布边缘，即可将画布底色设置为当前选择的前景色。如果要还原到默认的颜色，设置前景色为 25%灰度（R192，G192，B192）再次按住 Shift 键单击画布边缘。

 ## 17.6　课后习题

### 17.6.1　填空题

1. 如果要在图像上创建选择区域，可以通过使用工具箱中的_____、_____、"单行选框"工具和"单列选框"工具。

2. 在 Photoshop 中"套索"工具包含 3 种，分别是_____、_____、_____。

3. _____是显示图像的区域，也是编辑和处理图像的区域。

4. _____主要用于颜色相同或相近区域的选取，无需跟踪图形的轮廓。

### 17.6.2　操作题

将如图 17-65 所示的图片羽化成如图 17-66 所示的效果。

图 17-65　原始图片

图 17-66　最终图片

# 第 18 课　设计网页文字与按钮

## 学习地图

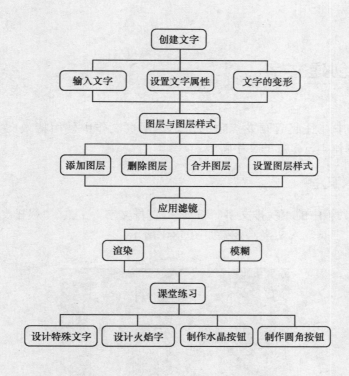

### 课前导读

虽然图像的表达效果要强于普通的文字，但是文字也能够起到注释与说明的作用，何况在图像朦胧写意与含蓄表达后，需要用文字这种语言符号加以强化，即"图文并茂"引人入胜。按钮一般设计精巧、立体感强，将其应用到网页中，既能吸引浏览者的注意，又增加了网页的美观效果。本课通过大量的实例讲述了网页文字和按钮的制作。

### 重点与难点

- ☐ 掌握"文本"工具的使用。
- ☐ 掌握图层与图层样式的使用。
- ☐ 掌握滤镜的使用。

## 18.1 创建文字

文字在图像中往往起着画龙点睛的作用，网页制作中使用特效文字也较多。利用Photoshop 可以制作丰富多彩的文字特效。

### 18.1.1 输入文字

可以使用工具箱中的"横排文字"工具、"直排文字"工具、"横排文字蒙版"工具和"直排文字蒙版"工具输入文字，效果如图 18-1 所示。

图 18-1 输入文字

**STEP** ① 打开一个图像文件，如图 18-2 所示。

鼠标左键即可弹出文本输入框，如图 18-3 所示。

图 18-2　打开图像文件

图 18-3　文本输入框

**STEP** ② 选择工具箱中的 "横排文字" 工具 **T**，将光标放置在图像上，单击

**STEP** ③ 在文本输入框中输入文字 "圣诞快乐"，如图 18-1 所示。

## 18.1.2　设置文字属性

如果对输入的文字不满意，可以通过 "文本" 工具选项栏来进行相应的属性设置，具体操作步骤如下。

**STEP** ① 打开一个文档，在文档中选中文字，通过 "文本" 工具选项栏来设置文本的属性，如图 18-4 所示。

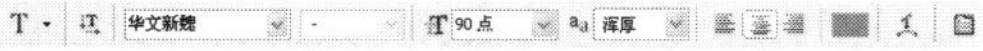

图 18-4　文本选项栏

**STEP** ② 在 "文本" 工具选项栏中设置文本的字体、大小，并设置消除锯齿、文本对齐和字体颜色。

在 "文本" 工具选项栏中可以设置以

下参数。

- "字体"：在其下拉列表框中设置文本的字体。
- "大小"：在其下拉列表框中设置文本的大小，或者直接在列表框中输入数值。
- "对齐方式" ：设置为文本的对齐方式。
- "颜色色标" ：单击该色标，弹出 "拾色器" 对话框，在对话框中设置文本的颜色。

## 18.1.3　文字的变形

可以通过单击 "文本" 工具选项栏中的 "创建文字变形" 按钮，在弹出的 "变形文字" 对话框中设置文字的变形，效果如图 18-5 所示。

图 18-5　文字的变形

01
02
03
04
05
06
07
08
09
10
11
12
13
14
15
16
17

Chapter
**18**

19
20
21
22

**331**

**STEP 1** 打开一个图像文件，选择工具箱中的"横排文字"工具**T**，输入文字，如图 18-6 所示。

图 18-6　输入文字

**STEP 2** 选中文字，在"文本"工具选项栏中单击"创建文字变形"按钮**工**，

弹出"变形文字"对话框，如图 18-7 所示。

图 18-7　"变形文字"对话框

**STEP 3** 在对话框中设置文字要变形的样式，也可以通过拖动下面的滑块按钮，更加精确地调整文字变形的数值，效果如图 18-5 所示。

 ## 18.2　图层与图层样式

图层是处理图像的关键，在处理和编辑图像的过程中，几乎每幅图像都会用到图层。因此在学习使用 Photoshop CS3 绘制和处理图像前，必须先掌握图层的基本操作。

### 18.2.1　添加图层

添加图层是编辑图层中首先应学会的操作，新建图层一般可以通过"图层"面板或菜单命令来添加，新添加的图层将位于"图层"面板中所选图层的上方。

**1. 通过"图层"面板添加图层**

选择菜单中的"窗口"→"图层"命令，打开"图层"面板，在面板中单击"创建新图层"按钮，如图 18-8 所示，即可在图层的上方新建一个图层，如图 18-9 所示。

图 18-8　单击"创建新图层"按钮

图 18-9　新建图层

**2. 通过图层菜单命令添加图层**

选择菜单中的"图层"→"新建"→"图层"命令，弹出"新建图层"对话框，如图 18-10 所示。在对话框中的"名称"文本框中输入图层的名称，单击"确定"按钮，即可新建一个图层，如图 18-11 所示。

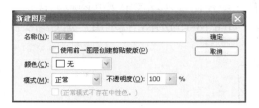

图 18-10 "新建图层"对话框

图 18-11 新建图层

**3. 通过控制面板菜单命令添加**

在"图层"面板中单击右上角的 按钮，在弹出的菜单中选择"新建图层"命令，如图 18-12 所示。选择命令后，弹出"新建图层"对话框，如图 18-13 所示，在对话框中进行相应的设置，单击"确定"按钮，即可新建一个图层。

图 18-12 选择"新建图层"命令

图 18-13 "新建图层"对话框

## 18.2.2 删除图层

对一些没有用的图层，可以将其删除。方法是：选中要删除的图层，然后单击"图层"面板中的"删除图层"按钮 ，或者选择菜单中的"图层"→"删除"→"图层"命令，即可将所选的图层删除。

提　示

如果所选的图层是隐藏的图层，则选择菜单中的"图层"→"删除"→"隐藏图层"命令，即可删除隐藏的图层。

## 18.2.3 合并图层

在一幅图像中，建立的图层越多，则该文件所占用的磁盘空间也就越多。因此，对一些不必要分开的图层可以将它们合并以减少文件所占用的磁盘空间，同时也可以提高操作速度。

选中要合并的图层，在"图层"面板中单击 按钮，在弹出的菜单中选择其中的合并命令即可，如图 18-14 所示。

- 向下合并：可以将当前作用图层与下一个图层合并为一个作用图层。
- 合并可见图层：可以将当前所有可见图层的内容合并到背景图层或目标图层中，

而将隐藏图层排列到合并图层的上面。

● 拼合图像：可将图像中所有图层合并，并在合并过程中丢弃隐藏的图层。在丢弃隐藏图层中，Photoshop 会弹出提示对话框，如图 18-15 所示，提示用户是否确实要丢弃隐藏的图层。

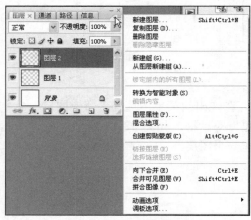

图 18-14　选择相应的合并命令　　　　图 18-15　提示是否丢弃隐藏图层

## 18.2.4　设置图层样式

图层样式是 Photoshop 最具有魅力的功能之一，它能够产生许多惊人的图层特效。对图层样式所做的修改，均会实时地显示在图像窗口中。灵活使用图层样式，可为艺术创作提供一个极好的实现工具。

图层样式的使用非常简单，只要按以下两种方法中的其中一种进行操作即可。

● 选中应用样式的图层，选择菜单中的"图层"→"图层样式"→"混合选项"命令，弹出"图层样式"对话框，在对话框中选择图层的样式，如图 18-16 所示。

● 选中应用样式的图层，在"图层"面板中单击底部的"添加图层样式"按钮 *fx.*，如图 18-17 所示，在弹出的菜单中选择相应的样式，弹出"图层样式"对话框，在对话框中可进一步设置图层样式。

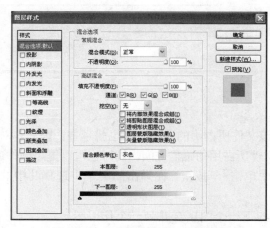

图 18-16　"图层样式"对话框　　　　图 18-17　"图层"面板

### 1. 投影

选择菜单中的"图层"→"图层样式"→"投影"命令，弹出"投影"对话框，如图 18-18 所示。添加投影效果的图像如图 18-19 所示。

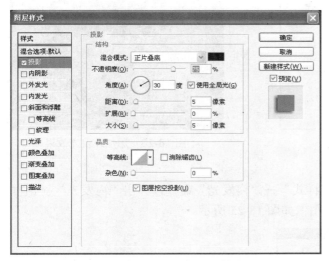

图 18-18    "投影"对话框 图 18-19    添加投影效果文字

### 2. 内阴影

选择菜单中的"图层"→"图层样式"→"内阴影"命令，弹出"内阴影"对话框，如图 18-20 所示。添加内阴影效果的图像如图 18-21 所示。

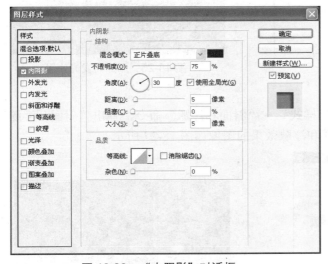

图 18-20    "内阴影"对话框 图 18-21    添加内阴影效果图像

### 3. 外发光

选择菜单中的"图层"→"图层样式"→"外发光"命令，弹出"外发光"对话框，如图 18-22 所示。添加外发光效果的图像如图 18-23 所示。

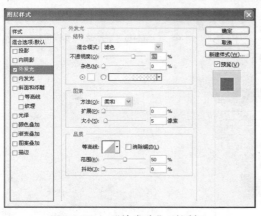

图 18-22 "外发光"对话框

图 18-23 添加外发光效果

### 4. 内发光

选择菜单中的"图层"→"图层样式"→"内发光"命令，弹出"内发光"对话框，如图 18-24 所示。添加内发光效果的图像如图 18-25 所示。

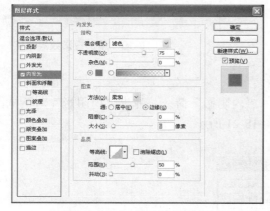

图 18-24 "内发光"对话框

图 18-25 添加内发光效果

### 5. 斜面和浮雕

选择菜单中的"图层"→"图层样式"→"斜面和浮雕"命令，弹出"斜面和浮雕"对话框，如图 18-26 所示。添加斜面和浮雕效果的图像如图 18-27 所示。

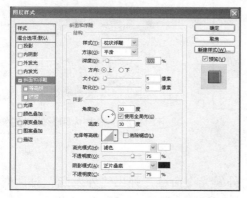

图 18-26 "斜面和浮雕"对话框

图 18-27 添加斜面和浮雕效果

### 6. 光泽

选择菜单中的"图层"→"图层样式"→"光泽"命令，弹出"光泽"对话框，如图 18-28 所示。添加光泽效果的图像如图 18-29 所示。

图 18-28　"光泽"对话框

图 18-29　添加光泽效果

### 7. 颜色叠加

选择菜单中的"图层"→"图层样式"→"颜色叠加"命令，弹出"颜色叠加"对话框，如图 18-30 所示。添加颜色叠加效果的图像如图 18-31 所示。

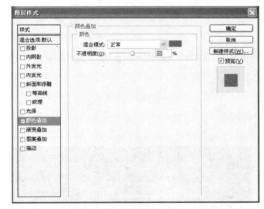

图 18-30　"颜色叠加"对话框

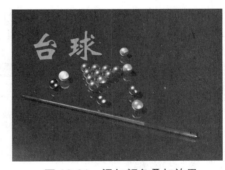

图 18-31　添加颜色叠加效果

### 8. 渐变叠加

选择菜单中的"图层"→"图层样式"→"渐变叠加"命令，弹出"渐变叠加"对话框，如图 18-32 所示。添加渐变叠加效果的图像如图 18-33 所示。

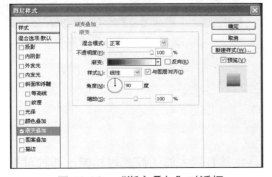

图 18-32　"渐变叠加"对话框

图 18-33　添加渐变叠加效果

### 9. 图案叠加

选择菜单中的"图层"→"图层样式"→"图案叠加"命令，弹出"图案叠加"对话框，如图 18-34 所示。添加图案叠加效果的图像如图 18-35 所示。

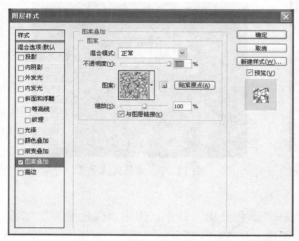

图 18-34　"图案叠加"对话框

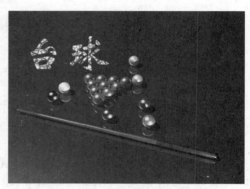

图 18-35　添加图案叠加效果

### 10. 描边

选择菜单中的"图层"→"图层样式"→"描边"命令，弹出"描边"对话框，如图 18-36 所示。添加描边效果的图像如图 18-37 所示。

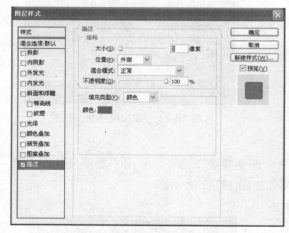

图 18-36　"描边"对话框

图 18-37　添加描边效果

## 18.3　应用滤镜

滤镜是使用 Photoshop 处理图像的重要工具，具有强大的图像处理功能，通过对不同滤镜的综合运用，能够实现各种各样的图像特效。

## 18.3.1　渲染

"渲染"滤镜可以在图像中创建三维形状、云彩图案和灯光等效果。

### 1. 分层云彩

"分层云彩"滤镜可以将图层的云状背景混合来反白图像,连续选择菜单中的滤镜可以产生大理石纹理的效果。使用"分层云彩"滤镜的具体操作步骤如下。

**STEP 1**　打开一个图像文件,如图 18-38 所示。

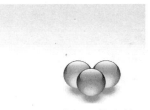

图 18-38　打开图像文件

**STEP 2**　选择菜单中的"滤镜"→"渲染"→"分层云彩"命令,即可将图像转换成云彩效果,如图 18-39 所示。

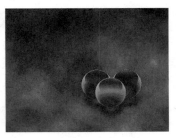

图 18-39　分层云彩

### 2. 光照效果

下面使用"光照效果"滤镜,效果如图 18-40 所示,具体操作步骤如下。

图 18-40　光照效果

**STEP 1**　打开一个图像文件,如图 18-41 所示。

图 18-41　打开图像文件

**STEP 2**　选择菜单中的"滤镜"→"渲染"→"光照效果"命令,弹出"光照效果"对话框,如图 18-42 所示。在对话框中进行设置,最终效果如图 18-40 所示。

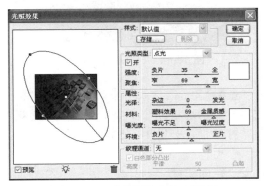

图 18-42　"光照效果"对话框

### 18.3.2 模糊

"模糊"滤镜主要通过削弱相邻像素的对比度,并使相邻像素间过渡平滑,从而产生边缘柔和、模糊的特殊效果。使用"模糊"滤镜在对图像进行处理的过程中可以制作出特殊模糊效果的图像。

#### 1. 动感模糊

动感模糊的效果如图 18-43 所示,具体操作步骤如下。

图 18-43　动感模糊

**STEP ①**　打开一个图像文件,如图 18-44 所示。

图 18-44　打开图像文件

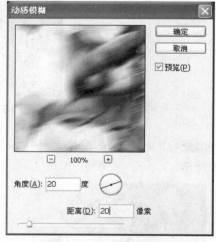

图 18-45　"动感模糊"对话框

**STEP ②**　选择菜单中的"滤镜"→"模糊"→"动感模糊"命令,弹出"动感模糊"对话框,如图 18-45 所示。

**STEP ③**　在对话框中设置角度和距离,单击"确定"按钮,效果如图 18-43 所示。

#### 2. 径向模糊

径向模糊的效果如图 18-46 所示,具体操作步骤如下。

图 18-46 径向模糊

**STEP 1** 打开一个图像文件，如图 18-47 所示。

图 18-47 打开图像文件

**STEP 2** 选择菜单中的"滤镜"→"模糊"→"径向模糊"命令，弹出"径向模糊"对话框，如图 18-48 所示。

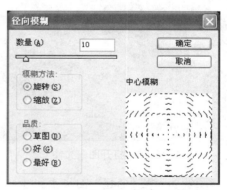

图 18-48 "径向模糊"对话框

**STEP 3** 在对话框中进行设置，单击"确定"按钮，效果如图 18-46 所示。

 **18.4 课堂练习**

## 课堂练习 1——设计特殊文字

下面设计如图 18-49 所示的特殊文字效果。制作时首先输入文字，将文字旋转，使用"滤镜"中的"风"命令，将文字风格化，多次按 Ctrl + F 组合键强调风吹效果，然后把文字旋转过来。接着使用"滤镜"中的"图章"命令。其具体的操作步骤如下。

01
02
03
04
05
06
07
08
09
10
11
12
13
14
15
16
17
Chapter
**18**
19
20
21
22

图 18-49　特殊文字

**STEP 1**　打开一个图像文件，如图 18-50 所示。

图 18-50　打开图像文件

**STEP 2**　在"通道"面板中新建一个通道，输入文字，如图 18-51 所示。

图 18-51　输入文字

**STEP 3**　选择菜单中的"图像"→"旋转画布"→"90 度逆时针"命令，旋转画布，如图 18-52 所示。

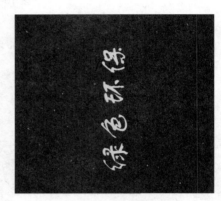

图 18-52　旋转画布

**STEP 4**　选择菜单中的"滤镜"→"风格化"→"风"命令，弹出"风"对话框，如图 18-53 所示。

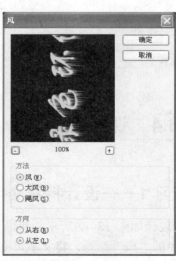

图 18-53　"风"对话框

**STEP 5**　单击"确定"按钮, 风格化效果如图 18-54 所示。

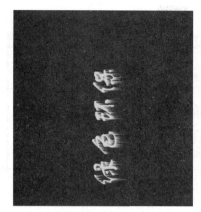

图 18-54　风格化效果

**STEP 6**　多次按 Ctrl + F 组合键强调风吹效果, 如图 18-55 所示。

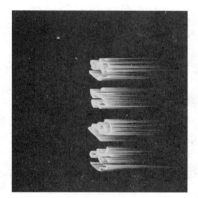

图 18-55　风吹效果

**STEP 7**　选择菜单中的"图像"→"旋转画布"→"90 度顺时针"命令, 旋转画布, 效果如图 18-56 所示。

图 18-56　旋转画布效果

**STEP 8**　选择菜单中的"滤镜"→"素描"→"图章"命令, 弹出"图章"对话框, 如图 18-57 所示。

图 18-57　"图章"对话框

**STEP 9**　在对话框中进行设置, 单击"确定"按钮, 效果如图 18-58 所示。

图 18-58　图章效果

**STEP 10**　在"通道"面板中, 将 Alpha1 通道拖动到"创建新通道"按钮上, 复制出一个新的通道, 如图 18-59 所示。

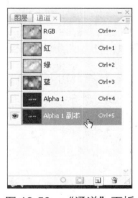

图 18-59　"通道"面板

**STEP 11** 选中复制的通道，选择菜单中的"滤镜"→"素描"→"塑料效果"命令，弹出"塑料效果"对话框，如图 18-60 所示。

图 18-60 "塑料效果"对话框

**STEP 12** 单击"图层"面板底部的"创建新图层"按钮，新建一个图层，将前景色设置为白色，按 Alt + Del 组合键进行填充。在"通道"面板中，选中 Alpha1 副本，单击"通道"面板底部的"将通道作为选区载入"按钮，调出选区，如图 18-61 所示。

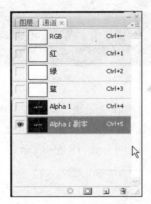

图 18-61 "通道"面板

**STEP 13** 打开"图层"面板，选中图层 1，如图 18-62 所示。

图 18-62 调出选区

**STEP 14** 选择菜单中的"编辑"→"填充"命令，弹出"填充"对话框，如图 18-63 所示。

图 18-63 "填充"对话框

**STEP 15** 在对话框中进行设置，文本效果如图 18-64 所示。

图 18-64 填充选区

**STEP 16** 选择菜单中的"图像"→"调整"→"曲线"命令，弹出"曲线"对话框，如图 18-65 所示。

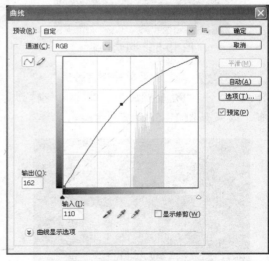

图 18-65 "曲线"对话框

**STEP 17** 在对话框中进行设置，文本的效果如图 18-66 所示。

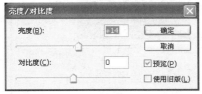

图 18-66　文本效果

**STEP 18**　选择菜单中的"图像"→"调整"→"亮度/对比度"命令，弹出"亮度/对比度"对话框，在对话框中进行设置，如图 18-67 所示。

| 亮度/对比度 | |
| --- | --- |
| 亮度(B): +14 | 确定 |
| | 取消 |
| 对比度(C): 0 | ☑ 预览(P) |
| | ☐ 使用旧版(L) |

图 18-67　"亮度/对比度"对话框

**STEP 19**　设置完毕后，单击"确定"按钮，文本的效果如图 18-68 所示。

图 18-68　文本的效果

**STEP 20**　在"通道"面板中，选中 Alpha1，单击"将通道作为选区载入"按钮，调出选区，单击图层 1，选择菜单中的"选择"→"反向"命令，反向选区，按 Delete 键删除，最终效果如图 18-49 所示。

## 课堂练习 2——设计火焰字

本例应用"风"滤镜、"波纹"滤镜等，制作如图 18-69 所示的火焰文字，具体操作步骤如下。

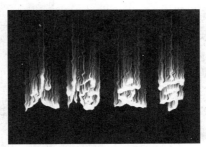

图 18-69　火焰文字

**STEP 1**　新建一个空白文档，将背景色填充为黑色，使用工具箱中的"横排文字"工具 T，在文档中输入文字，如图 18-70 所示。

图 18-70　输入文字

**STEP 2**　按 Ctrl + E 组合键向下合并图层，选择菜单中的"图像"→"旋转画布"→"90 度顺时针"命令，顺时针旋转画布，如图 18-71 所示。

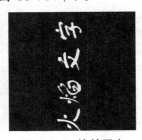

图 18-71　旋转画布

**STEP 3** 选择菜单中的"滤镜"→"风格化"→"风"命令，弹出"风"对话框，如图 18-72 所示。

图 18-72 "风"对话框

**STEP 4** 单击"确定"按钮，多次按 Ctrl + F 组合键加强风吹效果，如图 18-73 所示。

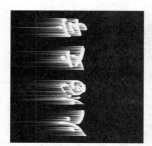

图 18-73 风吹效果

**STEP 5** 选择菜单中的"图像"→"旋转画布"→"90 度顺时针"命令，顺时针旋转整个画布，如图 18-74 所示。

图 18-74 旋转画布

**STEP 6** 选择菜单中的"滤镜"→"扭曲"→"波纹"，命令，弹出"波纹"对话框，如图 18-75 所示。

图 18-75 "波纹"对话框

**STEP 7** 单击"确定"按钮，波纹文字效果如图 18-76 所示。

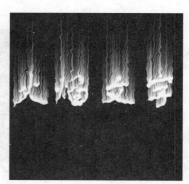

图 18-76 波纹文字

**STEP 8** 选择菜单中的"图像"→"模式"→"灰度"命令，弹出信息提示框，如图 18-77 所示。

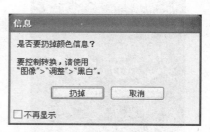

图 18-77 信息提示框

STEP 9 单击"扔掉"按钮，选择菜单中的"图像"→"模式"→"索引颜色"命令，再选择菜单中的"图像"→"模式"→"颜色表"命令，弹出"颜色表"对话框，设置相应参数，如图 18-78 所示。

STEP 10 单击"确定"按钮，火焰字的效果如图 18-69 所示。

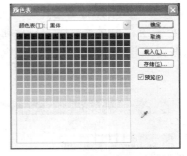

图 18-78 "颜色表"对话框

## 课堂练习 3——制作水晶按钮

本例应用"矩形选框"工具、"斜面和浮雕"图层样式等，制作如图 18-79 所示的水晶按钮效果，具体操作步骤如下。

图 18-79 水晶按钮

STEP 1 打开一个图像文件，如图 18-80 所示。

STEP 2 新建一个图层，使用工具箱中的"矩形选框"工具，在图像上绘制一个选区，如图 18-81 所示。

图 18-80 打开图像文件

图 18-81 绘制选区

01
02
03
04
05
06
07
08
09
10
11
12
13
14
15
16
17

Chapter
**18**

19
20
21
22

**STEP** 3 在工具箱中选择"渐变"工具，在选项栏中单击 按钮，在弹出的渐变编辑器中编辑渐变的颜色，如图 18-82 所示。

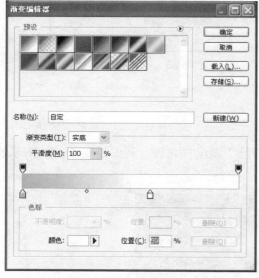

图 18-82 "渐变编辑器"对话框

**STEP** 4 单击"确定"按钮，在选区内由上往下进行拖动，渐变的效果如图 18-83 所示。

图 18-83 填充选区

**STEP** 5 选中绘制的选区，选择菜单中的"图层"→"图层样式"→"斜面和浮雕"命令，弹出"图层样式"对话框，设置相应参数，如图 18-84 所示。

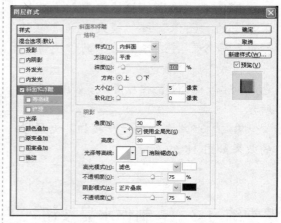

图 18-84 "图层样式"对话框

**STEP** 6 单击"确定"按钮，斜面浮雕效果如图 18-85 所示。

图 18-85 斜面浮雕效果

**STEP** 7 新建一个图层，使用工具箱中的"矩形选框"工具 ，在图像上选择一个矩形选区，如图 18-86 所示。

图 18-86 选择矩形选区

**STEP** 8 在渐变编辑器中进行编辑，如图 18-87 所示。

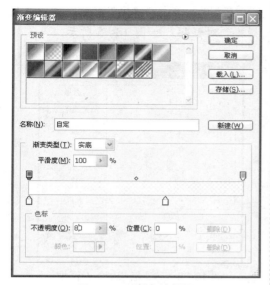

图 18-87　渐变编辑器

中由上往下进行拖动，效果如图 18-88 所示。

图 18-88　渐变编辑效果

**STEP 9**　单击"确定"按钮，在选区

**STEP 10**　使用工具箱中的"横排文字"工具 T，在图像上输入文字，如图 18-79 所示。

## 课堂练习 4——制作圆角按钮

本例应用"圆角矩形"工具 ▢、"高斯模糊"滤镜等，制作如图 18-89 所示的圆角按钮，具体操作步骤如下。

图 18-89　圆角按钮

**STEP 1**　打开一个图像文件，如图 18-90 所示。

**STEP 2**　在工具箱中选择"圆角矩形"工具 ▢，在图像上绘制一个圆角矩形，如图 18-91 所示。

图 18-90　打开图像文件

图 18-91　绘制圆角矩形

01
02
03
04
05
06
07
08
09
10
11
12
13
14
15
16
17
Chapter
**18**
19
20
21
22

**STEP 3** 选择菜单中的"图层"→"图层样式"→"斜面和浮雕"命令，弹出"图层样式"对话框，设置相应参数，如图 18-92 所示。

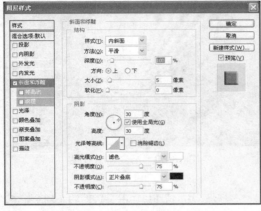

图 18-92 "图层样式"对话框

**STEP 4** 单击"确定"按钮，添加斜面和浮雕样式的按钮，效果如图 18-93 所示。

图 18-93 斜面和浮雕样式效果

**STEP 5** 选择菜单中的"滤镜"→"模糊"→"高斯模糊"命令，弹出信息提示框，如图 18-94 所示。

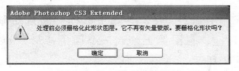

图 18-94 信息提示框

**STEP 6** 单击"确定"按钮，弹出"高斯模糊"对话框，如图 18-95 所示。

图 18-95 "高斯模糊"对话框

**STEP 7** 在对话框中进行设置，单击"确定"按钮，高斯模糊效果如图 18-96 所示。

图 18-96 高斯模糊效果

**STEP 8** 使用工具箱中的"横排文字"工具T.在图像上输入文字，效果如图 18-89 所示。

## 18.5 高手支招

### 1. 怎样使用"橡皮擦"工具

"橡皮擦"工具🖉的使用方法很简单，像使用画笔一样，只需选中"橡皮擦"工具🖉.

后按住鼠标左键在图像上拖动即可,当作用图层为背景层时,相当于使用背景颜色的画笔,当作用于图层时,擦除后变为透明。

#### 2. 怎样使用滤镜

滤镜主要用来实现图像的各种特殊效果。它在 Photoshop 中具有非常神奇的作用。所以有的 Photoshop 按分类将所有滤镜都放置在"滤镜"菜单中,使用时只需要从该菜单中执行相应的命令即可。滤镜的操作非常简单,但是真正用起来却很难恰到好处。滤镜通常需要同通道、图层等联合使用,才能取得最佳艺术效果。

#### 3. 在 Photoshop 中输入文字,怎样选取文字的一部分

把文字层转换成图层,然后在"层"面板上按住 Ctrl 键,用鼠标单击转换成图层的文字层就能选中全部文字,然后按住 Alt 键,就会出现+_的符号,选中不需要的文字,那么留下的就是需要的文字。

#### 4. 如何制作阴影文字

阴影文字效果的制作方法如下。

**STEP 1**　先制作阴影文字,文字颜色浅一些,然后用"选定"工具将文字选定,选择菜单中的"图像"→"拉伸/扭曲"命令,将文字水平扭曲 50 度,即成阴影文字。若要使阴影方向偏左,可将扭曲度数改为负数。如果阴影需要拉长一点,可以先将文字垂直拉伸的百分比加大,再作水平扭曲。

**STEP 2**　在阴影文字上拉出一个文字输入框,在工具条上选择透明处理,文字颜色要比阴影文字深,文体及字号与阴影文字一致。输入文字后,通过调整文字输入框,使这些文字和阴影文字对应。最后,用"选定"工具选定后保存即可。

#### 5. 创建滤镜有哪些原则

创建滤镜需要遵循以下原则。

　　● 创建锐化滤镜:需要增大相邻像素之间的反差,中心框周围应该用一系列负值。而且保证矩阵中的数值在水平方向和垂直方向与矩阵中心对称分布。

　　● 创建模糊滤镜:需要减少相邻像素之间的反差,中心框周围应该用一系列正值。也必须保证矩阵中的数值在水平方向和垂直方向与矩阵中心对称分布。

##  18.6　课后习题

### 18.6.1　填空题

1. _____在图像中往往起着画龙点睛的作用,网页制作中使用特效文字也较多。

2. 可以通过单击选项栏中的"创建文字变形"按钮,在弹出的_____对话框中设置文字的变形。

3. _____是使用 Photoshop 处理图像的重要工具,具有强大的图像处理功能,通过对不同滤镜的综合运用,能够实现各种各样的图像特效。

4. _____滤镜可以在图像中创建三维形状、云彩图案和灯光等效果。

## 18.6.2 操作题

在如图 18-97 所示的图像上设计如图 18-98 所示的按钮。

图 18-97 原始图像文件

图 18-98 设置按钮

关键提示：

**STEP 1** 打开原始图像文件，选择工具箱中的"矩形"工具□，在图像上绘制一个矩形选区，选择工具箱中的"渐变"工具■，调整渐变颜色，并填充矩形，如图 18-99 所示。

图 18-99 绘制矩形

**STEP 2** 选择菜单中的"图层"→"图层样式"→"斜面和浮雕"命令，弹出"图层样式"对话框，在对话框中设置如图 18-100 所示的参数。

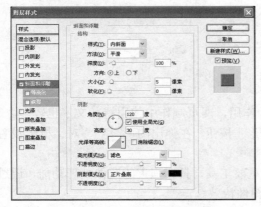

图 18-100 "图层样式"对话框

**STEP 3** 单击"确定"按钮，选择工具箱中的"矩形选框"工具，在图像上绘制选区，将"背景颜色"设置为白色，按 Ctrl+Delete 组合键进行填充，如图 18-101 所示。

图 18-101 设置选区

**STEP 4** 选择工具箱中的"横排文字"工具T，在按钮的上方输入文字，如图 18-102 所示。

图 18-102 输入文字

# 第 19 课　设计网站 Logo 与网络广告

## 学习地图

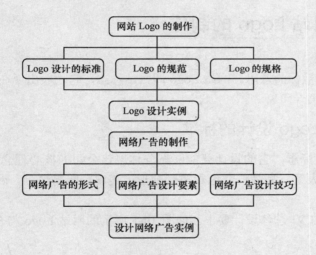

### 课前导读

在网站设计中 Logo 设计是不可缺少的一个重要环节。Logo 是网站特色和内涵的集中体现，它用于传递网站的定位和经营理念，同时便于人们识别。一个极具视觉冲击力的 Logo 设计，会吸引更多的访问者。网络广告是指运用专业的广告横幅、文本链接、多媒体的方法，在互联网上刊登或发布广告，通过网络传递到互联网用户的一种广告运作方式。

### 重点与难点

- ☐ 掌握网站 Logo 设计的标准。
- ☐ 掌握网站 Logo 的设计。
- ☐ 掌握网络广告设计要素。
- ☐ 掌握网络广告设计技巧。
- ☐ 掌握网络广告的设计。

##  19.1 网站 Logo 的制作

Logo 是标志、徽标的意思。网站 Logo 即网站标志，它一般出现在站点的每一个页面上，是网站给人的第一印象。

### 19.1.1 网站 Logo 设计的标准

Logo 就是网站标志，它的设计要能够充分体现该公司的核心理念，并且设计要求动感、活力、简约、大气、高品位、色彩搭配合理、美观、印象深刻。网站 Logo 设计有以下标准。

- ● 符合企业的 VI 总体设计要求。如图 19-1 所示的网站 Logo 与企业的 VI 总体设计一致。

图 19-1　网站 Logo 与企业的 VI 总体设计一致

- ● 要有良好的造型，如图 19-2 所示的 Logo 具有良好的造型。
- ● 设计要符合传播对象的直观接受能力、习惯、社会心理、习俗与禁忌。
- ● 标志设计一定要注意其识别性，识别性是企业标志的基本功能。通过整体规划和设计的视觉符号，必须具有独特的个性和强烈的冲击力。如图 19-3 所示的 Logo 就具有很强的识别性。

图 19-2　Logo 具有良好的造型

图 19-3　具有识别性的 Logo

## 19.1.2　网站 Logo 的规范

设计 Logo 时，了解相应的规范，对指导网站的整体建设有着极现实的意义。要注意以下规范。

● 规范 Logo 的标准色，恰当的背景配色体系、反白、在清晰表现 Logo 的前提下，制定 Logo 最小的显示尺寸，为 Logo 制定一些特定条件下的配色，辅助色带等。

● 完整的 Logo 设计，尤其是具有中国特色的 Logo 设计，在国际化的要求下，一般应至少使用中英文双语的形式，并考虑中英文字的比例、搭配，有的还要考虑繁体、其他特定语言版本等。如图 19-4 所示的 Logo 就具有中英文双语的形式。

图 19-4　具有中英文双语形式的 Logo

## 19.1.3　网站 Logo 的规格

为了便于 Internet 上信息的传播，需要一个统一的国际标准。关于网站的 Logo，目前有以下 3 种规格。

● 88×31：这是互联网上最普遍的友情链接 Logo，因为这个 Logo 主要是放在别人的网站显示的，让别的网站的用户单击这个 Logo 进入网站，几乎所有网站的友情链接都使用这个统一的规格。如图 19-5 所示为 88×31 的友情链接 Logo。

图 19-5　88×31 的友情链接 Logo

● 120 × 60：这种规格用于一般大小的 Logo，一般用在首页上的 Logo 广告。如图 19-6 所示的首页右侧为 120 × 60 的 Logo 广告。

图 19-6　首页上 120 × 60 的 Logo 广告

● 120 × 90：这种规格用于大型 Logo。

## 课堂练习 1——Logo 设计实例

下面设计如图 19-7 所示的网站 Logo，具体操作步骤如下。

图 19-7　Logo

STEP ① 新建一个 120 × 90 的文档，使用工具箱中的"直线"工具 \ 绘制两根线条，如图 19-8 所示。

图 19-8　绘制线条

STEP ② 按住 shift 键同时选中两个形状图层，单击鼠标右键，在弹出的快捷菜单中选择"栅格化图层"命令，栅格化图层，再选择菜单中的"图层"→"合并图层"命令，合并图层。

STEP ③ 选中合并的图层，选择菜单中的"滤镜"→"扭曲"→"极坐标"命令，弹出"极坐标"对话框，如图 19-9 所示。

图 19-9　"极坐标"对话框

**STEP** ④ 在对话框中设置极坐标，单击"确定"按钮，效果如图 19-10 所示。

图 19-10　极坐标效果

**STEP** ⑤ 使用工具箱中的"横排文字"工具 T，在图像上输入文字"若梦"，并且将文本的颜色设置为蓝色，如图 19-11 所示。

图 19-11　输入文字

**STEP** ⑥ 单击"文本"工具选项栏中的"创建文字变形"按钮，弹出"变形

文字"对话框，如图 19-12 所示。

图 19-12　"变形文字"对话框

**STEP** ⑦ 创建文字变形的最终效果如图 19-13 所示。

图 19-13　创建文字变形的最终效果

**STEP** ⑧ 选中文字，分别对文字应用"投影"、"外发光"、"描边"图层样式，如图 19-14、图 19-15 和图 19-16 所示。

图 19-14　投影

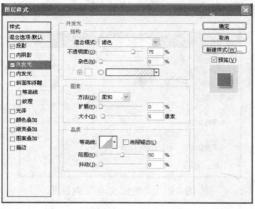

图 19-15　外发光

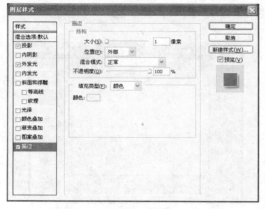

图 19-16　描边

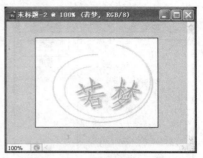

图 19-17　设置图层样式的文字

**STEP 10**　选择菜单中的"图像"→"图像大小"命令，弹出"图像大小"对话框，如图 19-18 所示。

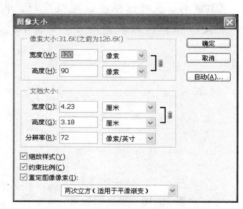

图 19-18　"图像大小"对话框

**STEP 9**　设置图层样式的文字效果如图 19-17 所示。

**STEP 11**　单击"确定"按钮，Logo 的最终效果如图 19-7 所示。

 ## 19.2　网络广告的制作

随着互联网的高速发展，网络广告已经受到众多用户的青睐。网页广告重在传达一定的形象与信息。

### 19.2.1　网络广告的形式

网络广告的形式有很多种，包括图片广告、多媒体广告、超文本广告等，可以针对不同的企业、不同的产品、不同的客户对象采用不同的广告形式。下面具体介绍网络广告的常见形式以及每种形式的特点，使读者对网络广告的形式有一个更深入的了解。

　● 横幅式广告。一般尺寸较大，位于页面中最显明的位置。横幅广告又称为旗帜广告、页眉广告等。横幅广告的一般尺寸为 468×60 像素、728×90 像素、760×90 像素等。

如图 19-19 所示为网站横幅广告。

图 19-19  网站横幅广告

　　● 　按钮式广告。在网页中尺寸偏小，表现手法较简单，一般以企业 Logo 的形式出现，可直接链接到企业网站或企业信息的详细介绍。最常用的按钮广告的尺寸有 4 种，分别是 125×125 像素、120×90 像素、120×60 像素、88×31 像素。如图 19-20 所示为网页中部的按钮式广告。

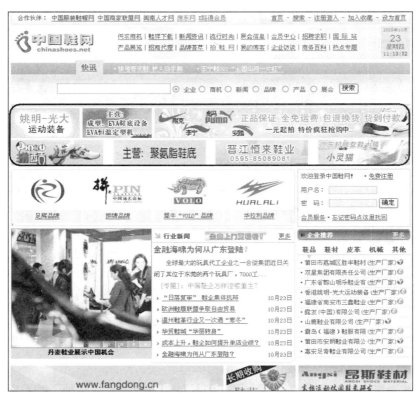

图 19-20  按钮式广告

　　● 　邮件列表广告是利用电子邮件功能，向网络用户发送广告的一种网络广告形式。邮件列表广告是一种新兴的互联网广告业务,现正被越来越多的商家所重视。

● 弹出窗口式广告。在网站或栏目出现之前插入一个新窗口显示广告。如图 19-21 所示为弹出窗口式广告。

图 19-21 弹出窗口式广告

● 互动游戏式广告。在一段页面游戏开始、中间、结束的时候,广告都可随时出现。

● 对联式广告。一般位于网页两侧,这里也是网络广告中的有效宣传位置。通常使用 GIF 格式的图像文件,还可以使用其他的多媒体。这种广告集动画、声音、影像于一体,富有表现力、交互性和娱乐性。如图 19-22 所示为对联式广告。

图 19-22 对联式广告

● 浮动广告。在页面左右两侧随滚动条而上下滚动,或在页面上自由滚动,一般尺寸为 100×100 像素或 150×150 像素。如图 19-23 所示为浮动广告。

以上几种网络广告方式各有特点,而它们只是其中最常见的几种,随着网络的发展,会涌现出更多的网络广告方式。在制作网络广告之前,必须认真分析企业的营销策略、文化以及广告需求,这样才能设计出有用的网络广告。

图 19-23 浮动广告

## 19.2.2 网络广告设计要素

网络广告包括多种设计要素，如图像、动画、文字和超文本等，这些要素可以单独使用用，也可以配合使用。

● 图像。网页中最常用的图像格式是 GIF 和 JPG，另外还有不常用的 PNG 图像格式。如图 19-24 所示的网络广告中就使用了图像。

● 文字。在网络广告设计中，标题字和内文的设计、编排都要用到文字。

● 数字影（音）像。数字影（音）像也被广泛地应用在网络广告中。但是由于带宽的限制，其一般都经过高倍的压缩，虽然压缩会使音频、视频文件的精度在一定程度上丢失，但是采取这种方法可以大大提高传输速度。

● 电脑动画。动画是一种表现力极强的网络设计手段。电脑动画分为二维动画和三维动画，典型的二维动画制作软件如 Flash。Flash 是一个专门的网页动画编辑软件，通过 Flash 制作的动画文件字节小，调用速度快且能实现交互功能。三维动画在网络广告中的应用能增加广告画面的视觉效果和层次感。如图 19-25 所示的网络广告中就使用了动画。

图 19-24 网络广告中使用了图像

图 19-25 网络广告中使用了动画

### 19.2.3 网络广告设计技巧

网络广告在设计时需注意以下技巧。

● 设计统一的风格。如果网站是一个企业站点，而且不同的网络广告所链接的都是企业的广告内容，那么一定要保持这些链接内容在风格上的一致性。因为统一的网页形式能体现统一的企业风格，这样更能加强广告传播的统一性和广告效应。

● 企业与品牌形象的传达。将企业标志或商标置于网页最显眼的固定位置，因为广告传播的目的就是最终树立企业或品牌在浏览者心目中的形象，从而获得浏览者的价值认同。

● 网络广告设计要生动形象。如果网络广告设计得不引人注目，就很难提高点击率。所以网络广告的设计一定要生动形象。如在设计链接按钮时多使用生动形象的图形按钮。

● 图片的使用和处理。在网络广告设计中，引用图片的时候尽量要控制图片数量和大小，以免影响浏览速度。如图 19-26 所示的广告中图片就不多。

● 慎用动画。动画广告有生动形象、吸引力强等优点，但由于带宽的限制，尽量少使用动画，过多地使用动画会占用大量带宽，大大降低浏览速度。另外，过多地使用动画对人的视觉也会产生不良影响，容易造成对浏览者视觉上的干扰。因此，使用动画要适度。

图 19-26　广告中图片不要太多

## 课堂练习 2——设计网络广告实例

下面设计如图 19-27 所示的网络广告效果，具体操作步骤如下。

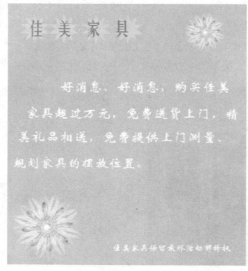

图 19-27　网络广告

**STEP 1**　打开一个图像文件，如图 19-28 所示。

图 19-28　打开图像

**STEP 2**　在"形状"下拉列表框中选择形状，在图像上绘制 4 个如图 19-29 所示的形状。

图 19-29　绘制形状

**STEP 3**　使用"横排文字"工具 T，在形状上输入文字，在"字符"面板中设置文本的属性，如图 19-30 所示。

图 19-30　设置文本的属性

**STEP 4**　设置文本属性的最终效果如图 19-31 所示。

图 19-31　文本效果

**STEP 5**　使用"横排文字"工具 T，在图像上输入文字，如图 19-32 所示。

图 19-32　输入文字

**STEP 6**　打开一个图像文件，如图 19-33 所示。

图 19-33　打开图像文件

STEP ⑦ 使用工具箱中的"磁性套索"工具 选取花朵的边缘，如图 19-34 所示。

图 19-34 选取花朵的边缘

STEP ⑧ 选择菜单中的"选择"→"修改"→"羽化"命令，弹出"羽化选区"对话框，设置羽化半径，如图 19-35 所示。

图 19-35 "羽化选区"对话框

STEP ⑨ 单击"确定"按钮，羽化选区，如图 19-36 所示。

图 19-36 羽化选区

STEP ⑩ 选择菜单中的"编辑"→"复制"命令，返回文档，再选择菜单中的"编辑"→"粘贴"命令，粘贴图像，如图 19-37 所示。

图 19-37 粘贴图像

STEP ⑪ 选择菜单中的"编辑"→"变换"→"缩放路径"命令，调整图像的大小，如图 19-38 所示。

图 19-38 调整图像的大小

STEP ⑫ 选择菜单中的"编辑"→"粘贴"命令，粘贴图像，再选择菜单中的"编辑"→"变换"→"缩放路径"命令，调整图像的大小，如图 19-39 所示。

图 19-39 调整图像的大小

STEP ⑬ 使用工具箱中的"横排文字"工具 T，在图像上输入文字，最终效果如图 19-27 所示。

19.3　高手支招

**1. 图像的设计流程是怎样的**

网页中的图像文件由若干部分组成，可以将图像的不同部分理解为部件。设计人员只有在了解了图像中需要设计的部件后，才能考虑其如何设计。

图像中每个部件都会具有相关的属性，有的属性可以用精确的数值进行定义，如尺寸、形状和颜色等，而有的属性只能利用大概的方法进行定义。

当设计人员需要处理数量较多的图像或动画时，就有必要根据具体的情况，在设计初期制定出设计流程。使用设计流程能够在保证设计质量和规范化工作的同时，尽可能地减少工作量，降低设计成本。设计流程的具体步骤如下。

STEP 1　确定图像所传递的信息。
STEP 2　确定主要设计参数，包括各部件的尺寸、效果，并制定出一些参考线。

STEP 3　通过反复修改，获得理想的设计。
STEP 4　根据之前的设计经验，总结出一个简练、有效的设计流程。

使用设计流程和效果规范的目的是为了使批量化的设计变得简单可行和有章可循，还能够保证质量。随着技术的进步，图像和动画设计的技术和工具软件会变得越来越先进。对于设计人员，熟练掌握技术背后的设计思路能够更好地把握设计质量和成本。

**2. 网页中应用图像有哪些注意要点**

网页设计与一般的平面设计不同，网页图像不需要很高的分辨率，但这并不代表任何图像都可以添加到网页上。在网页中使用图像还需要注意以下几点。

　　● 图像不仅仅起到美化网页的作用，还可以起到传递相关信息的作用。所以在选择图像时，应选择与文本内容及整个网站相关的图像为主。

　　● 除了图像的内容以外，还要考虑图像的大小，如果图像文件太大，浏览者在下载时会花费很长的时间去等待。所以一定要尽量压缩图像的文件大小。

　　● 图像要清晰可见，图像的含义也应简单明了。图像的文字颜色和背景颜色最好能鲜明对比。

　　● 在使用图像作为网页背景时，最好能使用淡色系列的背景图。背景图像的像素越小越好，这样既能大大降低文件的大小，又可以制作出美观的页面背景。

　　● 对于网页中的重要图像，最好添加提示文本。

**3. 如何制作透明背景的图片**

一般来说，网络中的透明背景的图片都是 GIF 格式的，在 Photoshop 中可以先使用"图像"→"模式"→"索引颜色"命令将图片转换成 256 色，再使用指令 FileExportGIF89a将图片输出成可含有透明背景的 GIF 文档，当然别忘了在该指令视窗中使用 Photoshop 的选色滴管将图片中的部分色彩设成透明色。在保存文件的时候不要选择"保存"或"另存为"命令，而是直接选择"输出 GIF"命令，然后，选择透明色，如果需要透明的部分都

Chapter
**19**

20
21
22

是白色就选白色，依此类推做图片时把背景图片隐藏然后再"另存为 Web 所有的格式"就可以透明了。

### 4．图像混合叠加

在广告设计中，经常会用到图像的合成与叠加。其实实现功能很简单，步骤如下。

**STEP 1** 打开主图像，作为背景图。

**STEP 2** 接着打开另一幅图像，按 Ctrl+A 组合键全选，再按 Ctrl+C 组合键进行复制。

**STEP 3** 回到主图像，按 Ctrl+V 组合键进行粘贴。在此出现一个新层。在这层中，选模式为 Multiply 或 screen。这时，两幅图像已经叠加在一起。最后调整图像的位置即可。

### 5．怎样去除图片的网纹

去除网纹一般有以下 4 种方法。

● 扫描画报或杂志的图片。一般情况下，网纹的产生是由于画报或杂志印刷用纸的纹理较粗糙而造成的。在扫描时 dpi 的值应该设置得高一些，分辨率越高，扫出的图片也就越大，相对的精细程度也就越高。较高的分辨率会为下一步的图片缩小和滤镜处理创造良好的条件。

● 把图片调整到合适的大小。在"图像"菜单下选择"图像大小"命令，弹出"图像大小"对话框，确定其下的限制比例选项为选中状态，在像素尺寸中将 Width 后的像素改为百分比。此时的 Width 值变为 100，这时可以输入所需的百分比数值，将图片等比例缩小。缩小后的网纹情况已稍稍减弱。

● 用高斯虚化消除网纹。在"窗口"菜单中选择"显示通道"命令，这时出现了"通道"面板，4 个通道分别为 RGB、Red、Green 和 Blue。选择 Red 通道，图片显示为黑白效果。在"滤镜"菜单中选择"模糊"→"高斯模糊"命令，即弹出"高斯模糊"对话框。调整半径值，控制虚化的范围，使 Red 通道中的网纹几乎看不到，图片内容微呈模糊状。接着照此方法分别调整 Green 和 Blue 通道，以使该通道中的网纹消失。最后回到 RGB 通道，这时的图片已经没有网纹的干扰了。

● 调整最后效果。如果网纹过于清晰以导致半径值设置较大，那么 RGB 通道中的图片会有些模糊。如果想使图片的内容清晰一些，还可以选择菜单中的"滤镜"→"锐化"命令。最后，选择菜单中的"图像"→"调整"→"色阶"或"亮度/对比度"命令设置所需的对比度等数值，以达到最终满意的效果。

 ## 19.4 课后习题

### 19.4.1 填空题

1．"_____"就是网站标志，它的设计要能够充分体现该公司的核心理念，并且设计要求动感、活力、简约、大气、高品位、色彩搭配合理、美观、印象深刻。

2．网络广告的形式有很多种，包括_____、_____、_____等，可以针对不同的企业、不同的产品、不同的客户对象采用不同的广告形式。

## 19.4.2　操作题

制作如图 19-40 所示的网络广告图像。

图 19-40　广告图像

关键提示：

**STEP 1**　选择菜单中的"文件"→"新建"命令，新建一个空白文档，选择工具箱中的"矩形"工具和"椭圆"工具，绘制如图 19-41 所示的效果。

中的"选择"→"全部"命令，选择图像，选择菜单中的"编辑"→"拷贝"命令，复制图像，返回到绘制的图像文档窗口，再选择菜单中的"编辑"→"粘贴"命令，粘贴图像并调整其位置，如图 19-43 所示。

图 19-41　绘制图形

图 19-43　绘制图像

**STEP 2**　选择工具箱中的"椭圆"工具，绘制椭圆，并调整椭圆的内部颜色，如图 19-42 所示。

**STEP 4**　选择工具箱中的"横排文字"工具，在图像上输入文字，并设置图层样式，如图 19-44 所示。

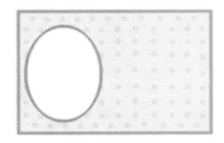

图 19-42　绘制椭圆

**STEP 3**　选择菜单中的"文件"→"打开"命令，打开图像 chanpin.gif，选择菜单

图 19-44　输入文字

01
02
03
04
05
06
07
08
09
10
11
12
13
14
15
16
17
18
Chapter
**19**
20
21
22

# 第 20 课　设计网页中的图像

**学习地图**

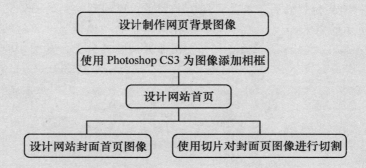

設計制作网页背景图像

使用 Photoshop CS3 为图像添加相框

设计网站首页

设计网站封面首页图像　　使用切片对封面页图像进行切割

### 课前导读

随着互联网的发展，网页图像应用越来越多，也正是网页图像的应用使 WWW 进入了新的时代。在网页中，图像是除了文本之外最重要的元素，图像的应用使网页更加美观、生动，而且图像更是传达信息的一种重要手段，有很多文字无法比拟的优点。本课就来讲述使用 Photoshop 设计网页图像。Photoshop 是专业的网页图像处理软件，使用 Photoshop 可以创建网页切片和热区，调整网页的色彩和处理各种网页特效。

### 重点与难点

- ☐ 掌握网页背景图像的设计与制作。
- ☐ 掌握使用 Photoshop CS3 为图像添加相框。
- ☐ 掌握网站首页的设计。
- ☐ 掌握使用切片对封面页图像进行切割。

## 20.1　设计制作网页背景图像

网页的背景色和背景图像选择得好，会给页面增色不少。如果选取单一的背景色，难免显得单调，如果选择整幅图像做背景，将会大大增加网页的美观。可以利用 Photoshop 制作网页背景图像，效果如图 20-1 所示，具体操作步骤如下。

图 20-1　网页背景图像

**STEP 1** 新建一个空白文档,将宽和高分别设置为 137 和 143,在"图层"面板中新建一个图层 1。在工具箱中选择"自定形状工具",如图 20-2 所示。

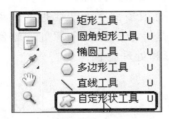

图 20-2 选择"自定形状工具"

**STEP 2** 在工具选项栏右边的"形状"下拉列表框中单击按钮,在弹出的菜单中选择"全部"命令,如图 20-3 所示。

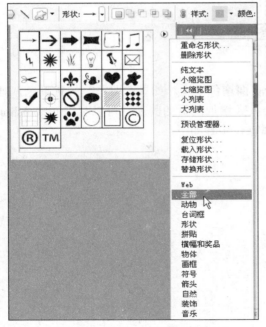

图 20-3 选择"全部"命令

**STEP 3** 弹出信息提示框,单击"确定"按钮,添加形状,如图 20-4 所示。

图 20-4 信息提示框

**STEP 4** 选中新建的图层,单击工具箱中的"设置前景色"按钮 ,弹出"拾色器"对话框,如图 20-5 所示。

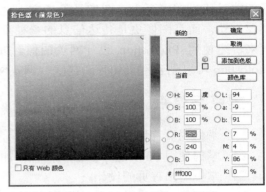

图 20-5 "拾色器"对话框

**STEP 5** 在对话框中设置填充的颜色,单击"确定"按钮。选择菜单中的"编辑"→"填充"命令,弹出"填充"对话框,如图 20-6 所示。

图 20-6 "填充"对话框

**STEP 6** 单击"确定"按钮,填充颜色,如图 20-7 所示。

图 20-7 填充颜色

**STEP 7** 在工具箱中选择"自定形状工具",在其工具选项栏的"形状"下拉列表框中选择要绘制的图形,如图 20-8 所示。

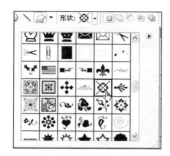

图 20-8 "形状"下拉列表框

**STEP 8** 选择图形后，在文档中绘制图形，如图 20-9 所示。

图 20-9 绘制图形

**STEP 9** 在"图层"面板中选择绘制图形的层，单击前面的"颜色"按钮，弹出"拾取实色"对话框，如图 20-10 所示。

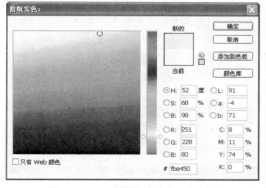

图 20-10 "拾取实色"对话框

**STEP 10** 在对话框中设置绘制形状的颜色，单击"确定"按钮，填充颜色，效果如图 20-11 所示。

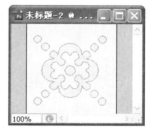

图 20-11 填充颜色

**STEP 11** 在"形状"下拉列表框中选择要绘制的图形，如图 20-12 所示。

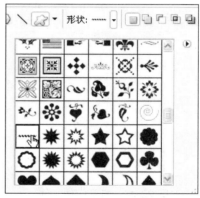

图 20-12 "形状"下拉列表框

**STEP 12** 在图像上绘制形状，并调整绘制形状的透明度，最终效果如图 20-1 所示。

##  20.2 使用 Photoshop CS3 为图像添加相框

在 Photoshop 中，制作相框的方法很多，有直线型、花边和艺术型等。使用"滤镜"中的"液化"命令可以制作图像相框。相框效果如图 20-13 所示，具体操作步骤如下。

图 20-13　添加相框

**STEP 1**　打开一个图像文件，如图 20-14 所示。

图 20-14　打开图像文件

**STEP 2**　使用工具箱中的"魔棒"工具 ✎ 选取选区，如图 20-15 所示。

图 20-15　选取选区

**STEP 3**　将前景色设置为#ffa2d0，按

Ctrl+Del 组合键填充选区，如图 20-16 所示。

图 20-16　填充选区

**STEP 4**　选择菜单中的"滤镜"→"液化"命令，弹出"液化"对话框，如图 20-17 所示。

图 20-17　"液化"对话框

**STEP 5** 使用"液化"对话框左侧的"向前变形"工具  调整选区,单击"确定"按钮,液化后的效果如图 20-18 所示。

图 20-18 液化后的效果

**STEP 6** 选择菜单中的"滤镜"→"风格化"→"凸出"命令,弹出"凸出"对话框,如图 20-19 所示。

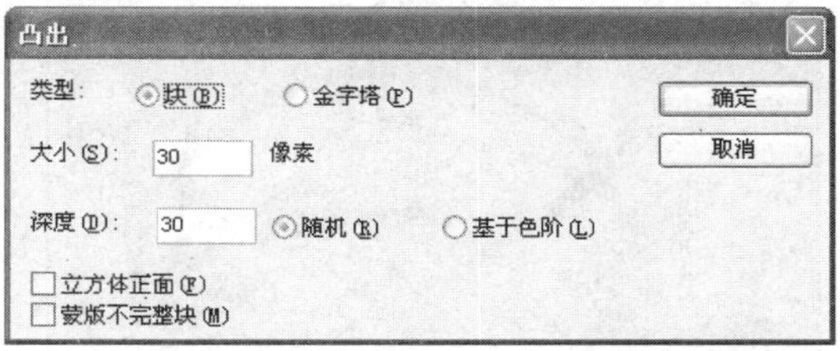

图 20-19 "凸出"对话框

**STEP 7** 单击"确定"按钮,最终效果如图 20-13 所示。

## 20.3 设计网站首页

首页的设计很重要,因为人们往往看到第一页就已经对站点有一个整体的感觉。首页既要美观又要包括网站的主要目录,但只是罗列目录显然是不够的。

### 20.3.1 设计网站封面首页图像

在主要栏目确定后,就可以开始设计首页的版面。设计版面的最好方法是先将策划好的草图画出来,然后再用网页图像设计软件 Photoshop 来实现。下面设计如图 20-20 所示的网站首页,具体操作步骤如下。

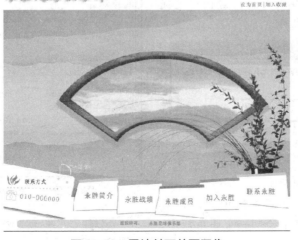

图 20-20 网站封面首页图像

01
02
03
04
05
06
07
08
09
10
11
12
13
14
15
16
17
18
19

Chapter
**20**

21
22

**STEP 1** 打开一个图像文件，如图 20-21 所示。

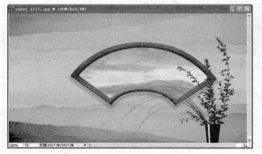

图 20-21 打开图像文件

**STEP 2** 选择菜单中的"图像"→"画布大小"命令，弹出"画布大小"对话框，如图 20-22 所示。

图 20-22 "画布大小"对话框

**STEP 3** 在对话框中设置画布大小的数值，单击"确定"按钮，弹出信息提示框，如图 20-23 所示。

图 20-23 信息提示框

**STEP 4** 单击"确定"按钮，修改画布的效果如图 20-24 所示。

**STEP 5** 在工具箱中选中"圆角矩形"工具，在图像上绘制一个圆角矩形，如图 20-25 所示。

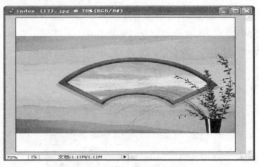

图 20-24 修改画布的效果

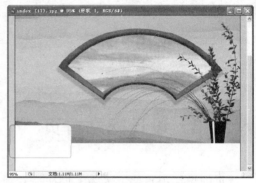

图 20-25 绘制一个圆角矩形

**STEP 6** 选择菜单中的"编辑"→"变换路径"→"旋转"命令，旋转路径，选择菜单中的"图层"→"图层样式"→"投影"命令，弹出"图层样式"对话框，设置相应参数，如图 20-26 所示。

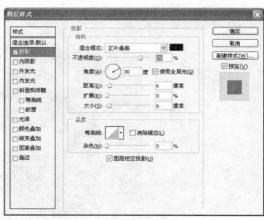

图 20-26 "图层样式"对话框

**STEP 7** 单击"确定"按钮，投影效果如图 20-27 所示。

01
02
03
04
05
06
07
08
09
10
11
12
13
14
15
16
17
18
19
21
22

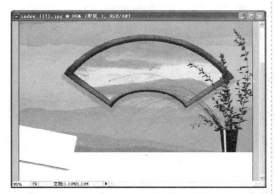

图 20-27　投影效果

**STEP 8**　使用工具箱中的"椭圆"工具 ◯，绘制两个小圆形状，如图 20-28 所示。

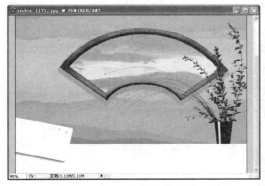

图 20-28　绘制两个形状

**STEP 9**　使用工具箱中的"直线"工具 ＼绘制一根线条，并选择菜单中的"编辑"→"变化路径"→"变形"命令，调整线条，效果如图 20-29 所示。

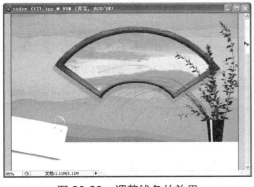

图 20-29　调整线条的效果

**STEP 10**　使用工具箱中的"自定义形状"工具 ✿ 在图像上绘制两个形状，如图 20-30 所示。

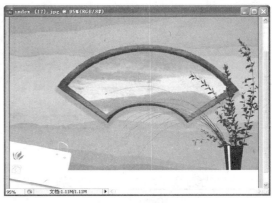

图 20-30　绘制形状

**STEP 11**　使用工具箱中的"横排文字"工具 **T**，在圆角矩形上输入文字，使用工具箱中的"椭圆选框"工具 ◯，在图像上绘制多个选区并填充颜色，如图 20-31 所示。

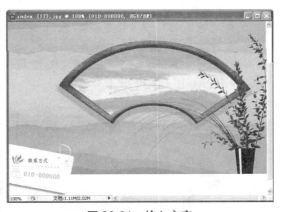

图 20-31　输入文字

**STEP 12**　使用工具箱中的"矩形"工具 ▢，在图像上绘制两个矩形，并选择菜单中的"修改"→"变换路径"→"变形"命令，调整矩形的形状，如图 20-32 所示。

**STEP 13**　为绘制的矩形添加投影效果，如图 20-33 所示。

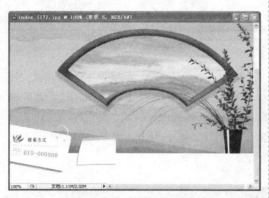

图 20-32　调整矩形的形状

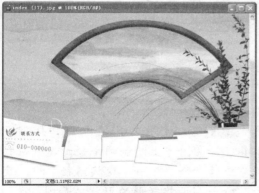

图 20-33　添加投影效果

**STEP 14**　按照上述操作步骤，制作其他的矩形，如图 20-34 所示。

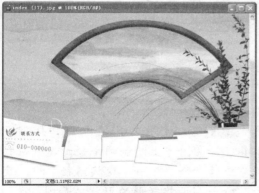

图 20-34　制作其他的矩形

**STEP 15**　在矩形上输入文字，如图20-35 所示。

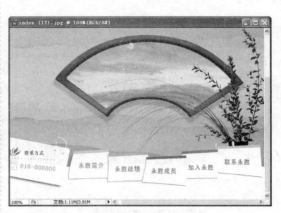

图 20-35　输入文字

**STEP 16**　在文档的上面输入文字，如图20-36 所示。

图 20-36　输入文字

**STEP 17**　选中文字，为文字添加"投影"和"描边"效果，如图 20-37 和图 20-38 所示。

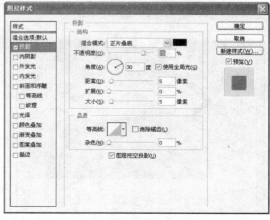

图 20-37　"投影"选项

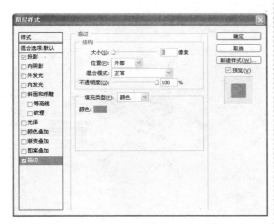

图 20-38　"描边"选项

STEP 18　单击"确定"按钮，文字的效果如图 20-39 所示。

图 20-39　文字的效果

STEP 19　使用工具箱中的"圆角矩形"工具 ⬜，在图像上绘制一个圆角矩形，并输入文字。设置完毕后，最终效果如图 20-20 所示。选择菜单中的"图层"→"合并可见图层"命令，拼合所有图层。

## 20.3.2　使用切片对封面页图像进行切割

当网页较大时，可以使用工具箱中的"切片"工具将图像裁切成很多块，每一块图像都可以按照不同的设置进行优化压缩，并且每一块都可以链接到不同的 URL 地址，存储后就是 HTML 文件，但在网页中还是一幅完整的图像，这样网页的显示速度就快多了。

使用切片对封面页图像切割的效果如图 20-40 所示，具体操作步骤如下。

图 20-40　切割网页效果

01
02
03
04
05
06
07
08
09
10
11
12
13
14
15
16
17
18
19

Chapter
**20**

21
22

**STEP 1** 打开上节制作的 PSD 文件，在工具箱中选择"切片"工具，在图像上按住鼠标左键进行拖动，拖动到合适的大小后，释放鼠标即可绘制一个切片，如图 20-41 所示。

图 20-41　绘制切片

**STEP 2** 按照上述操作步骤绘制切片，如图 20-42 所示。

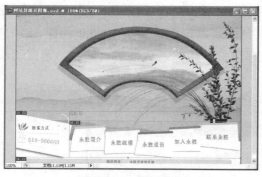

图 20-42　绘制切片

**STEP 3** 选择菜单中的"文件"→"存储为 Web 和设备所用格式"命令，弹出"存储为 Web 和设备所用格式"对话框，如图 20-43 所示。

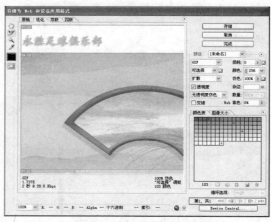

图 20-43　"存储为 Web 和设备所用格式"对话框

**STEP 4** 单击"存储"按钮，弹出"将优化结果存储为"对话框，如图 20-44 所示。

图 20-44　"将优化结果存储为"对话框

**STEP 5** 单击"保存"按钮，最终效果如图 20-40 所示。

 ## 20.4　高手支招

### 1. Fireworks 和 Photoshop 该用哪个

Fireworks 是一款针对网页图形制作而开发的软件，可以在位图与矢量模式中绘制各种图形。而 Photoshop 则是针对图形出版印刷而开发的位图软件。因此严格地讲，两款软件对于各自所要解决的问题有所不同。所以不能强行地将两者进行对比。虽然 Fireworks 操作方便，易于上手，但这也和个人对软件使用的熟练程度有关。因此，选择哪款软件关键是看个人的熟练程度。

### 2．"选框"工具中 Shift 和 Alt 键的使用方法

● 当用"选框"工具选取图片时，想扩大选择区，这时按住 Shift 键，光标"+"会变成"十+"，拖动光标，这样就可以在原来选取的基础上扩大你所需的选择区域。或是在同一幅图片中同时选取两个或两个以上的选取框。

● 当用"选框"工具选取图片时，想在"选框"中减去多余的图片，这时按住 Alt 键，拖动光标，这样就可以留下你所需要的图片。

● 当用"选框"工具选取图片时，想得到两个选取框叠加的部分，这时按住 Shift+Alt 组合键，拖动光标，这样就能得到你想要的部分。

● 想得到"选框"中的圆形或正方形时，按住 Shift 键就可以。

### 3．在 Photoshop 中，每次打开一幅图都是背景锁定的，如何去除

Photoshop 里打开的每一幅图片，其背景层都是锁住不能删除的，但是可以双击它，把它变成普通层。这样就可以对它进行编辑了。

### 4．在制作网页时，什么时候用 GIF，什么时候用 JPG

通常讲，颜色层次比较丰富细腻的图片就用 JPG，如人物照片，在存储 JPG 时会有压缩强度的选择，当然压得越少文件越大，但失真也较少，反之亦然。

而颜色比较少，以平涂形式描绘的图形通常就用 GIF，如一些文字及几何图形。GIF 是以颜色的数量来决定文件大小的，在把 RGB Color 转换成 Indexed Color 时就可以选择适中的颜色数量。

### 5．如何避免自己的图片被其他站点使用

为图片起一个比较生僻的名字，这样可以避免被搜索到。除此之外，还可以利用 Photoshop 的水印功能加密。当然也可以在自己的图片上加上一段版权文字，如标明自己的名字，这样一来，除非使用人截取图片，不然就是侵权了。

##  20.5　课后习题

### 20.5.1　填空题

1．在 Photoshop 中，制作相框的方法很多，有直线型、花边和艺术型等。使用"滤镜"中的_____命令可以制作图像相框。

2．当网页较大时，可以使用工具箱中的_____工具将图像裁切成很多块，每一块图像都可以按照不同的设置进行优化压缩，并且每一块都可以链接到不同的 URL 地址，存储后就是 HTML 文件。

3．在主要栏目确定后，就可以开始设计首页的版面，设计版面的最好方法是先将策划好的草图画出来，然后再用网页图像设计软件_____来实现。

## 20.5.2 操作题

制作一个如图 20-45 所示的网站首页。

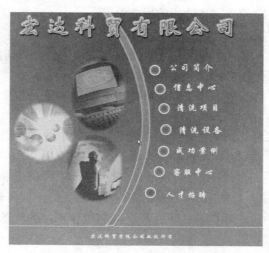

图 20-45 网站首页

关键提示：

STEP 1 选择菜单中的"文件"→"新建"命令，新建一个空白文档，按 Ctrl+A 组合键选择全部，选择工具箱中的"渐变"工具，将背景颜色设置为渐变效果，如图 20-46 所示。

图 20-46 新建文档

STEP 2 选中工具箱中的"线条"工具，调整线条的相关参数，在图像上绘制一根线条，利用"变换"命令中的子菜单

命令，调整线条的形状，并设置图像样式，效果如图 20-47 所示。

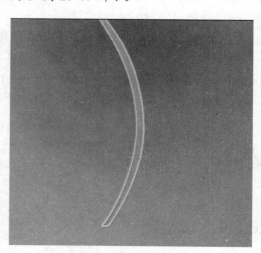

图 20-47 绘制线条

STEP 3 选择菜单中的"文件"→"打开"命令，打开相应的图像，选择工具箱中的"椭圆"工具，在图像上绘制椭圆选区，羽化选区，并将选区粘贴到制作首页文档中相应的位置，在"图层"面板中将"不透明度"设置为 60%，如图 20-48 所示。

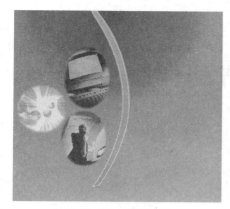

图 20-48　粘贴图像

**STEP 4**　选择工具箱中的"椭圆"工具,绘制椭圆,并设置图层样式,如图 20-49 所示。

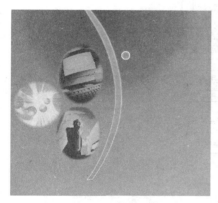

图 20-49　绘制椭圆

**STEP 5**　复制多个步骤 4 中绘制的椭圆图像,在相应的位置输入文本,如图 20-50 所示。

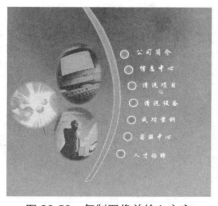

图 20-50　复制图像并输入文字

**STEP 6**　选择工具箱中的"线条"工具,在图像上绘制线条,如图 20-51 所示。

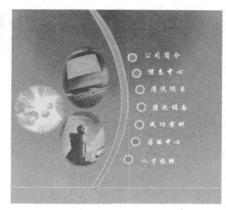

图 20-51　绘制线条

**STEP 7**　选择工具箱中的"横排文字"工具,在线条的下面输入相应的文字,如图 20-52 所示。

图 20-52　输入文字

# 第 21 课　企业网站制作综合实例

**学习地图**

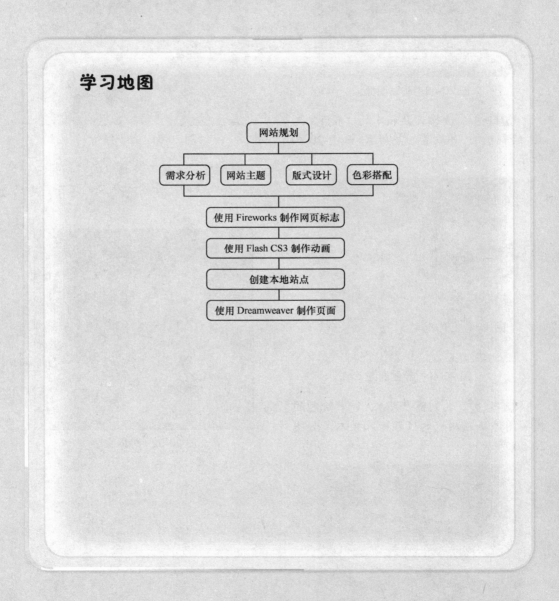

### 课前导读

随着网络的普及和飞速发展，企业拥有自己的网站已是必然趋势。网站是企业在互联网上的标识，在 Internet 上建立自己的网站，可以起到宣传企业、提高企业知名度、展示和提升企业形象、提供售后服务等重要作用，因而越来越受到企业的重视。本课将主要介绍企业网站的设计与制作。

### 重点与难点

- ☐ 掌握使用 Fireworks CS3 制作网页标志。
- ☐ 掌握使用 Flash CS3 制作动画。
- ☐ 掌握使用 Dreamweaver CS3 制作页面。

##  21.1　网站规划

网站是企业向用户提供信息的一种方式，是企业开展电子商务的基础设施和信息平台。企业的网址被称为"网络商标"，也是企业无形资产的组成部分，而网站是 Internet 上宣传和反映企业形象和文化的重要窗口，因此企业的网站设计显得极为重要。

### 21.1.1　网站需求分析

Web 站点的设计是展现企业形象、介绍产品和服务、体现企业发展战略的重要途径，因此必须明确设计站点的目的，再结合用户需求、市场的状况、企业自身等情况进行综合分析，从而做出切实可行的设计方案。在设计规划之初要考虑以下内容：建设网站的目的是什么？为谁提供服务和产品？企业能提供什么样的产品和服务？企业产品和服务适合什么样的表现方式？

### 21.1.2　确定网站主题

在目标明确的基础上，完成网站的构思创意，即总体设计方案。对网站的整体风格和特色做出定位，规划网站的组织结构。Web 站点应针对所服务对象的不同而具有不同的形式。有些站点只提供简洁文本信息；有些则采用多媒体表现手法，提供华丽的图像、闪烁的灯光、复杂的页面布置，甚至可以下载声音和录像片段。好的站点通常能把图形表现手法和有效的组织与通信结合起来。要做到主题鲜明突出，要点明确，以简单明确的语言和画面体现站点的主题，并调动一切手段充分表达站点的个性和特点。

### 21.1.3　确定网站的版式设计

在企业的网站设计中，既要考虑商业性，又要考虑到视觉效果。好的网站设计，有助于企业树立好的社会形象，更好、更直观地展示企业产品和服务。网页设计作为一种视觉语言，要讲究编排和布局，虽然网页设计不等同于平面设计，但它们有许多相近之处，应充分加以利用和借鉴。版式设计通过文字和图像的空间组合，表达出和谐与美。为了达到最佳的视觉表现效果，应讲究整体布局的合理性，使浏览者有一个流畅的视觉体验。

### 21.1.4 确定网站主要色彩搭配

企业网站给人的第一印象是网站的色彩，因此确定网站的色彩搭配是非常重要的一步。一般来说，一个网站的标准色彩不应超过 3 种，太多则让人眼花缭乱。标准色彩用于网站的标志、标题、导航栏和主色块，给人以整体统一的感觉。至于其他色彩在网站中也可以使用，但只能作为点缀和衬托，决不能喧宾夺主。

企业网站通常都会采用明亮的色彩，如蓝色、绿色、黄色等，使网站看起来明朗大气，可以提高企业的可信度，突出网站形象。另外可以使用灰色和白色，这是企业网站中最常见的颜色。因为这两种颜色比较中庸，能和任何色彩搭配，使对比更强烈，突出网站品质和形象。

设计与制作以形象为主的企业网站时，应以企业自身的特点和企业文化作为网页设计的切入点，色彩搭配也应与企业相关，这样才能更好地提升企业形象，达到宣传的效果。

绿色在企业网站中也是使用较多的一种色彩。在使用绿色作为企业网站的主色调时，通常会使用渐变色过渡，使页面具有立体的空间感。

绿色在一些林业、农业网站中使用得也非常多。一方面是因为绿色能够表现出自然、健康、环保，另一方面也能够很好地提高消费者对企业的可信度。如图 21-1 所示是本课要制作的企业网站的色彩。

图 21-1 企业网站的色彩

##  21.2 使用 Fireworks CS3 制作网页标志

Fireworks 可提供专业化的创建和编辑 Web 图像的工作环境。在此环境下可以方便地绘制和编辑位图对象、矢量对象，制作动画、导航条、弹出菜单和有图像翻转功能的热点和切片。可以使用 Fireworks CS3 制作网页标志，具体操作步骤如下。

**STEP 1** 选择菜单中的"文件"→"新建"命令，弹出"新建文档"对话框，在对话框中设置文档的长度和宽度，如图 21-2 所示。

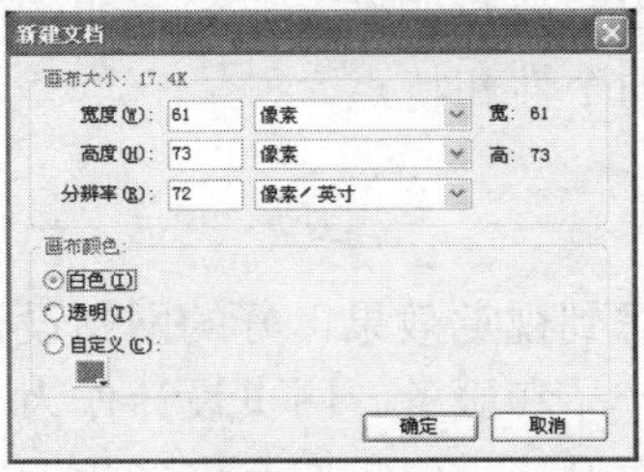

**STEP 2** 单击"确定"按钮，新建一个空白文档，如图 21-3 所示。

图 21-2 "新建文档"对话框

图 21-3 新建空白文档

**STEP 3**　使用工具箱中的"面圈"工具，在文档中上绘制一个面圈，如图 21-4 所示。

图 21-4　绘制面圈

**STEP 4**　单击面圈中间的内径按钮，由内向外拖动，如图 21-5 所示。

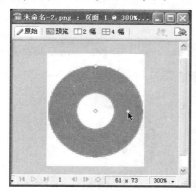

图 21-5　拖动按钮

**STEP 5**　拖动的效果如图 21-6 所示。

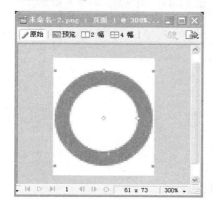

图 21-6　拖动按钮效果

**STEP 6**　使用工具箱中的"矩形"工具，将填充色设置为白色，在舞台上绘制

一个矩形，如图 21-7 所示。

图 21-7　绘制矩形

**STEP 7**　使用工具箱中的"箭头"工具，在图像上绘制箭头，如图 21-8 所示。

图 21-8　绘制箭头

**STEP 8**　单击"箭头大小"按钮，由上往下进行拖动，调整箭头的方向和大小，如图 21-9 所示。

图 21-9　调整箭头的方向和形状

**STEP 9**　释放鼠标后，调整的形状如图 21-10 所示。

**STEP 10**　使用工具箱中的"缩放"工具，调整箭头的厚度，如图 21-11 所示。

图 21-10　调整箭头的形状

图 21-11　调整箭头的厚度

**STEP 11**　释放鼠标后，调整箭头的厚度效果如图 21-12 所示。

图 21-12　箭头的厚度效果

**STEP 12**　按照 **STEP 7** ～ **STEP 11** 的方法，绘制另外两个箭头，如图 21-13 所示。

图 21-13　绘制箭头

**STEP 13**　使用工具箱中的"倾斜"工具调整箭头的位置和大小，如图 21-14 所示。

图 21-14　调整箭头的位置和大小

## 21.3　使用 Flash CS3 制作动画

Flash 凭着其文件小、动画清晰、运行流畅等特点，在各种领域中都得到了广泛的应用。下面就讲述利用 Flash 制作网页 Banner 动画，具体操作步骤如下。

**STEP 1**　启动 Flash, 新建一个空白文档, 选择菜单中的"文件"→"导入"→"导入到库"命令, 弹出"导入到库"对话框, 如图 21-15 所示。

图 21-15　"导入到库"对话框

**STEP 2**　单击"打开"按钮, 将文件导入到库, 如图 21-16 所示。

图 21-16　"库"面板

**STEP 3**　选中"库"面板中的图像, 将其拖动到舞台上, 如图 21-17 所示。

图 21-17　拖动图片

**STEP 4**　选择菜单中的"修改"→"文档"命令, 弹出"文档属性"对话框, 在对话框中将文档的宽度和高度设置为图像的"宽度"和"高度", 如图 21-18 所示。

图 21-18　"文档属性"对话框

**STEP 5**　单击"确定"按钮, 修改文档属性, 新建一个图层, 如图 21-19 所示。

图 21-19　新建图层

**STEP 6**　使用工具箱中的"矩形"工具, 将"填充颜色"设置为白色, 在图像上绘制矩形, 如图 21-20 所示。

图 21-20　绘制矩形

**STEP 7** 按 F8 键将矩形转换为元件。在图层 1 的第 50 帧处按 F5 键插入普通帧，在图层 2 的第 15 帧处按 F6 键插入关键帧，将矩形移动到图像上，使用工具箱中的"任意变形"工具调整矩形的大小，如图 21-21 所示。

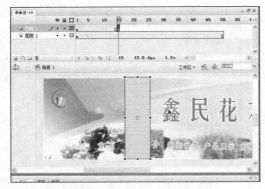

图 21-21　调整矩形的大小

**STEP 8** 在第 20 帧处插入关键帧，调整矩形的形状和位置，如图 21-22 所示。

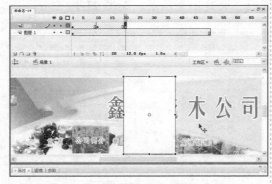

图 21-22　调整矩形的形状和位置

**STEP 9** 在第 30 帧处按 F6 键插入关键帧，调整矩形的形状和位置，如图 21-23 所示。

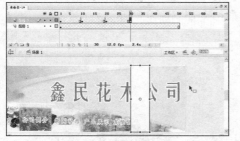

图 21-23　调整矩形的形状和位置

**STEP 10** 在第 40 帧处按 F6 键插入关键

帧，调整矩形的形状和位置，如图 21-24 所示。

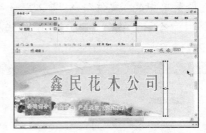

图 21-24　调整矩形的形状和位置

**STEP 11** 在图层 2 的第 1 ~ 40 帧间创建运动补间动画，如图 21-25 所示。

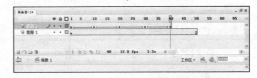

图 21-25　创建运动补间动画

**STEP 12** 分别选中第 1、10、20、30、40 帧，在"属性"面板中将 Alpha 值设置为 30%，如图 21-26 所示。

图 21-26　设置 Alpha 值

**STEP 13** 按照步骤 6 ~ 12 的方法制作另一个矩形，从右往左创建一个运动动画，如图 21-27 所示。

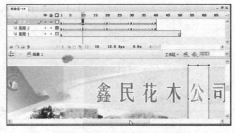

图 21-27　设置运动动画

**STEP** 14　新建一个图层 4，在第 42 帧使用工具箱中的"文本"工具输入文字，如图 21-28 所示。

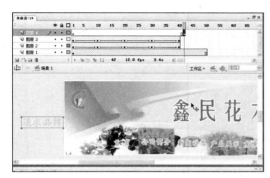

图 21-28　输入文字

**STEP** 15　在图层 4 的第 60 帧处按 F6 键，将文本移动到舞台的右边，在图层 1 的第 60 帧处按 F5 键插入普通帧，如图 21-29 所示。

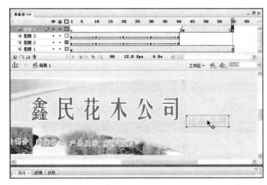

图 21-29　移动位置

**STEP** 16　在第 40~60 帧之间创建补间动画，如图 21-30 所示。

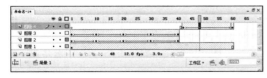

图 21-30　创建运动补间动画

**STEP** 17　新建图层 5，按照步骤 14~16 的方法制作从右往左的文字动画，如图 21-31 所示。

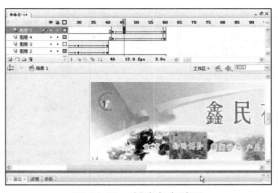

图 21-31　创建文字动画

**STEP** 18　按 Ctrl+Enter 组合键预览动画，如图 21-32 所示。

图 21-32　预览动画

**STEP** 19　选择菜单中的"文件"→"导出"→"导出影片"命令，弹出"导出影片"对话框，如图 21-33 所示。

图 21-33　"导出影片"对话框

**STEP** 20　单击"保存"按钮，弹出"导出 Flash Player"对话框，如图 21-34 所示，单击"确定"按钮，导出影片。

图 21-34　"导出 Flash Player" 对话框

## 21.4　创建本地站点

为了使网站达到最佳效果 在创建任何网页之前，都应对站点的结构进行设计和规划。创建本地站点的具体操作步骤如下。

**STEP 1**　选择菜单中的"站点"→"站点管理"命令，弹出"管理站点"对话框，单击"新建"按钮，然后从弹出的菜单中选择"站点"命令，如图 21-35 所示。

图 21-35　"管理站点"对话框

**STEP 2**　弹出"站点定义"对话框，如果对话框显示的是"高级"选项卡，则选择"基本"选项卡，弹出"站点定义向导"的第一个界面，要求为站点输入名称，

如图 21-36 所示。

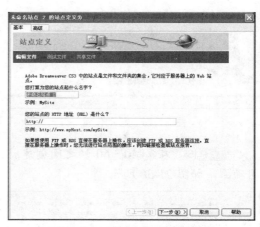

图 21-36　"站点定义"对话框

**STEP 3**　单击"下一步"按钮，出现向导的下一个界面，询问"是否要使用服务器技术"，因为本例建立的是一个静态站点，所以选中"否，我不想使用服务器技术"单选按钮，如图 21-37 所示。

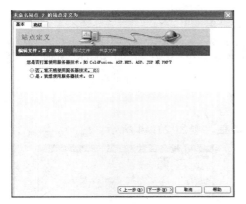

图 21-37  询问是否使用服务器技术

**STEP 4** 单击"下一步"按钮，选择要定义的本地根文件夹，指定站点位置，如图 21-38 所示。

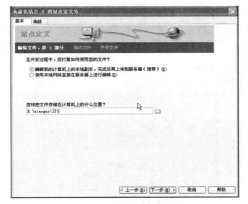

图 21-38  编辑本地文件夹

**STEP 5** 单击"下一步"按钮，出现向导的下一个界面，询问如何连接到远程服务器。从下拉列表框中选择"无"选项，如图 21-39 所示。

**STEP 6** 单击"下一步"按钮，显示站点概要，如图 21-40 所示。

**STEP 7** 单击"完成"按钮，出现"管理站点"对话框，对话框中显示了新建的站点，如图 21-41 所示。

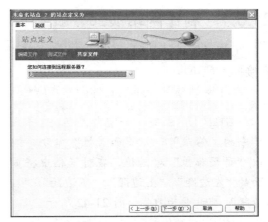

图 21-39  选择"无"选项

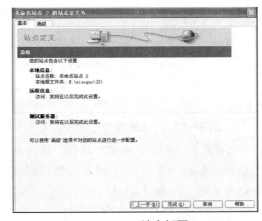

图 21-40  站点概要

图 21-41  站点管理

##  21.5  使用 Dreamweaver CS3 制作页面

Dreamweaver 是一款功能强大的网页制作与网站开发软件，适合制作大中型网站。

### 21.5.1　制作网站顶部导航

顶部导航指的是网站的头部，本节顶部导航是一个已经制作好的 Flash 动画，在这里直接插入就可以了。

制作网站顶部导航的具体操作步骤如下。

**STEP 1**　新建一个空白文档，选择菜单中的"修改"→"页面属性"命令，弹出"页面属性"对话框，在对话框中将页面的"左边距"、"上边距"、"下边距"、"右边距"都设置为 0，如图 21-42 所示。

图 21-42　"页面属性"对话框

**STEP 2**　单击"确定"按钮，修改页面属性，插入一个 4 行 1 列的表格，此表格记为表格 1，如图 21-43 所示。

图 21-43　插入表格 1

**STEP 3**　将光标置于表格 1 的第 1 行单元格中，选择菜单中的"插入记录"→"媒体"→"Flash"命令，弹出"选择文件"对话框，如图 21-44 所示。

图 21-44　"选择文件"对话框

**STEP 4**　在对话框中选择要插入的 Flash，单击"确定"按钮，插入 Flash，如图 21-45 所示。

图 21-45　插入 Flash

**STEP 5**　保存文档，按 F12 键预览效果，如图 21-46 所示。

图 21-46　网站顶部导航

### 21.5.2　制作网站滚动公告栏

在这里滚动公告主要由图片和文字组成，在文字的前面和后面输入成对代码 <marquee> 和 </marquee>，即可使文字滚动，然后再加入相应的滚动方向和高低等。制作网站滚动公告栏的具体操作步骤如下。

**STEP 1** 将光标置于表格 1 的第 2 行，插入一个 1 行 3 列的表格，此表格记为表格 2，如图 21-47 所示。

图 21-47　插入表格 2

**STEP 2** 将光标置于表格 2 的第 1 列单元格中，插入一个 2 行 1 列的表格，此表格记为 3，如图 21-48 所示。

图 21-48　插入表格 3

**STEP 3** 将光标置于表格 3 的第 1 行单元格中，插入图像 images/index_r2_c8. jpg，如图 21-49 所示。

图 21-49　插入图像

**STEP 4** 将光标置于表格 3 的第 2 行单元格中，插入背景图像 ages/index_r1_c2_r5_c2.jpg，如图 21-50 所示。

**STEP 5** 将光标置于表格 3 的第 2 行单元格中，插入一个 1 行 1 列的表格，

此表格记为表格 4，在"属性"面板中，将"对齐"设置为"居中对齐"，如图 21-51 所示。

图 21-50　插入背景图像

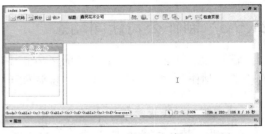

图 21-51　插入表格 4

**STEP 6** 在单元格中输入文字，如图 21-52 所示。

图 21-52　输入文字

**STEP 7** 切换到"代码"视图，在文字的前后输入<marquee direction="up" height= "160">，如图 21-53 所示。

图 21-53　输入代码

**STEP 8** 在文字的后面输入</mar quee>，如图 21-54 所示。

图 21-54　输入代码

**STEP 9** 保存文档，按 F12 键预览效果，如图 21-55 所示。

图 21-55　网站滚动公告栏

## 21.5.3　制作公司新闻动态

新闻动态部分位于网站导航的下方正中间的位置，以浅绿色显示，给人以清爽、简洁的感觉。制作新闻动态的具体操作步骤如下。

**STEP 1** 将光标置于表格 2 的第 2 列单元格中，插入一个 8 行 1 列的表格，此表格记为表格 5，如图 21-56 所示。

图 21-56　插入表格 5

**STEP 2** 将表格 5 的背景图片设置为 images/index_r1_c2_r3_c3.jpg，如图 21-57 所示。

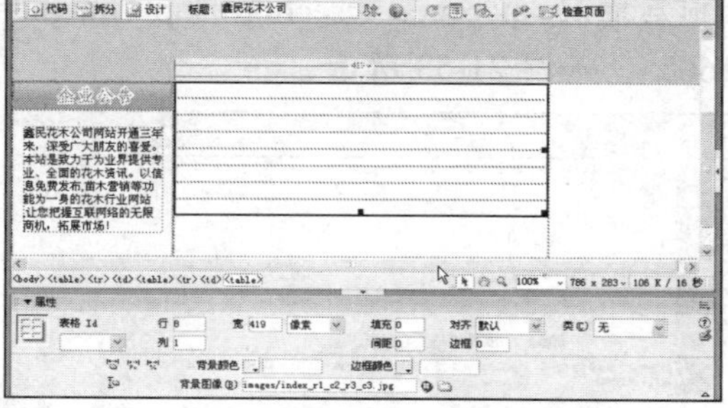

图 21-57　插入背景图像

**STEP 3** 将光标置于表格 5 的第 1 行单元格中，插入图像，如图 21-58 所示。

图 21-58　插入图像

**STEP 4** 将 2~7 单元格的高度设置为 25，如图 21-59 所示。

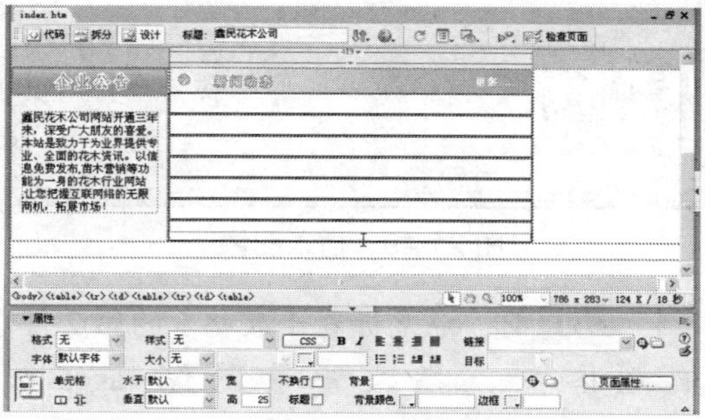

图 21-59　设置单元格高度

**STEP 5** 在单元格中输入文字，如图 21-60 所示。

图 21-60　输入文字

**STEP 6** 保存文档，按 F12 键预览效果，如图 21-61 所示。

图 21-61　新闻动态页面

## 21.5.4　制作产品分类导航

产品分类导航位于新闻动态的右边，把产品按列有条不紊地排列在单元格里面。制作产品分类导航的具体操作步骤如下。

**STEP 1** 将光标置于表格 2 的第 3 列单元格中，插入一个 2 行 1 列的表格，此表格记为表格 6，如图 21-62 所示。

图 21-62　插入表格 6

**STEP 2** 选中表格 6，在"属性"面板中将背景图像设置为 images/index_r1_c2_r5_c2.jpg，如图 21-63 所示。

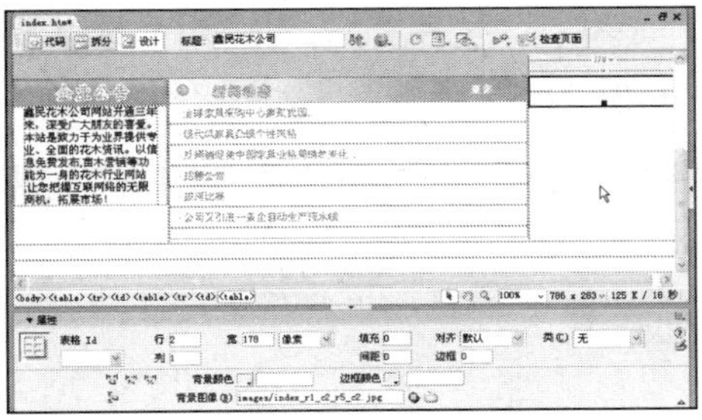

图 21-63　设置背景图像

**STEP 3** 将光标置于表格 6 的第 1 行单元格中，插入图像 images/index_r2_c21.jpg，如图 21-64 所示。

**STEP 4** 将光标置于表格 6 的第 2 行单元格中，插入一个 9 行 1 列的表格，此

表格记为表格 7，如图 21-65 所示。

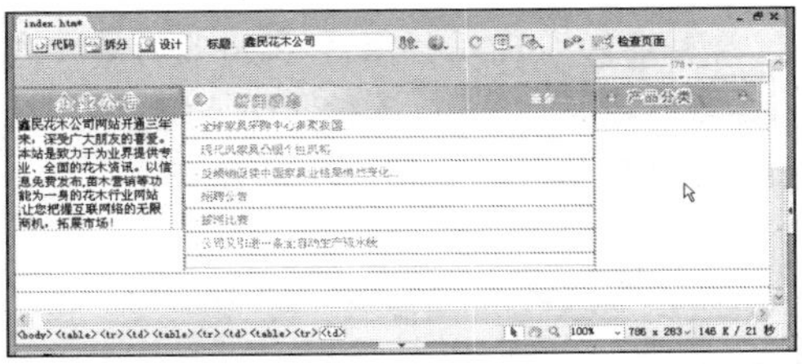

图 21-64　插入图像

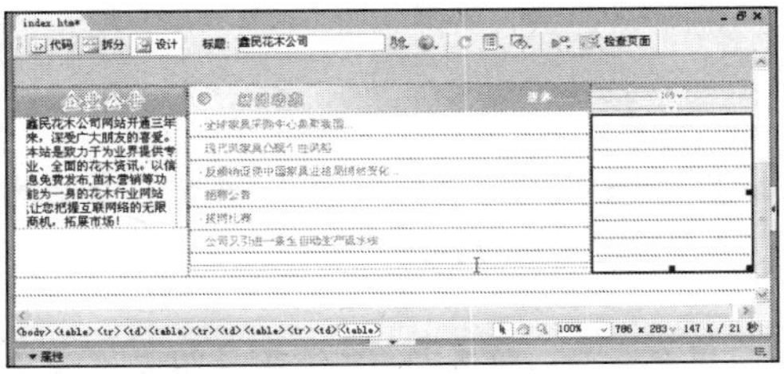

图 21-65　插入表格 7

**STEP 5** 保存文档，按 F12 键预览效果，如图 21-66 所示。

图 21-66　产品分类导航

## 21.5.5 制作最新报价部分

制作最新报价部分的具体操作步骤如下。

**STEP 1** 将光标置于表格1的第3行单元格中，插入一个1行3列的表格，此表格记为表格8，如图21-67所示。

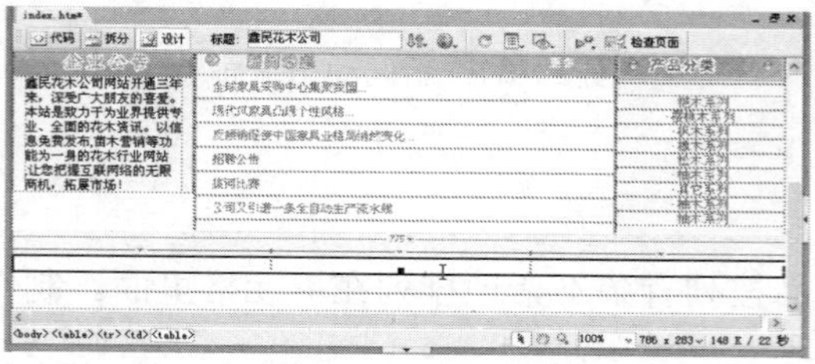

图 21-67 插入表格 8

**STEP 2** 将光标置于表格8的第1列单元格中，插入一个2行1列的表格，此表格记为表格9，如图21-68所示。

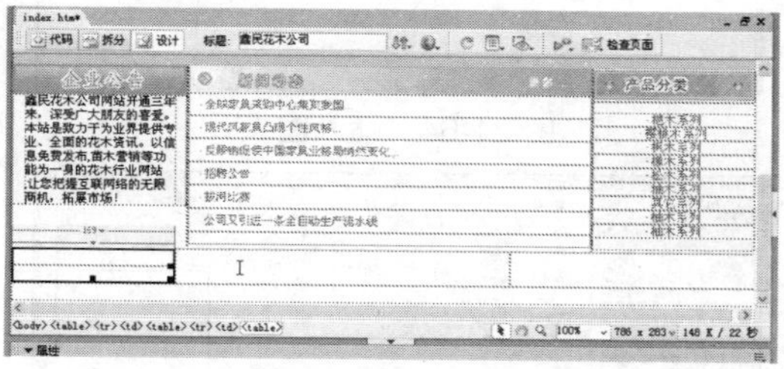

图 21-68 插入表格 9

**STEP 3** 将表格9的背景图像设置为 images/index_r1_c2_r5_c2.jpg，如图 21-69 所示。

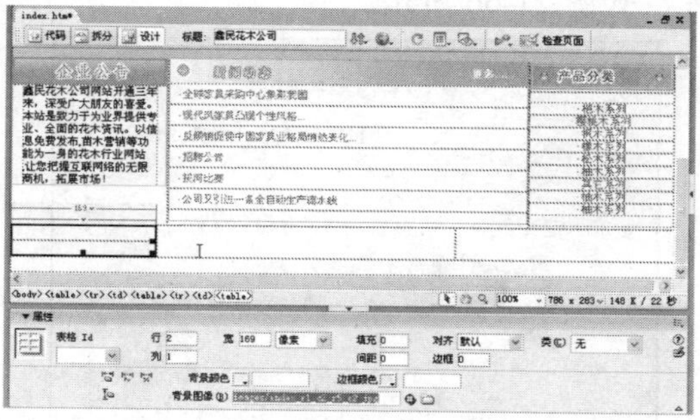

图 21-69 插入背景图像

**STEP 4** 将光标置于表格9的第1行单元格中，插入图像 images/index_r2_c2.jpg，如图 21-70 所示。

图 21-70 插入图像

**STEP 5** 将光标置于表格9的第2行单元格中，插入一个7行2列的表格，此表格记为表格10，在表格10的第2行单元格输入文字，如图21-71所示。

图 21-71 输入文字

**STEP 6** 保存文档，按 F12 键预览效果，如图 21-72 所示。

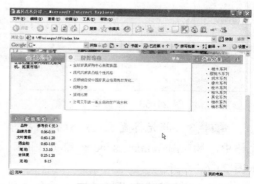

图 21-72 最新报价

## 21.5.6　制作产品展示部分

产品展示部分主要由产品图片和产品名称组成，用于展示网站的产品。制作产品展示部分的具体操作步骤如下。

**STEP 1** 将光标置于表格 8 的第 2 列单元格中，插入一个 2 行 1 列的表格，此表格记为表格 11，将表格的背景图像设置为 images/index_r1_c2_r3_c3.jpg，如图 21-73 所示。

图 21-73　插入表格 11

**STEP 2** 将光标置于表格 11 的第 1 行单元格中，插入图像 images/index_r1_c2_r2_c4.jpg，如图 21-74 所示。

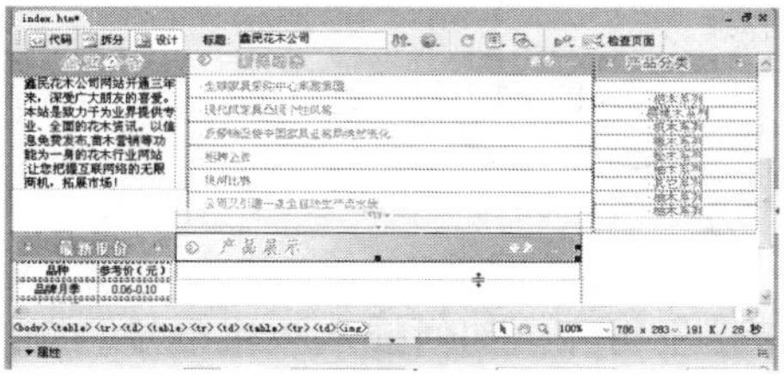

图 21-74　插入图像

**STEP 3** 将光标置于表格 11 的第 2 行单元格中，插入一个 3 行 3 列的表格，此表格记为表格 12。将光标置于表格 12 的第 1 列的第 2 行中，插入一个 2 行 1 列的表格，此表格记为表格 13，如图 21-75 所示。

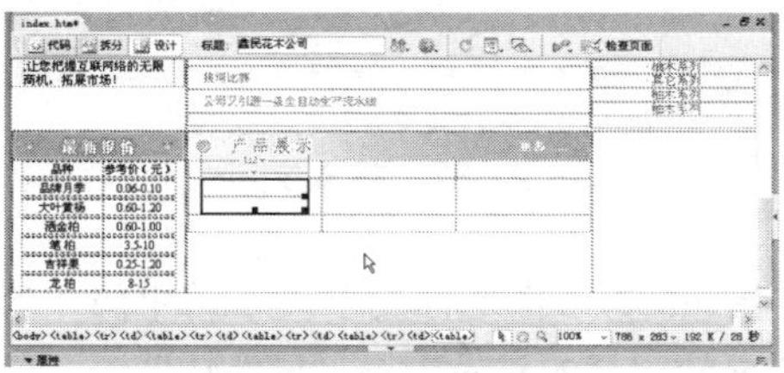

图 21-75　插入表格 12 和 13

**STEP 4** 分别在表格 13 的第 1 行和第 2 行单元格中插入图像 images/3-da.jpg 和输入文字，如图 21-76 所示。

图 21-76　插入图像和输入文字

**STEP 5** 按照步骤 3～4 的方法分别在表格 12 的第 2 列和第 3 列中插入表格和图像，并输入文字，如图 21-77 所示。

图 21-77　插入图像和输入文字

**STEP 6** 保存文档，按 F12 键预览效果，如图 21-78 所示。

图 21-78　产品展示

### 21.5.7 制作友情链接

友情链接部分主要由图片组成，这些图片主要是所链接网站的 Logo。制作友情链接的具体操作步骤如下。

**STEP 1** 将光标置于表格 8 的第 3 列单元格中，插入一个 2 行 1 列的表格，此表格记为表格 14，如图 21-79 所示。

图 21-79　插入表格 14

图 21-80　插入图像

**STEP 2** 将光标置于表格 14 的第 1 行和第 2 行单元格中，插入图像，如图 21-80 所示。

**STEP 3** 保存文档，按 F12 键预览效果，如图 21-81 所示。

图 21-81　友情链接

### 21.5.8 制作底部版权部分

底部版权部分主要放置一些网站的版权信息，这里将介绍如何插入版权符号。制作底部版权部分的具体操作步骤如下。

**STEP 1** 将光标置于表格 1 的第 4 行单元格中，插入背景图像，将高设置为 55，如图 21-82 所示。

**STEP 2** 将光标置于背景图像上，输入文字，如图 21-83 所示。

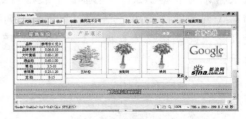

图 21-83　输入文字

图 21-82　插入背景图像

**STEP 3** 将光标置于文字的中间，选择菜单中的"插入记录"→"HTML"→"特殊

字符"→"版权符号"命令，如图 21-84
所示。

图 21-84　插入版权符号

**STEP 4**　保存文档，按 F12 键预览效
果，如图 21-85 所示。

图 21-85　插入版权

 ## 21.6　高手支招

### 1. 在使用模板布局企业网站时有哪些注意事项

一般企业网站的页面较多，而且整体风格类似，因此可以利用模板快速、高效地设计
出风格一致的网页，在使用时应注意以下问题。

- 在模板中，可编辑区域的边框以浅蓝色加亮。
- 在模板中如果调用库文件，可以在"资源"面板中找到此文件后将其拖动到需要
的任意位置。
- 创建模板时，可编辑区域和锁定区域都可以更改。但是在利用模板创建网页时，
只能在可编辑区域中进行更改，无法修改锁定区域。
- 当更改模板时，系统会提示是否更新基于该模板的文档，同时也可以使用更新命
令来更新当前页面或整个站点。

### 2. 什么时候使用库，有哪些注意事项

使用库有以下一些问题需要注意。

- 库文件主要是为了保持相同的一小部分内容，更主要的是为了满足经常需要修改
的需要，而且它比模板更加灵活，可以放置在页面的任意位置，而不是固定在同一位置。
- 创建库项目时，库项目中只能包含 body 元素。
- 在保存库文件时，文件的扩展名应为.lbi。

### 3. 关于表格布局网页时的一些技巧

- 大型的网站主页制作，先分成几大部分，采取从上到下，从左到右的制作顺序逐
步制作。
- 一般情况下最外部的表格宽度最好采用 770 像素，表格设置为居中对齐，这样将使得，
无论采用800 像素×600 像素的分辨率还是采用1024 像素×768 像素的分辨率网页都不会改变。
- 在插入表格时，如果没有明确的指定"填充"，则浏览器默认"填充"为 1。

### 4. 如何清除网页中不必要的 HTML 代码

有时从 Word 中复制过来的文本插入到网页中后，无论怎么修改文本格式都不能应用，
这是因为从 Word 中复制过来的文本带有格式，需要先把这些格式清理了才行。清除网页

中不必要的 HTML 代码的具体操作步骤如下。

**STEP 1** 选择菜单中的"命令"→"清理 Word 生成的 HTML"命令，弹出"清理 Word 生成的 HTML"对话框，在对话框中选中"删除所有 Word 特定的标记"复选框，如图 21-86 所示。

图 21-86 "清理 Word 生成的 HTML"对话框

**STEP 2** 单击"确定"按钮，弹出提示信息框，如图 21-87 所示。单击"确定"按钮，即可清除垃圾代码。

图 21-87 提示信息框

**5. 如何在一个站点的不同页面间播放同一种声音文件**

当用户访问一个站点的首页时，会听到该页设置的背景声音文件，比如一段音乐，但当链接到该站点的另一页面时音乐就停止了。那么如何才能让声音不断呢？

可以建立一个上下框架结构的网页，把声音文件建立在下框架里，并把下框架的宽度设置为一个像素，上框架里是页面内容。这样当访问者离开站点首页时，因下框架的内容未变，所以声音就不会间断。

##  21.7 课后习题

制作如图 21-88 所示的企业网站。

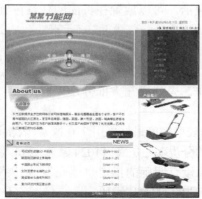

图 21-88 企业网站

# 第22课 设计与制作购物网站

学习地图

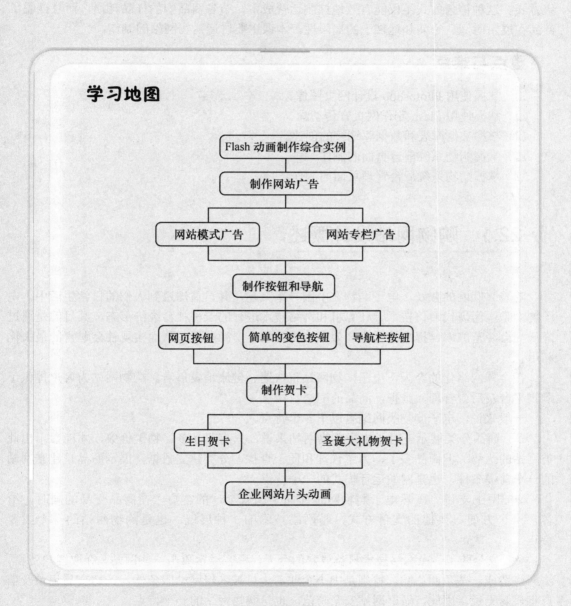

### 课前导读

　　一般来说网上购物其实就是企业对消费者的电子商务。一般以网络零售业为主，例如经营各种洗涤用品、鲜花、书籍等商品。由于网上购物系统使消费者的购物过程变得轻松、快捷、方便，非常适合现代人快节奏的生活，所以越来越多的个人和公司开始关注网上销售方式。这种销售方式不仅能有效地控制运营成本，节省商品中的样品耗损，而且摆脱了商品在展示时间、空间和地域上的局限性。本课主要讲述购物网站的制作。

### 重点与难点

　□　掌握使用 Photoshop 设计网页图像。
　□　掌握使用 Flash 制作网页宣传动画。
　□　掌握数据库表和数据库连接的创建。
　□　掌握购物系统前台页面的制作。
　□　掌握购物系统后台管理页面的制作。

 ## 22.1　购物网站设计概述

　　随着互联网的普及，电子购物在中国异军突起，并日益渗透到人们的日常生活中。电子购物是运用现代通信技术、计算机和网络技术进行的一种社会经济形态，其目的是通过降低社会经营成本、提高社会生产效率、优化社会资源配置，从而实现社会财富的最大化利用。

　　在全球网络化的今天，电子购物网站正快速、健康地发展着。购物网站为客户提供了购物平台及后台管理、维护，商品的配送、结算。

　　一般来说，电子购物类网站有以下 4 个特点。

　　● 　商品分类展示。对于电子购物网站来说，只有商品多，物美价廉，才能显示出此类网站的优势。但商品多了，为了管理和便于查找，分类建立数据、展示商品是建立网站的一个前提条件，也是网站运行模式的一个特点。

　　● 　网上支付。既然电子购物网站面向全国或全球的客户，在商品交易的同时，给客户一个方便、快捷的支付方式，是网络技术的一种展现，也是购物网站的一个主要特点。

　　● 　安全防范。在网络技术日益成熟的今天，黑客经常攻击一些网站，夺取客户资料，给网络造成一些负面影响。特别是中小企业，一旦被入侵网站服务器，一切交易记录及信息将显露无疑。因此，做好网站安全防范，也是购物网站的一个特点。

　　● 　后台管理系统。后台管理系统是电子购物网站的一个主要组成部分，包括分类商品管理、保存交易记录、会员注册、商品搜索、商品添加与删除等系统管理功能。建立完善的后台管理系统，是进行全面的管理、更新和维护网站的有效方式，也是成功建立网站的重要标准。

## 22.2　购物网站的主要功能页面

　　购物类网站是一个功能复杂、花样繁多、制作烦琐的商业网站，但也是企业或个人推广和展示商品的一种非常好的销售方式。本课所制作的网站页面主要包括前台页面和后台管理页面。在前台显示浏览商品，在后台可以添加、修改和删除商品，也可以添加商品类别。

　　商品分类展示页面如图 22-1 所示。在该页面中，按照商品类别显示商品信息，客户可通过页面分类浏览商品，如商品名称、商品价格、商品图片等信息。

　　商品详细信息页面如图 22-2 所示。浏览者可通过商品详细信息页了解商品的简介、价格、图片等详细信息。

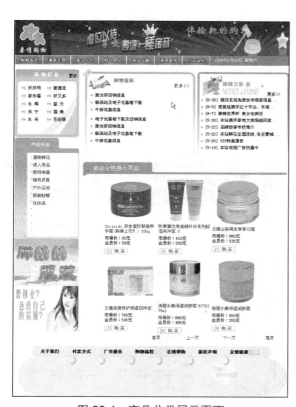

图 22-1　商品分类展示页面

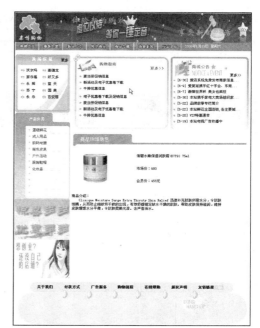

图 22-2　商品详细信息页面

　　添加商品页面如图 22-3 所示。在这里输入商品的详细信息后，单击"插入记录"按钮可以将商品资料添加到数据库中。

　　商品管理页面如图 22-4 所示。在这里可以管理所有的商品文件。

　　管理员登录页面如图 22-5 所示。在这里输入管理员的名称和密码，单击"登录"按钮，登录页面可以管理所有文件。

　　删除页面如图 22-6 所示。在这里可以删除商品记录。

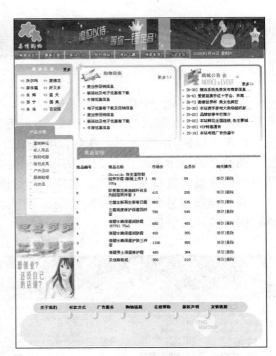

图 22-3　添加商品页面

图 22-4　商品管理页面

图 22-5　管理员登录页面

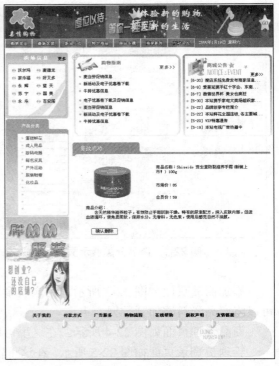

图 22-6　删除页面

# 22.3　使用 Photoshop 设计网页图像

Adobe Photoshop 是当今世界上最为流行的图像处理软件,其强大的功能和友好的界面深受广大用户的喜爱。

在 Photoshop CS3 中,绘图工具的技巧性强,对绘画能力要求高,较难掌握,因此可以这样说,是否用好了 Photoshop,关键是要看是否用好了绘图工具。

## 22.3.1　设计网页按钮

按钮一般设计精巧,立体感强,将其应用到网页中,既能吸引浏览者的注意,又增加了网页的美观效果。利用 Photoshop 设计网页中的按钮,效果如图 22-7 所示,具体操作步骤如下。

图 22-7　网页按钮

**STEP 1**　启动 Photoshop,选择菜单中的"文件"→"新建"命令,弹出"新建"对话框,如图 22-8 所示。

图 22-8　"新建"对话框

**STEP 2**　在对话框中将"宽度"设置为 78,"高度"设置为 29,"背景内容"设置为"透明",在"名称"文本框中输入 an1,效果如图 22-9 所示。

图 22-9　创建新文档

**STEP 3**　在工具箱中选择"圆角矩形"工具,在选项栏中进行设置,如图 22-10 所示。

图 22-10　设置"圆角矩形"工具选项栏

**STEP 4**　将光标移动到文档的上方,绘制一个圆角矩形,如图 22-11 所示。

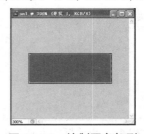

图 22-11　绘制圆角矩形

**STEP 5**　选择菜单中的"图层"→"图层样式"→"外发光"命令,弹出"图层样式"对话框,在对话框中进行如图 22-12 所示的设置。

图 22-12　"图层样式"对话框

**STEP 6** 在对话框中选择"内发光"选项，并设置内发光效果，如图 22-13 所示。

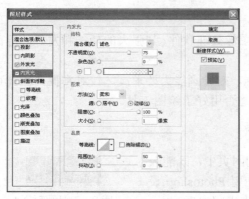

图 22-13　设置内发光效果

**STEP 7** 在对话框中选择"颜色叠加"选项，并设置颜色叠加效果，如图 22-14 所示。

图 22-14　设置颜色叠加效果

**STEP 8** 单击"确定"按钮，设置图层样式，如图 22-15 所示。

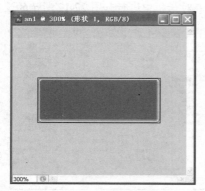

图 22-15　设置图层样式

**STEP 9** 新建一个图层，使用工具箱中的"矩形选框"工具，在圆角矩形上绘制出一个矩形的选区，如图 22-16 所示。

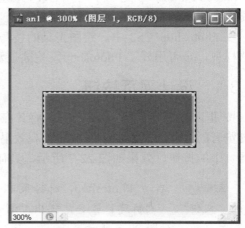

图 22-16　绘制选区

**STEP 10** 在工具箱中选择"渐变"工具，在选项栏中单击 按钮，弹出"渐变编辑器"对话框，设置渐变颜色，如图 22-17 所示。

图 22-17　"渐变编辑器"对话框

**STEP 11** 单击"确定"按钮，在选区中由下往上进行拖动，如图 22-18 所示。

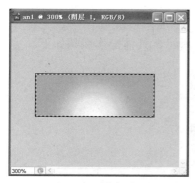

图 22-18 填充选区

STEP 12 在"图层"面板中的"设置图层混合模式"下拉列表框中选择"柔光"选项，如图 22-19 所示。

图 22-19 设置混合模式

STEP 13 设置混合模式后的效果如图 22-20 所示。

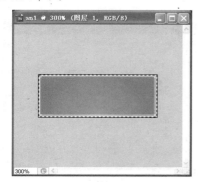

图 22-20 设置混合模式效果

STEP 14 选择工具箱中的"矩形"工具，绘制一个矩形，将"混合模式"设置为"柔光"，如图 22-21 所示。

图 22-21 设置混合模式

STEP 15 选择工具箱中的"文本"工具，输入文字，将"大小"设置为 12 点，如图 22-22 所示。

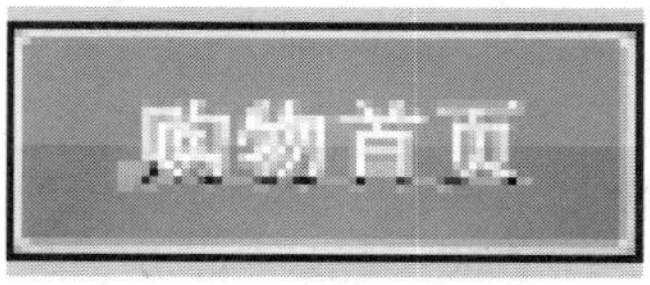

图 22-22 设置混合模式效果

STEP 16 选中输入的文字，选择菜单中的"图层"→"图层样式"→"描边"命令，弹出"图层样式"对话框，在对话框中将"描边颜色"设置为"黑色"，"大小"设置为 1，如图 22-23 所示。

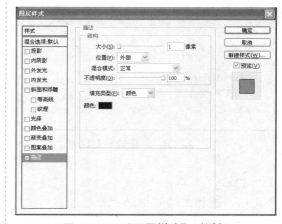

图 22-23 "图层样式"对话框

STEP 17 单击"确定"按钮，设置描边效果，如图 22-24 所示。

图 22-24 设置描边

STEP 18 保存按钮，按照以上步骤制作其他的网页按钮。

## 22.3.2 设计网站 Logo

利用 Photoshop 设计网站 Logo，效果如图 22-25 所示，具体操作步骤如下。

图 22-25 logo

**STEP 1** 启动 Photoshop，选择菜单中的"文件"→"新建"命令，弹出"新建"对话框，在对话框中的"名称"文本框中输入 logo，将"宽度"和"高度"分别设置为 100 像素，如图 22-26 所示。

图 22-26 "新建"对话框

**STEP 2** 单击"确定"按钮，新建一个文档，选择工具箱中的"矩形选框"工具，绘制选区，将"前景颜色"设置为 #830000，按 Alt+Delete 组合键，填充选区，如图 22-27 所示。

图 22-27 绘制矩形选区

**STEP 3** 在工具箱中的"自定义形状"，下拉列表框中选择"水渍形"形状工具，在文档中绘制形状，如图 22-28 所示。

图 22-28 绘制形状

**STEP 4** 选择菜单中的"图层"→"图层样式"→"描边"命令，弹出"图层样式"对话框，在对话框中将"描边颜色"设置为"白色"，"描边大小"设置为 2 像素，如图 22-29 所示。

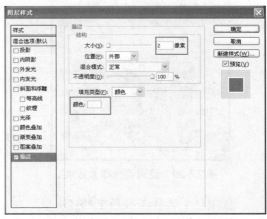

图 22-29 设置"描边"选项

**STEP 5**　单击"确定"按钮，设置描边效果，如图 22-30 所示。

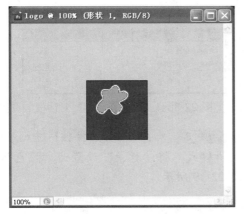

图 22-30　设置描边效果

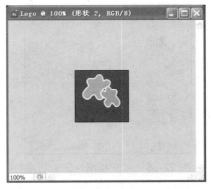

图 22-31　绘制形状

**STEP 6**　使用"自定义形状"工具在图形的右边绘制一个图形，并设置描边效果，如图 22-31 所示。

**STEP 7**　选择工具箱中的"文本"工具，输入文字，将"字体"设置为"华文行楷"，"大小"设置为 20 点，如图 22-32 所示。

图 22-32　输入文字

## 22.4　使用 Flash 制作网页宣传动画

利用 Flash 制作网页宣传动画，效果如图 22-33 所示，具体操作步骤如下。

图 22-33　宣传动画

**STEP 1**　启动 Flash，选择菜单中的"文件"→"新建"命令，弹出"新建文档"对话框，如图 22-34 所示。

**STEP 2**　单击"确定"按钮，新建一个空白文档，选择菜单中的"修改"→"文档"命令，弹出"文档属性"对话框，在对话框中将"宽"设置为 678 像素，"高"设置为 100 像素，如图 22-35 所示。

图 22-34　"新建文档"对话框

图 22-35　"文档属性"对话框

**STEP 3**　单击"确定"按钮，修改文档，选择菜单中的"文件"→"导入"→"导入到舞台"命令，弹出"导入"对话框，如图 22-36 所示。

图 22-36　"导入"对话框

**STEP 4**　单击"确定"按钮，导入图像到舞台，并调整图像的位置，如图 22-37 所示。

图 22-37　导入图像

**STEP 5**　选择菜单中的"插入"→"新建元件"命令，弹出"创建新元件"对话

框，在对话框中的"名称"文本框中输入"白光"，将"类型"设置为"图形"，如图 22-38 所示。

图 22-38　"创建新元件"对话框

**STEP 6**　单击"确定"按钮，进入元件的编辑模式，将"背景"设置为"黑色"，如图 22-39 所示。

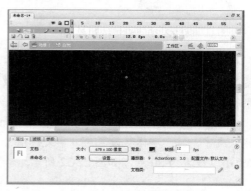

图 22-39　元件的编辑模式

**STEP 7**　选择工具箱中的"矩形"工具，将"填充颜色"设置为"白色"，并绘制一个矩形，如图 22-40 所示。

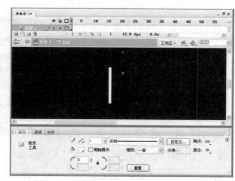

图 22-40　绘制矩形

**STEP 8**　选择菜单中的"插入"→"新建元件"命令，弹出"创建新元件"对话框，在对话框中的"名称"文本框中输入"闪动"，将"类型"设置为"影片剪辑"，如图 22-41 所示。

图 22-41　"创建新元件"对话框

**STEP 9**　单击"确定"按钮，进入元件的编辑模式，在"库"面板中将"白光"图形元件拖入到文档中，选中图形元件，在"属性"面板中将"Alpha"值设置为50%，如图 22-42 所示。

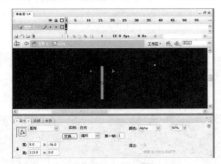

图 22-42　拖入元件

**STEP 10**　选中第 20 帧，按 F6 键插入关键帧，选中图形元件并将其向右移动一定的位置，选择工具箱中的"任意变形"工具，放大图形元件，如图 22-43所示。

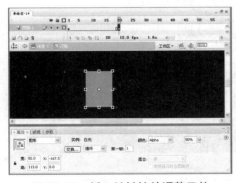

图 22-43　插入关键帧并调整元件

**STEP 11**　分别选中第 40 帧和第 55帧，按 F6 键插入关键帧，分别向右移动一定的位置和调整元件的宽度，并将第 55帧中的图形元件的 Alpha 值设置为 0%，如图 22-44 所示。

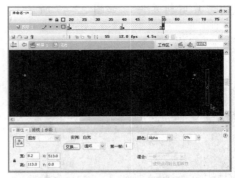

图 22-44　插入关键帧并设置属性

**STEP 12**　将光标分别置于各个关键帧之间，单击鼠标右键，在弹出的快捷菜单中选择"创建补间动画"命令，创建补间动画，如图 22-45 所示。

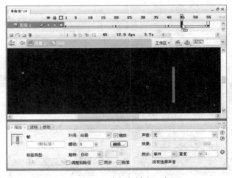

图 22-45　创建补间动画

**STEP 13**　新建一个图层，按照步骤 9～12 的方法创建向左移动的补间动画效果，如图 22-46 所示。

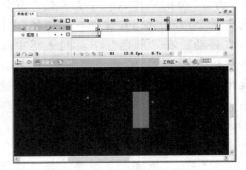

图 22-46　创建补间动画

**STEP 14**　按照步骤 8～13 的方法创建一个先向左移动后向右移动的补间动画效

果的影片剪辑元件，如图 22-47 所示。

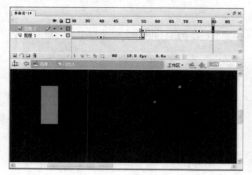

图 22-47　创建影片剪辑元件

**STEP 15**　选择菜单中的"插入"→"新建元件"命令，弹出"创建新元件"对话框，分别创建"文字"、"文字 1"图形元件，如图 22-48 所示。

图 22-48　创建图形元件

**STEP 16**　创建一个"文本"影片剪辑元件，将"文字"图形元件拖入到文档中，在"属性"面板中将 Alpha 值设置为 0%，选中第 20 帧，按 F6 键插入关键帧，并向右移动，在"颜色"下拉列表框中选择"无"，选中第 30 帧，按 F6 键插入关键帧，选中第 45 帧，按 F6 键插入关键帧，将该帧向右移动一定的位置，将 Alpha 值设置为 0%，并创建补间动画，如图 22-49 所示。

**STEP 17**　新建一个图层，按照步骤 16 的方法，将"文字 1"图形元件拖入到文档中，创建向左移动的补间动画，如图 22-50 所示。

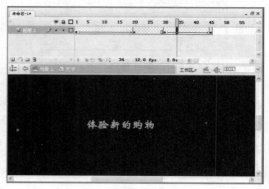

图 22-49　创建补间动画

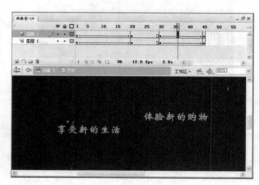

图 22-50　创建补间动画

**STEP 18**　单击"场景 1"按钮，返回场景，新建两个图层，分别将影片剪辑拖入到相应的图层中，如图 22-51 所示。

图 22-51　拖入元件

**STEP 19**　保存文档，按 Ctrl+Enter 组合键，测试动画效果，如图 22-33 所示。

## 22.5 创建数据库表

这里创建一个数据库 shop.mdb，其中包含的表有商品表 Products、商品类别表 class 和管理员表 admin，表中存放着留言的内容信息，其中的字段名称和数据类型分别如表 22-1、表 22-2 和表 22-3 所示，具体操作步骤如下。

表 22-1　　　　　　　　　　　　　　商品表 Products 中的字段

| 字 段 名 称 | 数 据 类 型 | 说　　明 |
| --- | --- | --- |
| ProductsID | 自动编号 | 商品的编号 |
| Productsname | 文本 | 商品的名称 |
| shichangjia | 数字 | 商品的市场价 |
| huiyuanjia | 数字 | 商品的会员价 |
| classID | 数字 | 商品分类编号 |
| content | 备注 | 商品的介绍 |
| image | 文本 | 商品图片 |

表 22-2　　　　　　　　　　　　　商品类别表 class 中的字段

| 字 段 名 称 | 数 据 类 型 | 说　　明 |
| --- | --- | --- |
| classID | 自动编号 | 商品分类编号 |
| classname | 文本 | 商品分类名称 |

表 22-3　　　　　　　　　　　　　管理员表 admin 中的字段

| 字 段 名 称 | 数 据 类 型 | 说　　明 |
| --- | --- | --- |
| adminID | 自动编号 | 自动编号 |
| adminname | 文本 | 用户名 |
| password | 文本 | 用户密码 |

## 22.6 创建数据库连接

数据库的连接就是对需要连接的数据库的一些参数进行设置，否则应用程序将不知道数据库在哪里和如何与数据库建立连接。

创建数据库连接的具体操作步骤如下。

STEP 1　选择菜单中的"窗口"→"数据库"命令，打开"数据库"面板，在面板中单击 + 按钮，在弹出的菜单中选择"自定义连接字符串"命令，如图 22-52 所示。

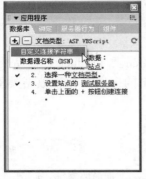

图 22-52 "数据库"面板

图 22-53 "自定义连接字符串"对话框

```
"Provider=Microsoft.JET.Oledb.4.0;Data
Source="&Server.Mappath("/shop.mdb")
```

图 22-54 创建数据库链接

**STEP 2** 弹出"自定义连接字符串"对话框，在对话框中的"连接名称"文本框中输入 conn，"连接字符串"文本框中输入以下代码，如图 22-53 所示。

**STEP 3** 单击"确定"按钮，即可成功建立连接,此时"数据库"面板如图 22-54 所示。

##  22.7 制作购物系统前台页面

前台页面主要是浏览者可以看到的页面，主要包括商品分类展示页面和商品详细信息页面，下面具体讲述其制作过程。

### 22.7.1 制作商品分类展示页面

商品分类展示页面效果如图 22-55 所示。此页面用于显示网站中的商品，主要利用创建记录集、绑定字段和创建记录集分页服务器行为制作。

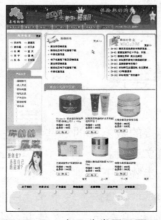

图 22-55 商品分类展示页面

STEP 1　打开网页文档 index.htm，将其另存为 class.asp，在页面中相应的位置输入文字，如图 22-56 所示。

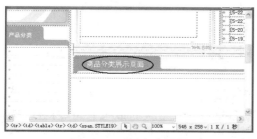

图 22-56　另存为网页

STEP 2　将光标置于页面中相应的位置，选择菜单中的"插入记录"→"表格"命令，插入一个 1 行 1 列的表格，此表格记为"表格 1"将"对齐"设置为"居中对齐"，将光标置于单元格中，插入一个 4 行 1 列的表格，此表格记为"表格 2"，将"对齐"设置为"居中对齐"，"填充"设置为 3，如图 22-57 所示。

图 22-57　插入表格 2 和 3

STEP 3　将光标置于表格 4 的第 1 行单元格中，插入图像 images/_m.jpg，将"对齐"设置为"居中对齐"，如图 22-58 所示。

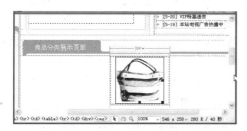

图 22-58　插入图像

STEP 4　将光标置于表格 4 的第 3 行单元格中，输入相应的文字，将光标置于第 4 行单元格中，插入图像 images/image_99.gif，如图 22-59 所示。

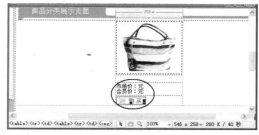

图 22-59　输入文字并插入图像

STEP 5　选择菜单中的"窗口"→"绑定"命令，打开"绑定"面板，在面板中单击 ⊞ 按钮，在弹出的菜单中选择"记录集（查询）"命令，弹出"记录集"对话框，在对话框中的"名称"文本框中输入 R1，在"连接"下拉列表框中选择 conn，在"表格"下拉列表框中选择 Products，在"列"选项组中选中"全部"单选按钮，在"筛选"下拉列表框中分别选择 classID、=、URL 参数和 classID，在"排序"下拉列表框中选择 ProductsID 和降序，如图 22-60 所示。

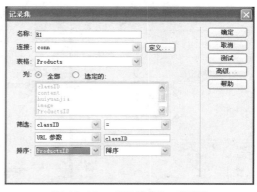

图 22-60　"记录集"对话框

STEP 6　单击"确定"按钮，创建记录集，如图 22-61 所示。

图 22-61 创建记录集

> ◎ 提 示 ◎
>
> 如果只是用到数据表中的某几个字段，那么最好不要将全部的字段都选定。因为字段数越多，应用程序选择起来就越慢，虽然有时候在浏览时是感觉不到的，但是随着数据量的增大，就会体现得越明显。因此在创建数据集的时候，要养成良好的习惯，只选定记录集所用到的字段。

**STEP** 7 选中图像，在"绑定"面板中选择 image 字段，单击右下角的"绑定"按钮，绑定字段，在"属性"面板中将"宽"和"高"分别设置为 130，如图 22-62 所示。

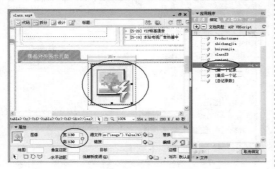

图 22-62 绑定字段

**STEP** 8 按照 **STEP** 7 的方法，分别将 Productsname、shichjia 和 huiyjia 字段绑定到相应的位置，如图 22-63 所示。

图 22-63 绑定字段

**STEP** 9 将光标置于表格 1 中，再单击标签选择区由右数的第一个<tr>标签，选择菜单中的"窗口"→"服务器行为"命令，打开"服务器行为"面板，在面板中单击 + 按钮，在弹出的菜单中选择"重复区域"命令，弹出"重复区域"对话框，在对话框中的"记录集"下拉列表框中选择 R1，将"显示"设置为"6 记录"，如图 22-64 所示。

图 22-64 "重复区域"对话框

**STEP** 10 单击"确定"按钮，创建重复区域服务器行为，如图 22-65 所示。

图 22-65 创建重复区域

> ◎ 提 示 ◎
>
> 在"重复区域"对话框中如果选择的是"所有记录"，那么记录就会在此网页中显示，如果需要显示的记录很多，那么这个网页就会变得很长，而且运行加载这个网页的时候其运行速度就会很慢。因此，在设置时建议指定一个每页显示的记录数。

**STEP 11**　选中"服务器行为"面板中刚插入的"重复区域（R1）"，切换到"代码"视图中，在代码中相应的位置输入以下代码，如图 22-66 所示。

```
If(Repeat1__index MOD 3 = 0) Then
Response.Write("</tr></tr>")
```

图 22-66　输入代码

> **提　示**
>
> 　　这里设置重复区域重复 3 次后就换一行，也就是当 Repeat1__index 这个变量的值除以 3 余数等于 0 时就执行换行操作。MOD 函数是求两个数相除的余数，这样一来若重复区域是 3 的倍数，即会执行表格换行的操作，也就完成了水平重复区域设置。

**STEP 12**　选中 {R1.Productsname}，单击"服务器行为"面板中的 ➕ 按钮，在弹出的菜单中选择"转到详细页面"命令，弹出"转到详细页面"对话框，在对话框中的"详细信息页"文本框中输入 detail.asp，在"记录集"下拉列表框中选择 R1，如图 22-67 所示。

图 22-67　"转到详细页面"对话框

**STEP 13**　单击"确定"按钮，创建"转到详细页面"服务器行为，如图 22-68 所示。

**STEP 14**　将光标置于表格 1 的右边，

插入一个 1 行 1 列的表格，此表格记为"表格 3"，将"填充"设置为 3，"对齐"设置为"右对齐"，并在单元格中输入相应的文字，将"水平"设置为"右对齐"，如图 22-69 所示。

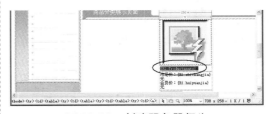

图 22-68　创建服务器行为

图 22-69　插入表格并输入文字

**STEP 15**　选中文字"首页"，单击"服务器行为"面板中的 ➕ 按钮，在弹出的菜单中选择"记录集分页"→"移至第一条记录"命令，弹出"移至第一条记录"对话框，在对话框中的"记录集"下拉列表框中选择 R1，如图 22-70 所示。

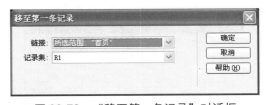

图 22-70　"移至第一条记录"对话框

**STEP 16**　单击"确定"按钮，创建"移至第一条记录"服务器行为，如图 22-71 所示。

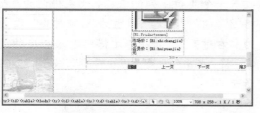

图 22-71　创建服务器行为

**STEP 17**　按照 **STEP 15** ～ **STEP 16** 的方法，分别为文字"上一页"、"下一页"和"尾页"创建"移至前一条记录"、"移至下一条记录"和"移至最后一条记录"服务器行为，如图 22-72 所示。

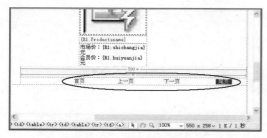

图 22-72　创建服务器行为

**STEP 18**　单击"绑定"面板中的⊞按钮，在弹出的菜单中选择"记录集（查询）"命令，弹出"记录集"对话框，在对话框中的"名称"文本框中输入 R2，在"连接"下拉列表框中选择 conn，在"表格"下拉列表框中选择 class，在"列"选项组中选中"全部"单选按钮，在"排序"下拉列表框中选择 classID 和降序，如图 22-73 所示。

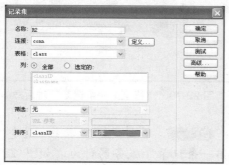

图 22-73　"记录集"对话框

**STEP 19**　单击"确定"按钮，创建记录集，如图 22-74 所示。

图 22-74　创建记录集

**STEP 20**　将光标置于相应的位置，在"绑定"面板中展开记录集 R2，选中 classname 字段，单击右下角的"插入"按钮，绑定字段，如图 22-75 所示。

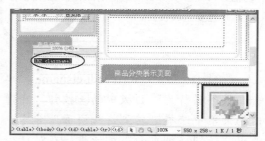

图 22-75　绑定字段

**STEP 21**　选中表格，单击"服务器行为"面板中的⊞按钮，在弹出的菜单中选择"重复区域"命令，弹出"重复区域"对话框，在对话框中的"记录集"下拉列表框中选择 R2，将"显示"设置为"11 记录"，如图 22-76 所示。

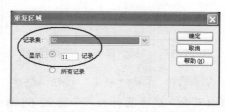

图 22-76　"重复区域"对话框

STEP 22　单击"确定"按钮，创建"重复区域"服务器行为，如图 22-77 所示。

图 22-77　创建重复区域

STEP 23　选中 {R2.classname}，单击"服务器行为"面板中的 ⊞ 按钮，在弹出的菜单中选择"转到详细页面"命令，弹出"转到详细页面"对话框，在对话框中的"详细信息页"文本框中输入 class.asp，在"记录集"下拉列表框中选择 R2，如图 22-78 所示。

图 22-78　"转到详细页面"对话框

STEP 24　单击"确定"按钮，创建"转到详细页面"服务器行为，如图 22-79 所示。

图 22-79　创建服务器行为

## 22.7.2　制作商品详细信息页面

商品详细信息页面效果如图 22-80 所示，此页面用于显示网站商品的详细信息，主要利用创建记录集和绑定字段制作。

图 22-80　商品详细信息页面

**STEP 1** 打开网页文档 index.htm，将其另存为 detail.asp，在相应的位置输入文字。按照 22.7.1 节中步骤 18～24 的方法，创建记录集 R1，绑定字段，创建"重复区域"和"转到详细页面"服务器行为，如图 22-81 所示。

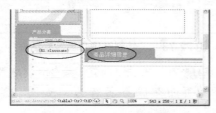

图 22-81　创建服务器行为

**STEP 2** 将光标置于相应的位置，选择菜单中的"插入记录"→"表格"命令，插入一个 5 行 2 列的表格，在"属性"面板中将"填充"设置为 3，将光标置于第 1 行第 1 列单元格中，按住鼠标左键向下拖动至第 3 行第 1 列单元格中，合并所选单元格，在合并后的单元格中插入图像 images/477.jpg，如图 22-82 所示。

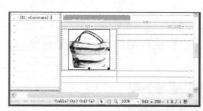

图 22-82　插入表格并插入图像

**STEP 3** 分别在其他单元格中输入文字，选中表格的第 5 行单元格，合并单元格，并在合并后的单元格中输入文字，如图 22-83 所示。

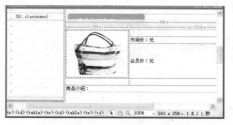

图 22-83　合并单元格并输入文字

**STEP 4** 单击"绑定"面板中的⊞按钮，在弹出的菜单中选择"记录集（查

询）"命令，弹出"记录集"对话框，在对话框中的"名称"文本框中输入 R2，在"连接"下拉列表框中选择 conn，在"表格"下拉列表框中选择 Products，在"列"选项组中选中"全部"单选按钮，在"筛选"下拉列表框中选择 ProductsID、=、URL 参数和 ProductsID，如图 22-84 所示。

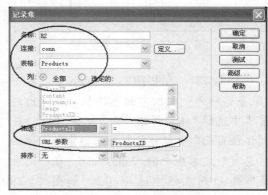

图 22-84　"记录集"对话框

**STEP 5** 单击"确定"按钮，创建记录集，如图 22-85 所示。

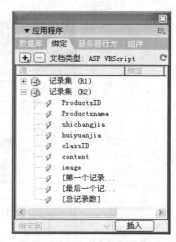

图 22-85　创建记录集

**STEP 6** 选中图像，在"绑定"面板中选择 image 字段，单击右下角的"绑定"按钮，绑定字段，如图 22-86 所示。

图 22-86 绑定图像

图 22-87 绑定字段

**STEP 7** 按照步骤 6 的方法，分别将 Productsname、shichjia、huiyjia 和 content 字段绑定到相应的位置，如图 22-87 所示。

 ## 22.8 制作购物系统后台管理页面

后台管理主要是商品的添加、修改、删除和管理员的登录等，下面就具体制作这些功能页面。

### 22.8.1 制作管理员登录页面

后台管理员登录页面效果如图 22-88 所示，此页面主要利用插入表单对象、检查表单行为和创建"登录用户"服务器行为制作。

图 22-88 管理员登录页面

**STEP 1** 打开网页文档 index.htm，将其另存为 login.asp，在相应的位置输入文字。按照 22.7.1 节中 **STEP 18** ~ **STEP 24** 的方法，创建记录集 R1，绑定字段，创建"重复区域"和"转到详细页面"服务器行为，如图 22-89 所示。

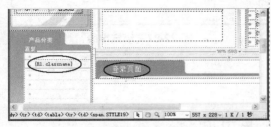

图 22-89　创建服务器行为

**STEP 2** 将光标置于页面中，选择菜单中的"插入记录"→"表单"→"表单"命令，插入表单，如图 22-90 所示。

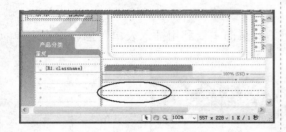

图 22-90　插入表单

**STEP 3** 将光标置于表单中，选择菜单中的"插入记录"→"表格"命令，插入一个 3 行 2 列的表格，在"属性"面板中将"填充"设置为 5，"间距"设置为 2，"对齐"设置为"居中对齐"，分别在单元格中输入文字，如图 22-91 所示。

图 22-91　插入表格并输入文字

**STEP 4** 将光标置于第 1 行第 2 列单元格中，选择菜单中的"插入记录"→"表单"→"文本域"命令，插入文本域，在"属性"面板中将"文本域"设置为 adminname，"字符宽度"设置为 22，"类型"设置为"单行"，如图 22-92 所示。

图 22-92　插入文本域

**STEP 5** 将光标置于第 2 行第 2 列单元格中，选择菜单中的"插入记录"→"表单"→"文本域"命令，插入文本域，在"属性"面板中将"文本域"设置为 password，"字符宽度"设置为 22，"类型"设置为"密码"，如图 22-93 所示。

图 22-93　插入文本域

**STEP 6** 将光标置于第 3 行第 2 列单元格中，选择菜单中的"插入记录"→"表单"→"按钮"命令，插入按钮，在"属性"面板中的"值"文本框中输入"登录"，将"动作"设置为"提交表单"，如图 22-94 所示。

**STEP 7** 将光标置于按钮的后面，再插入一个按钮，在"属性"面板中的"值"文本框中输入"重置"，将"动作"设置为"重设表单"，如图 22-95 所示。

选择 admin，将"列"设置为"全部"，如图 22-97 所示。

图 22-94　插入按钮

图 22-95　插入按钮

**STEP 8**　选中文档底部的<form>标签，单击"行为"面板中的 + 按钮，在弹出的菜单中选择"检查表单"命令，弹出"检查表单"对话框，在对话框中将文本域 adminname 和 password 的"值"都设置为"必需的"，"可接受"设置为"任何东西"，如图 22-96 所示。

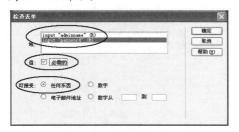

图 22-96　"检查表单"对话框

**STEP 9**　单击"确定"按钮，添加行为。单击"绑定"面板中的 + 按钮，在弹出的菜单中选择"记录集（查询）"命令，弹出"记录集"对话框，在对话框中的"名称"文本框中输入 R2，在"连接"下拉列表框中选择 conn，在"表格"下拉列表框中

图 22-97　"记录集"对话框

**STEP 10**　单击"确定"按钮，创建记录集，如图 22-98 所示。

图 22-98　创建记录集

**STEP 11**　单击"服务器行为"面板中的 + 按钮，在弹出的菜单中选择"用户身份验证"→"登录用户"命令，弹出"登录用户"对话框，在对话框中的"使用连接验证"下拉列表框中选择 conn，"表格"下拉列表框中选择 admin，"用户名列"下拉列表框中选择 adminname，"密码列"下拉列表框中选择 password，"如果登录成功，则转到"文本框中输入 admin.asp，"如果登录失败，则转到"文本框中输入 login.asp，如图 22-99 所示。

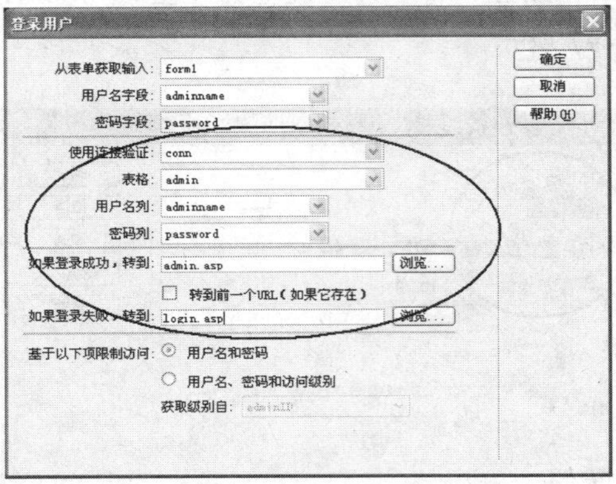

图 22-99 "登录用户"对话框

**STEP 12** 单击"确定"按钮,创建"登录用户"服务器行为,如图 22-100 所示。

图 22-100 创建服务器行为

## 22.8.2 制作添加商品分类页面

添加商品分类页面效果如图 22-101 所示,此页面主要利用插入表单对象、创建记录集和创建"插入记录"服务器行为制作。

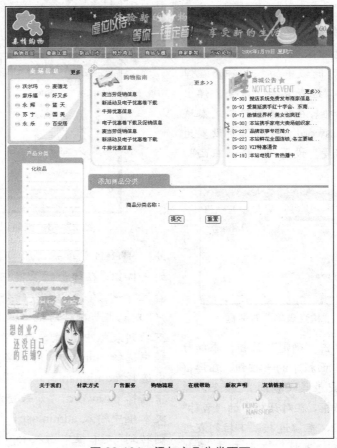

图 22-101 添加商品分类页面

**STEP 1**　打开网页文档 index.htm，将其另存为 addclass.asp，在相应的位置输入文字。按照 22.7.1 节中步骤 18~24 的方法，创建记录集 R1，绑定字段，创建"重复区域"和"转到详细页面"服务器行为，如图 22-102 所示。

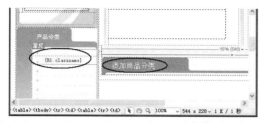

图 22-102　创建服务器行为

**STEP 2**　将光标置于页面中，选择菜单中的"插入记录"→"表单"→"表单"命令，插入表单，将光标置于表单中，选择菜单中的"插入记录"→"表格"命令，插入一个 2 行 2 列的表格，在"属性"面板中将"填充"设置为 5，"间距"设置为 2，"对齐"设置为"居中对齐"，并在第 1 行第 1 列单元格中输入文字，如图 22-103 所示。

图 22-103　插入表单、表格并输入文字

**STEP 3**　将光标置于第 1 行第 2 列单元格中，选择菜单中的"插入记录"→"表单"→"文本域"命令，插入文本域，在"属性"面板中将"文本域"设置为 classname，"字符宽度"设置为 25，"类型"设置为"单行"，如图 22-104 所示。

**STEP 4**　将光标置于第 2 行第 2 列单元格中，选择菜单中的"插入记录"→"表单"→"按钮"命令，分别插入"提交"按钮和"重置"按钮，将"动作"分别设置为"提交表单"和"重设表单"，如图 22-105 所示。

图 22-104　插入文本域

图 22-105　插入按钮

**STEP 5**　单击"绑定"面板中的+按钮，在弹出的菜单中选择"记录集（查询）"命令，弹出"记录集"对话框，在对话框中的"名称"文本框中输入 R2，在"连接"下拉列表框中选择 conn，"表格"下拉列表框中选择 class，在"列"选项组中选中"全部"单选按钮，在"排序"下拉列表框中选择 classID 和升序，如图 22-106 所示。

图 22-106　"记录集"对话框

**STEP 6**　单击"确定"按钮，创建记录集，如图 22-107 所示。

**STEP 7**　单击"服务器行为"面板中的+按钮，在弹出的菜单中选择"用户身份验证"→"限制对页的访问"命令，弹出"限制对页的访问"对话框，在对话框中的"如果访问被拒绝，则转到"文本框中输入login.asp，如图 22-108 所示。

图 22-107　创建记录集

图 22-108　"限制对页的访问"对话框

**STEP 8**　单击"确定"按钮，创建"限制对页的访问"服务器行为。

> 提　示
>
> 创建"限制对页的访问"服务器行为可以禁止没有权限的人员进入此页面，从而增加了网页的安全性。

**STEP 9**　单击"服务器行为"面板中的+按钮，在弹出的菜单中选择"插入记录"命令，弹出"插入记录"对话框，在对话框中的"连接"下拉列表框中选择 conn 在，"插入到表格"下拉列表框中选择 class，在"插入后，转到"文本框中输入 add- classok.htm，如图22-109 所示。

图 22-109　"插入记录"对话框

> 提　示
>
> 创建"插入记录"服务器行为的目的是使该页能够将页面表单获取的数据存储到数据表class 中。

**STEP 10**　单击"确定"按钮，创建"插入记录"服务器行为，如图 22-110 所示。

图 22-110　创建服务器行为

**STEP 11**　打开网页文档 index.htm，将其另存为 add-classok.htm，在相应的位置输入文字，选中文字"添加商品分类页面"，在"属性"面板中的"链接"文本框中输入addclass.asp，如图 22-111 所示。

图 22-111　另存网页并设置链接

## 22.8.3 制作添加商品页面

添加商品分类页面效果如图 22-112 所示，此页面主要利用插入表单对象、创建记录集和创建"插入记录"服务器行为制作。

图 22-112 添加商品页面

**STEP 1** 打开网页文档 index.htm，将其另存为 addproduct.asp，在相应的位置输入文字。按照 22.7.1 节中 **STEP 18** ~ **STEP 24** 的方法，创建记录集 R1，绑定字段，创建"重复区域"和"转到详细页面"服务器行为，如图 22-113 所示。

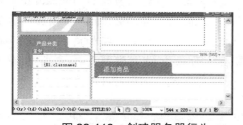

图 22-113 创建服务器行为

**STEP 2** 单击"数据"插入栏中的"插入记录表单向导"按钮，弹出"插入记录表单"对话框，在对话框中的"连接"下拉列表框中选择 conn，在"插入到表格"下拉列表框中选择 Products，在"插入后，转到"文本框中输入 add-productok.htm，在"表单字段"列表框中选中 productID，单

击 — 按钮将其删除，选中 productname，在"标签"文本框中输入"商品名称:"，选中 shichangjia:，在"标签"文本框中输入"市场价:"，选中 huiyuanjia，在"标签"文本框中输入"会员价:"，选中 classID，在"标签"文本框中输入"商品分类:"，在"显示为"下拉列表框中选择"菜单"，单击 菜单属性 按钮，弹出"菜单属性"对话框，在对话框中的"填充菜单项"选项组中选中"来自数据库"单选按钮，如图 22-114 所示。

图 22-114 "菜单属性"对话框

**STEP 3** 在对话框中单击"选取值等于"文本框右边的 按钮，弹出"动态数据"对话框，在对话框中的"域"列表框中选择 classname，如图 22-115 所示。

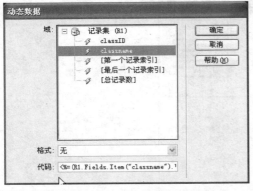

图 22-115 "动态数据"对话框

**STEP 4** 单击"确定"按钮，返回到"插入记录表单"对话框，选中 content，在"标签"文本框中输入"商品介绍:"，在"显示为"下拉列表框中选择"文本区域"，选中 image，在"标签"文本框中输入"图片路径:"，如图 22-116 所示。

图 22-116 "插入记录表单"对话框

**STEP 5** 单击"确定"按钮，插入记录表单向导，选中"图片路径"右边的文本域，将其删除，选择菜单中的"插入记录"→"表单"→"文件域"命令，插入文件域，在"属性"面板中的"文件域名称"文本框中输入 image，将"字符宽度"设置为 25，如图 22-117 所示。

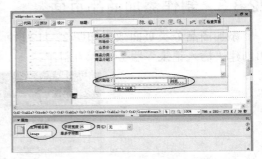

图 22-117 插入记录表单

**STEP 6** 单击"服务器行为"面板中的 按钮，在弹出的菜单中选择"用户身份验证"→"限制对页的访问"命令，弹出"限制对页的访问"对话框，在对话框中的"如果访问被拒绝，则转到"文本框中输入 login.asp，如图 22-118 所示。

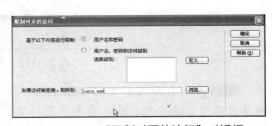

图 22-118 "限制对页的访问"对话框

**STEP 7** 单击"确定"按钮，创建"限制对页的访问"服务器行为。

**STEP 8** 打开网页文档 index.htm，将其另存为 add-productok.htm，在相应的位置输入文字，选中文字"添加商品页面"，在"属性"面板中的"链接"文本框中输入 addproduct.asp，如图 22-119 所示。

图 22-119 设置链接

## 22.8.4 制作商品管理页面

商品管理页面效果如图 22-120 所示，此页面主要利用创建记录集、绑定字段、创建"重复区域"、创建"转到详细页面"、"记录集分页"和"显示区域"服务器行为制作。

图 22-120　商品管理页面

**STEP 1** 打开网页文档 index.htm，将其另存为 admin.asp，在相应的位置输入文字。按照 22.7.1 节中 **STEP 18** ~ **STEP 24** 的方法，创建记录集 R1，绑定字段，创建"重复区域"和"转到详细页面"服务器行为，如图 22-121 所示。

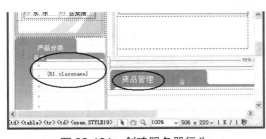

图 22-121　创建服务器行为

**STEP 2** 单击"绑定"面板中的 ⊞ 按钮，在弹出的菜单中选择"记录集（查询）"命令，弹出"记录集"对话框，在对话框中的"名称"文本框中输入 R2，在"连接"下拉列表框中选择 conn，在"表格"下

拉列表框中选择 product，在"列"选项组中选中"选定的"单选按钮，在其列表框中选择 productID、productnamer、shichangjia 和 huiyuanjia，在"排序"下拉列表框中选择 productID 和降序，如图 22-122 所示。

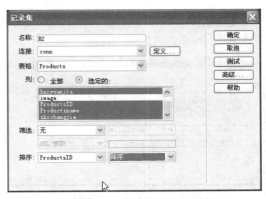

图 22-122　"记录集"对话框

**STEP 3** 单击"确定"按钮，创建记录集，如图 22-123 所示。

**STEP 4** 将光标置于相应的位置，单击

"数据"插入栏中的"动态表格"按钮，弹出"动态表格"对话框，在对话框中的"记录集"下拉列表框中选择 R2，在"显示"选项组中选中"15 记录"单选按钮，将"边框"和"单元格间距"都设置为 0，"单元格边距"设置为 5，如图 22-124 所示。

图 22-123　创建记录集

图 22-124　"动态表格"对话框

**STEP 5**　单击"确定"按钮，插入动态表格，如图 22-125 所示。

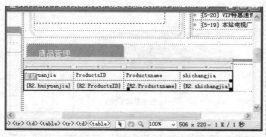

图 22-125　插入动态表格

**STEP 6**　将光标置于动态表格的右边，按 Enter 键换行，单击"数据"插入栏中的"记录集导航条"按钮，弹出"记录集导航条"对话框，在对话框中的"记

录集"下拉列表框中选择 R2，在"显示方式"选项组中选中"文本"单选按钮，如图 22-126 所示。

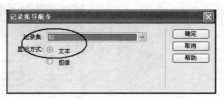

图 22-126　"记录集导航条"对话框

**STEP 7**　单击"确定"按钮，插入记录集导航条，在"属性"面板中将"对齐"设置为"居中对齐"，如图 22-127 所示。

图 22-127　插入记录集导航条

**STEP 8**　将光标置于记录集导航条的后面，输入文字，并将文字设置为"居中对齐"，如图 22-128 所示。

图 22-128　输入文字

**STEP 9**　选中动态表格和记录集导航条，单击"服务器行为"面板中的 + 按钮，在弹出的菜单中选择"显示区域"→"如果记录集不为空则显示区域"命令，弹出"如果记录集不为空则显示区域"对话框，在对话框中的"记录集"下拉列表框中选择 R2，如图 22-129 所示。

图 22-129 "如果记录集不为
空则显示区域"对话框

**STEP 10** 单击"确定"按钮，创建"如
果记录集不为空则显示区域"服务器行为，
如图 22-130 所示。

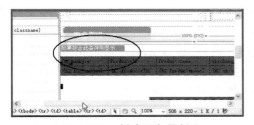

图 22-130 创建服务器行为

**STEP 11** 将动态表格的第 1 行单元
格中的内容换为文字，并调整其位置，将
表格的"宽"设置为 550 像素，"列数"设
置为 5，并输入文字，如图 22-131 所示。

图 22-131 设置表格

**STEP 12** 选中文字"修改"，单击"服
务器行为"面板中的+按钮，在弹出的菜
单中选择"转到详细页面"命令，弹出"转
到详细页面"对话框，在对话框中的"详
细信息页"文本框中输入 modify.asp，在
记录集"下拉列表框中选择 R2，在"列"
下拉列表框中选择 ProductsID，如图
22-132 所示。

图 22-132 "转到详细页面"对话框

**STEP 13** 单击"确定"按钮，创建"转
到详细页面"服务器行为，如图 22-133 所示。

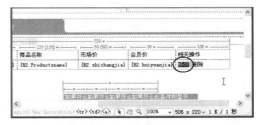

图 22-133 创建服务器行为

**STEP 14** 选中文字"删除"，单击"服
务器行为"面板中的+按钮，在弹出的菜
中选择"转到详细页面"命令，弹出"转到
详细页面"对话框，在对话框中的"详细信
息页"文本框中输入 del.asp，在"记录集"
下拉列表框中选择 R2，在"列"下拉列表框
中选择 ProductsID，如图 22-134 所示。

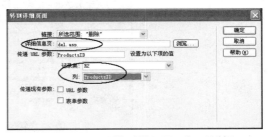

图 22-134 "转到详细页面"对话框

**STEP 15** 单击"确定"按钮，创建"转
到详细页面"服务器行为，如图 22-135
所示。

**STEP 16** 选中底部的文字，单击"服务
器行为"面板中的+按钮，在弹出的菜单中

选择"显示区域"→"如果记录集为空则显示区域"命令，弹出"如果记录集为空则显示区域"对话框，在对话框中的"记录集"下拉列表框中选择 R2，如图 22-136 所示。

图 22-135 创建服务器行为

图 22-136 "如果记录集为空则显示区域"对话框

**STEP 17** 单击"确定"按钮，创建"如果记录集为空则显示区域"服务器行为，如图 22-137 所示。

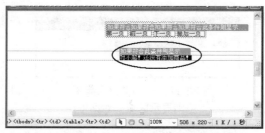

图 22-137 创建服务器行为

**STEP 18** 单击"服务器行为"面板中的 🛨 按钮，在弹出的菜单中选择"用户身份验证"→"限制对页的访问"命令，弹出"限制对页的访问"对话框，在对话框中的"如果访问被拒绝，则转到"文本框中输入 login.asp，如图 22-138 所示，单击"确定"按钮。

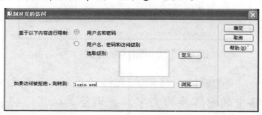

图 22-138 "限制对页的访问"对话框

## 22.8.5 制作修改页面

修改页面效果如图 22-139 所示。在该页面中可以对有错误的商品进行修改。此页面主要利用创建记录集和"更新记录表单"服务器行为制作。

图 22-139 修改页面

**STEP 1** 打开网页文档 addproduct. asp，将其另存为 modify.asp，在相应的位置输入文字。在"服务器行为"面板中选中"插入记录（表单"form1"）"，单击 ⊟ 按钮将其删除，如图 22-140 所示。

图 22-140 另存为网页

**STEP 2** 单击"绑定"面板中的 ⊞ 按钮，在弹出的菜单中选择"记录集（查询）"命令，弹出"记录集"对话框，在对话框中的"名称"文本框中输入 R2，在"连接"下拉列表框中选择 conn，在"表格"下拉列表框中选择 Products，在"列"选项组中选中"全部"单选按钮，在"筛选"下拉列表框中选择 ProductsID、=、URL 参数和 ProductsID，如图 22-141 所示。

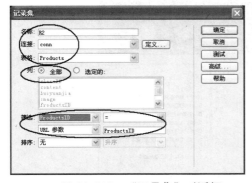

图 22-141 "记录集"对话框

**STEP 3** 单击"确定"按钮，创建记录集，如图 22-142 所示。

**STEP 4** 选中"商品名称："右边的文本域，在"绑定"面板中展开记录集 R2，选中 Productsname 字段，单击"绑定"按钮，绑定字段，如图 22-143 所示。

图 22-142 创建记录集

图 22-143 绑定字段

**STEP 5** 按照步骤 4 的方法，分别将 shichangjia、huiyuanjia、content 和 image 字段绑定到相应的位置，如图 22-144 所示。

图 22-144 绑定字段

**STEP 6** 单击"服务器行为"面板中的 ⊞ 按钮，在弹出的菜单中选择"更新记录"命令，弹出"更新记录"对话框，在对话框中的"连接"下拉列表框中选择 conn，在"要更新的表格"下拉列表框中选择 Products，在"选取记录自"下拉列表框中选择 R2，在"唯一键列"下拉列表框中选择 ProductsID，在"在更新后，转到"文本框中输入 modifyok.htm，如图 22-145 所示。

图 22-145　"更新记录"对话框

**STEP 7** 单击"确定"按钮，创建"更新记录"服务器行为，如图 22-146 所示。

**STEP 8** 打开网页文档 index.htm，将其另存为 modifyok.htm，输入文字，选中文字"商品管理页面"，在"属性"面板中的

"链接"文本框中输入 manage.asp，如图 22-147 所示。

图 22-146　创建服务器行为

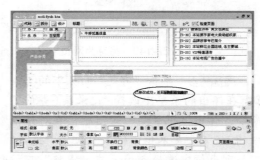

图 22-147　设置链接

## 22.8.6　制作删除页面

删除新闻页面效果如图 22-148 所示，此页面用于删除添加的商品。

图 22-148　删除页面

**STEP 1** 打开网页文档 index.htm，将其另存为 del.asp，在相应的位置输入文字。按照 22.7.1 节中步骤 18～24 的方法，创建记录集 R1，绑定字段，创建"重复区域"和"转到详细页面"服务器行为，如图 22-149 所示。

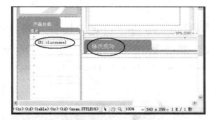

图 22-149 创建服务器行为

**STEP 2** 将光标置于相应的位置，选择菜单中的"插入记录"→"表格"命令，插入一个 4 行 2 列的表格，在"属性"面板中将"填充"设置为 3，"对齐"设置为"居中对齐"，合并相应的单元格并插入图像和输入文字，如图 22-150 所示。

图 22-150 插入表格

**STEP 3** 单击"绑定"面板中的 ⊞ 按钮，在弹出的菜单中选择"记录集（查询）"命令，弹出"记录集"对话框，在对话框中的"名称"文本框中输入 R2，在"连接"下拉列表框中选择 conn，在"表格"下拉列表框中选择 Products，在"列"选项组中选中"全部"单选按钮，在"筛选"下拉列表框中选择 ProductsID、=、URL 参数和 ProductsID，如图 22-151 所示。

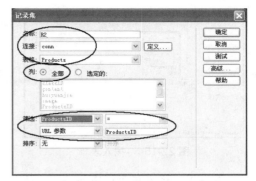

图 22-151 "记录集"对话框

**STEP 4** 单击"确定"按钮，创建记录集，如图 22-152 所示。

图 22-152 创建记录集

**STEP 5** 分别将 Productsname、shichangjia、huiyuanjia、content 和 image 字段绑定到相应的位置，如图 22-153 所示。

图 22-153 绑定字段

**STEP 6** 将光标置于表格的右边，选择菜单中的"插入记录"→"表单"→"表单"命令，插入表单，如图 22-154 所示。

01
02
03
04
05
06
07
08
09
10
11
12
13
14
15
16
17
18
19
20
21

Chapter
**22**

435

图 22-154　插入表单

**STEP 7**　将光标置于表单中，选择菜单中的"插入记录"→"表单"→"按钮"命令，插入按钮，在"属性"面板中的"值"文本框中输入"确认删除"，将"动作"设置为"提交表单"，如图 22-155 所示。

图 22-155　插入按钮

**STEP 8**　单击"服务器行为"面板中的⊞按钮，在弹出的菜单中选择"删除记录"命令，弹出"删除记录"对话框，在对话框中的"连接"下拉列表框中选择 conn，在"从表格中删除"下拉列表框中选择 Products，在"选取记录自"下拉列表框中选择 R2，在"唯一键列"下拉列表框中选择 ProductsID，在"提交此表单以删除"下拉列表框中选择 form1，在"删除后，转到"文本框中输入 admin.asp，如图 22-156 所示。

图 22-156　"删除记录"对话框

**STEP 9**　单击"确定"按钮，创建"删除记录"服务器行为，如图 22-157 所示。

图 22-157　创建服务器行为

**STEP 10**　单击"服务器行为"面板中的⊞按钮，在弹出的菜单中选择"用户身份验证"→"限制对页的访问"命令，弹出"限制对页的访问"对话框，在"如果访问被拒绝，则转到"文本框中输入 login.asp，如图 22-158 所示。

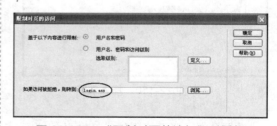

图 22-158　"限制对页的访问"对话框

**STEP 11**　单击"确定"按钮，创建"限制对页的访问"服务器行为。

## 22.9　高手支招

### 1. 如何创建动态图像

创建动态图像的具体操作步骤如下。

**STEP 1**　打开网页文档，将光标放置在要插入动态图像的位置。

**STEP 2**　选择菜单中的"插入"→"图像"命令，弹出"选择图像源文件"对话框，如图 22-159 所示。

图 22-159　"选择图像源文件"对话框

**STEP 3**　在对话框中选中"数据源"单选按钮，出现数据源列表，如图 22-160 所示。

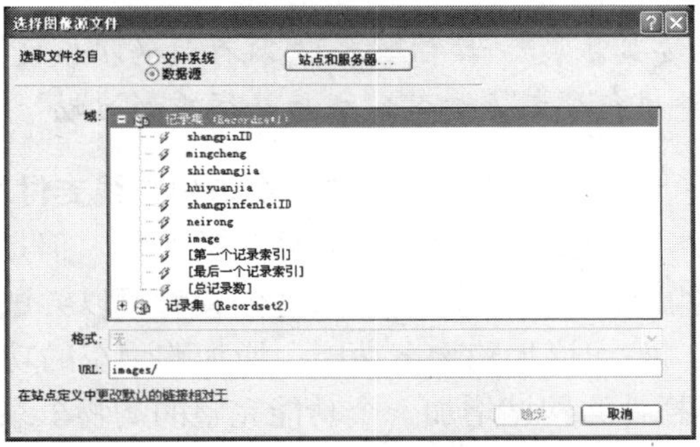

图 22-160　"选择图像源文件"对话框

**STEP 4**　从该列表中选择一种数据源，数据源应是一个包含图像文件路径的记录集。根据站点的文件结构的不同，这些路径可以是绝对路径、文档相对路径或者根目录相对路径，如果列表中没有出现任何记录集，或者可用的记录集不能满足需要，就需要定义新的记录集。

### 2. 如何安装第三方服务器行为

现在网页制作越来越复杂，所需要的功能要求也越来越高，仅仅依靠 Dreamweaver 自身拥有的功能是满足不了制作要求的。不过 Dreamweaver 具有很多扩展功能。要取得独立开发人员创建的服务器行为，可以从 http://www.adobe.com 站点下载并安装。

**STEP 1**　启动 Dreamweaver，选择菜单中的"命令"→"获取更多命令"命令，打开 Adobe 公司的网站，选择下载中心的 Dreamweaver Exchange 页面。

**STEP 2**　登录后选择合适的插件就可以下载扩展功能了，如图 22-161 所示。

图 22-161　下载扩展功能

**STEP 3**　若要在 Dreamweaver 中安装服务器行为或其他功能扩展，选择菜单中的"命令"→"扩展管理"命令，打开 Macromedia 扩展管理器窗口，如图 22-162 所示。

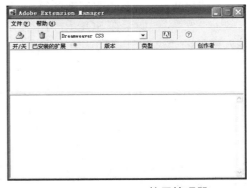

图 22-162　Adobe 扩展管理器

**STEP 4**　在功能扩展管理器中，单击

"安装扩展" 按钮 ，选取存放的扩展文件进行安装，安装完成后必须重新启动 Dreamweaver 才能在服务器行为菜单中显示。

### 3. 如何给网站增加购物车和在线支付功能

本课详细讲述了购物网站的制作，但是在实际的购物网站中还有以下功能，本课限于篇幅就不再讲述了，有兴趣的读者可以尝试解决。

● 增加购物车功能：增加购物车的功能是一个复杂而又繁琐的过程，可以利用购物车插件为网站增加一个功能完整的购物车系统。读者可以去网上下载一个购物车插件，将其安装之后即可使用。

● 在线支付功能：这就需要使用动态开发语言，如 ASP、PHP、JSP 等来实现。当然现在也有专门的第三方在线支付平台。

### 4. 如何使用"记录集"对话框的高级模式

利用"记录集"对话框的高级模式，可以编写任意代码以实现各种功能，具体操作步骤如下。

**STEP 1** 单击"绑定"面板中的 按钮，在弹出的菜单中选择"记录集（查询）"命令，打开"记录集"对话框。

**STEP 2** 在对话框中单击"高级"按钮，切换到"记录集"对话框的高级模式，如图 22-163 所示。

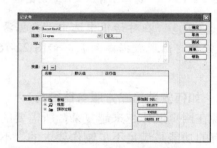

图 22-163　"记录集"对话框的高级模式

在"记录集"对话框的高级模式中的参数如下。

● "名称"：设置记录集的名称。

● "连接"：选择要使用的数据库连接。如果没有，则可单击其右侧的"定义"按钮定义一个数据库连接。

● "SQL"：在下面的文本区域中输入 SQL 语句。

● "变量"：如果在 SQL 语句中使用了变量，则可单击 按钮，可在这里设置变量，即输入变量的"名称"、"默认值"和"运行值"。

● "数据库项"：数据库项目列表，Dreamweaver 把所有的数据库项目都列在了这个表中，用可视化的形式和自动生成 SQL 语句的方法让用户在制作动态网页时会感到方便和轻松。

### 5. 如何使用"数据"插入栏快速插入动态应用程序

在制作动态网页时，利用"服务器行为"面板上的菜单，是比较直接方便的一种方式，但对熟悉 Dreamweaver 的用户来说，利用"数据"插入栏更快捷有效。"数据"插入栏如图 22-164 所示。

图 22-164　"数据"插入栏

## 22.10　课后习题

1．购物网站主要有哪些功能。
2．利用图 22-165 所示的页面制作一个购物系统网站。

图 22-165　购物系统页面